水の土木遺産
水とともに生きた歴史を今に伝える

Takako WAKABAYASHI　Natuko KITAHARA
若林高子／北原なつ子〈共著〉

鹿島出版会

刊行に寄せて

　わが国は、古来"豊葦原の瑞穂の国"と称えられている。全国至るところ水に恵まれ、稲作を要とする農業が国を支えてきた。そのために川の国であるわが国では、治水と水利用のための河川技術が古くから発展してきた。と同時に水路や運河も縦横に国の隅々まで発展している。その成果は、古くは空海、行基の業績から、明治以降では、明治用水、琵琶湖疏水、さらには豊稔池、デ・レーケ導流堤（筑後川下流）、大井ダム、黒部ダムに及ぶ。

　本書『水の土木遺産　水とともに生きた歴史を今に伝える』は、わが国の治水、利水（上下水道、発電を含む）の様々な施設を、写真と適切な暖かみのある解説とともに展示した"水の一大図鑑"である。それは同時に"水と川に関する技術史"であり"叙事詩絵巻"でもある。

　水に関する技術は、神話時代、戦国時代、江戸時代、そして明治以後の近代化時代を通して磨き上げてきた成果が、国の隅々に張り巡らせてきた社会基盤によって、我々の生活が安全にかつ豊かに成立している事実が、本書によって展開されている。

　元来、勤勉な日本人が、歴史を通して水と相和し、あるいは水の偉力に挑んできた結果、国土のどこに接しても、先祖伝来の日本人の血と汗に接していない土地はひとかけらも無い。その結果としての各種各様の施設は、日本人の英智と努力の結実であり、それを一望できる本書を通読することによって、国土に加えられてきた日本人の水の技術にも接することができる。

　本書は6つの章で構成されている。第1章は"先人の知恵と努力"と題して、歴史的施設としての狭山池、満濃池、入鹿池、玉川上水、見沼通船堀、朝倉揚水車など、いずれも貴重な文化財と称すべき施設を紹介している。第2章は"近代化への道程"として、明治用水、那須疏水、琵琶湖疏水、豊稔池（日本で唯一のマルチプルアーチダム、香川県西部）など。第3章は"河川改修等に導入された新しい技術"と題して、利根川治水の要としての中条堤、北埼玉の農業近代化遺産でもある現存する最大級レンガ造樋門、また、利根川の霞ヶ浦への逆流防止が目的である利根川下流部の横利根閘門など。第4章は"川を治めるにはまず山を"とのスローガンに基づく"近代砂防の始まり"として、明治の利根川水系における大プロジェクトである榛名山麓巨石堰堤群、信濃川源流の牛伏砂防と階段工、オランダからのお雇い外国人で明治年間を通して活躍したデ・レーケの大谷川堰堤（吉野川）など。第5章は"水力発電"として、わが国

最初の大規模ダムである大井ダム（木曽川、1924年完成）、日本で最初の発電専用コンクリートダムである黒部ダム（日光市黒部、1915年完成。映画で有名となった1963年竣工の黒部第四発電所より古い）など。第6章は"近代上下水道"として、東京近代水道に貢献した村山・山口貯水池などである。

　このように眺めると、長い歴史を通して国土の隅々に多彩な水施設が建設されてきたことに、あらためて驚かされる。

　全国の隅々に、現地訪問が容易ならざる辺鄙な地まで訪ねて、取材と解説を重ねた著者おふたりの真摯なご努力に心からの敬意を表したい。

2017年4月

高橋　裕

はじめに

　本書は、独立行政法人水資源機構・広報誌「水とともに」（月刊）に、平成15(2003)年10月から平成23(2011)年3月の8年間にわたり、"水の土木遺産"シリーズとして連載された88か所を再構成したものです。

　取材の範囲は、水資源機構の管理する利根川・荒川水系、木曽川水系、豊川水系、淀川水系、吉野川水系、筑後川水系を中心にその周辺地域の優れた施設、日本三大美堰堤に数えられる白水溜池堰堤（大分県）、藤倉水源地堰堤（秋田県）、明治の大プロジェクト・牛伏階段工（長野県）、優れたデザインの水戸市低区配水塔（茨城県）が加えられています。このため、地域的には偏りがあります。

　連載にあたって、広報課の担当者の方々には各地域のバランス等を配慮の上、企画・立案、現地での取材協力要請、記事の校閲等をしていただきました。

　取材先は、国土交通省（治水、砂防）、農林水産省（水利）、電力会社（水力発電）、都府県自治体（上下水道、文化財担当部門等）、製鉄・電機機器の民間企業と多岐にわたりましたが、それぞれの地域で現地の施設をご案内の上、貴重な資料を提供していただき、特徴ある水の土木遺産を紹介することができました。

　日本は世界で最もおいしい水に恵まれています。その根底を支えてきたのが、古来より受け継がれてきた"水の土木遺産"であり、それを次の世代へ引き継ぐことがいかに大切かを、この連載を通じて教えられたような気がいたします。

　このような連載の機会を与えて下さいました水資源機構、取材や原稿の校閲にご協力いただきました関係諸機関の皆様に厚く御礼申し上げます。

　世界的な河川工学の第一人者である高橋裕先生からは、大局的な見地から巻頭を飾るお言葉を賜り、身にあまる光栄でございます。

2017年4月

若林高子・北原なつ子

凡例として
・取材にご協力いただいた関係機関、お話を伺った諸先生、地元の方々のお名前は、各項の末尾に記載し、「あとがき」に掲載した所もある。
・原則として、国の登録有形文化財や土木学会選奨土木遺産（土木学会が特に価値が高いと認めたもの）を採用しているが、紙数の関係で土木学会選奨土木遺産であることを省略した所もある。
・原稿や写真は原則として取材当時のままとし、各項の末尾に掲載号（年月）を記載した。その後の状況の変化（市町村合併や社名変更等）、データ等については、取材先から特に指摘のあった場合は現時点に改めた。
・取材後、あらためて現地を訪れ、追加取材をした項に関しては、そのことを末尾に明記した。
・共著のため、各記事の内容については重複あるいは時代的に前後する記述もある。
・単行本化に当たり、当時の内容に加筆・修正した部分もあるが、末尾に執筆分担を記載し、それぞれの執筆者が記事の責任を負うことを明記した。
・写真を借用した場合は提供者を明記した。その他の写真は、執筆者の撮影による。

目　次

刊行に寄せて …………………………………………………………………… 3
はじめに ………………………………………………………………………… 5
本書で紹介する水の土木遺産マップ ……………………………………… 10～15
口絵：写真で見る水の土木遺産 …………………………………………… 17～48

§1　国土を拓いた先人の知恵と努力

01 日本最古のダム式かんがい用ため池：**狭山池と狭山池博物館** ………………… *51*
02 日本最大級のかんがい用ため池：**満濃池** …………………………………………… *54*
03 現存する最古級の水利施設：**石井樋** ………………………………………………… *57*
04 寛永年間の水資源開発は今も現役：**入鹿池** ………………………………………… *60*
05 400年前、利根川上流を肥沃な大地に変えた：**天狗岩用水** …………………… *62*
06 江戸の上水確保。洪水をやり過ごす投渡堰：**玉川上水と羽村取水堰** ………… *64*
07 吉宗の時代に開通。関東物流を支えた閘門式運河：**見沼通船堀** ……………… *66*
08 今も現役で活躍する：**朝倉揚水車と山田井堰** …………………………………… *68*

§2　近代化への道程・水利開拓への情熱

09 荒野を沃野に変えて130有余年。「疏通千里 利澤萬世」を体現する：**明治用水** …… *73*
10 国家的事業としての那須野ヶ原開拓を支えた水の大動脈：**那須疏水** ………… *76*
11 古都・京都の復興をかけた、日本初の多目的総合開発：**琵琶湖疏水** ………… *79*
12 日本で最初の動力（蒸気ポンプ）による地下水利用：**砂山池・龍ケ池揚水機場** … *84*
13 日本初の錬鉄管を使った逆サイフォン式かんがい施設：**御坂サイフォン** …… *86*
14 水利開拓の苦闘の歴史を今に伝える：**山田池堰堤** ……………………………… *88*
15 日本で唯一の5連のマルチプルアーチダム：**豊稔池** …………………………… *90*
16 多摩川左岸のひときわ異彩なシンボル：**六郷水門** ……………………………… *93*
17 東日本最古の農業用重力式コンクリートダム：**間瀬堰堤** ……………………… *96*
18 日本一美しいと言われる：**白水溜池堰堤** ………………………………………… *98*
19 干拓の歴史を今に伝える：**大搦・授産社搦堤防** ………………………………… *101*

§3　河川改修等に導入された新しい技術

20 利根川改修のシンボル的存在として数少ない現役：**関宿水閘門** ……………… *107*
21 利根川・江戸川を結ぶ船の道として栄えた：**利根運河** ………………………… *110*
22 江戸の用排水網に残る田の水没を防ぐ逆流防止レンガ樋門：**倉松落大口逆除** … *112*
23 利根川治水の要・中条堤と県内最大級のレンガ樋門：**北河原用水元圦** ……… *114*

24	明治の利根川改修遺構(赤レンガ)：**横利根閘門**	116
25	現存する数少ない4連アーチのレンガ造り樋門：**柳原水閘**	118
26	閘門の役割を今に伝える赤レンガ造りのアーチ橋：**弐郷半領猿又閘門(閘門橋)**	120
27	生活用水の供給、塩害防止、船の航行に今も活躍する：**江戸川水閘門**	122
28	荒川放水路の要として東京下町を水害から守ってきた：**旧岩淵水門**	124
29	木曽川下流にデ・レーケの遺産を訪ねる：**木曽長良背割堤・ケレップ水制群・船頭平閘門**	126
30	「東洋一の大運河」とともに近代名古屋発展を支えた：**松重閘門**	129
31	当初の目的が果たせず用途を変えた：**立田輪中悪水樋門**	132
32	コンクリート工法普及への過渡期に造られた「人造石」による逆水留樋門：**五六閘門**	134
33	木曽三川改修の歴史を秘める：**忠節の特殊堤**	136
34	庄内川に現存する希少な人造石樋門：**庄内用水元圦**	138
35	淀川大改修の遺構から生まれた生きもののオアシス：**淀川ケレップ水制(城北ワンド群)**	140
36	沿岸住民の悲願。治水の要：**南郷洗堰**	142
37	地域の歴史資産として生きた保全を実現：**三栖閘門・三栖洗堰**	144
38	明治期の淀川大改修を今に伝える遺産：**毛馬洗堰と毛馬第一閘門**	146
39	「グレートオオサカ」と呼ばれた時代・中之島界隈の河川を浄化：**旧堂島川可動堰(水晶橋)**	149
40	明治後期に完成した当時世界最大級の断面をもつ河川トンネル：**湊川隧道**	152
41	土砂の堆積を防ぎ、筑後川の航路を確保してきた：**デ・レーケ導流堤**	154

§4　川を治めるにはまず山を　近代砂防の始まり

42	利根川水系における明治の大プロジェクト：**榛名山麓巨石堰堤群**	158
43	埼玉県砂防発祥の地：**七重川砂防堰堤群**	160
44	信濃川源流の崩壊に挑んだ国家的大プロジェクト：**牛伏砂防と牛伏川階段工**	162
45	濃尾平野の安定と緑の回復を目ざした近代砂防の草分け：**羽根谷砂防堰堤**	165
46	百年ぶりに発掘された長野県最古の砂防堰堤：**大崖砂防堰堤**	168
47	直轄近代砂防に先立つ試験施工：**不動川砂防施設**	170
48	日本人技師による淀川上流に残る2つの鎧型堰堤：**草津川オランダ堰堤と天神川鎧堰堤**	173
49	鈴鹿山系の近代砂防の歴史を伝える記念碑：**朝明川砂防堰堤群**	176
50	100年以上、土砂災害から地域を守ってきた：**デ・レーケの堰堤(大谷川堰堤)**	178

§5　明るい暮らしと電力への期待　水力発電

51	大正時代からの水力発電施設として今も現役：**大河原発電所・大河原取水堰堤**	183
52	大容量水力発電所の草分けとして今も現役：**宇治発電所**	186
53	滋賀県最古の発電所として今も現役：**大戸川発電所**	188
54	当時・東洋一の下滝(現鬼怒川)発電所と日本初の発電専用コンクリートダム：**黒部ダム**	190
55	堤高日本一のバットレスダム：**丸沼ダム**	192
56	わずか50kWで出発。わが国の長距離送電の先駆：**岩津発電所と取水堰堤**	194

57	日本初の立軸式発電所と余水吐：**長篠発電所と同余水吐**	196
58	名古屋電燈が社運をかけて建設し今も現役。長良川本流初の大型発電所：**長良川水力発電所**	198
59	国産技術への転換点に位置する木曽川水系最古の大型発電所：**旧八百津発電所**	201
60	木曽川を日本屈指の電源地帯にした福澤桃介ゆかりの**大桑発電所・須原発電所**	204
61	現役の発電所として初の国指定重要文化財：**読書発電所**	206
62	わが国初の発電用大規模ダム。副産物は観光地・恵那峡：**大井ダム**	209
63	大正期は城下町大垣の近代化を牽引し、今も現役：**東横山発電所**	212
64	「中央電源地帯」に建設された特異な外観をもつ大正期の堰堤：**上麻生堰堤**	214
65	木曽川電源開発の要。戦前から戦後にかけて造られた国内最大ダム：**三浦ダム**	216
66	完成時、日本で3番目の高さ。戦前の技術水準を伝える現役ダム：**大橋ダム**	218
67	大正時代、九州の産業発展に寄与：**女子畑発電所と第二調整池**	220
68	筑後川上流域で繰り広げられる水のドラマ：**地蔵原貯水池、町田第一・第二発電所**	222

§6 きれいでおいしい水を 近代上下水道への期待

69	東京近代水道100年の歴史：**村山・山口貯水池**	226
70	日光世界遺産も舞台に大正初頭のプロジェクト：**宇都宮市水道施設群**	230
71	近代水道への期待を見事に表現した：**水戸市水道低区配水塔**	232
72	利根川の伏流水を水源にスタート、今も現役で稼働する：**敷島浄水場**	234
73	近代水道の幕開けにふさわしいレトロなデザイン：**栗山配水塔**	236
74	全国でも珍しい白いモダンでユニークなデザイン：**千葉高架水槽**	238
75	「断水のない水道」のルーツ。創設の意気込みを示す外観：**鍋屋上野浄水場旧第一ポンプ所**	240
76	名古屋市演劇練習館「アクテノン」に生まれ変わった：**旧稲葉地配水塔**	242
77	異色のデザイン。長良川の伏流水を水源に創設：**鏡岩水源地旧ポンプ室と旧エンジン室**	244
78	大阪市水道の歴史を伝える：**柴島浄水場旧第一配水ポンプ場**	246
79	初期水道施設群におけるデザインの白眉：**奥平野浄水場急速ろ過場上屋**	248
80	神戸市水道事業の初期に造られた、珠玉の水道施設群の一つ：**千苅堰堤**	250
81	日本最古の重力式コンクリートダム：**布引五本松堰堤と烏原立ヶ畑堰堤**	252
82	貯水池一帯はさながら土木史の博物館：**河内貯水池と関連施設群**	255
83	天は豊かなる源なり福岡市水道のさきがけとなった：**曲渕ダム**	258
84	水道施設として異彩を放つ装飾性あふれる外観：**御殿浄水場旧ポンプ室・旧事務室**	260
85	徳島市水道の創設期に建設された赤レンガ造りの洋風建築：**佐古配水場ポンプ場**	262
86	大正期の名建築を残しながら更新工事で生まれ変わる：**旭浄水場**	264
87	「近代化遺産」の重要文化財として全国で初指定：**藤倉水源地堰堤**	266
88	下水施設として初めての国指定重要文化財：**旧三河島汚水処分場喞筒場施設**	269

参考文献	273
おわりに	285

本書で紹介する水の土木遺産マップ

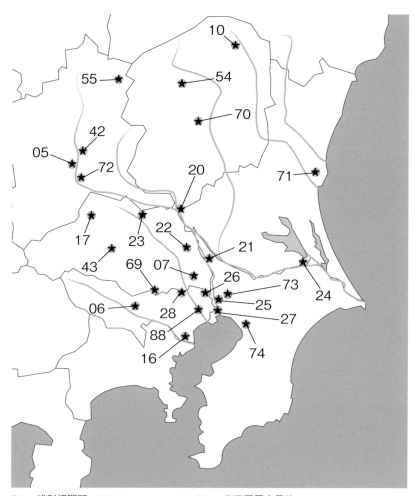

24	横利根閘門 [茨城県]	23	北河原用水元圦 [埼玉県]
71	水戸市水道低区配水塔 [茨城県]	43	七重川砂防堰堤群 [埼玉県]
10	那須疏水 [栃木県]	20	関宿水閘門 [千葉県・埼玉県・茨城県]
54	黒部ダム [栃木県]	25	柳原水閘 [千葉県]
70	宇都宮市水道施設群 [栃木県]	73	栗山配水塔 [千葉県]
		74	千葉高架水槽 [千葉県]
05	天狗岩用水 [群馬県]		
42	榛名山麓巨石堰堤群 [群馬県]	06	玉川上水と羽村取水堰 [東京都]
55	丸沼ダム [群馬県]	16	六郷水門 [東京都]
72	敷島浄水場 [群馬県]	26	弐郷半領猿又閘門(閘門橋) [東京都・埼玉県]
		27	江戸川水閘門 [東京都]
07	見沼通船堀 [埼玉県]	28	旧岩淵水門 [東京都]
17	間瀬堰堤 [埼玉県]	69	村山・山口貯水池 [東京都・埼玉県]
21	利根運河 [埼玉県]	88	旧三河島汚水処分場喞筒場施設 [東京都]
22	倉松落大口逆除 [埼玉県]		

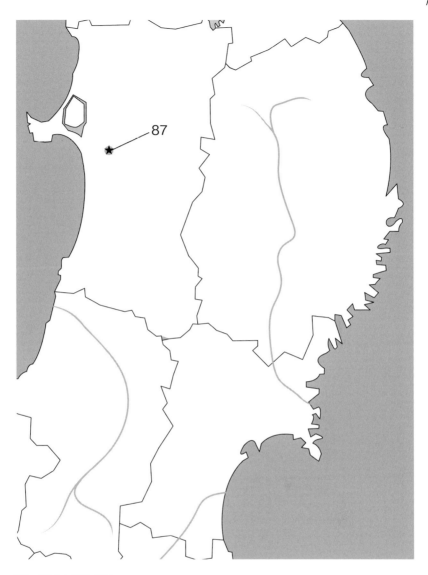

87 藤倉水源地堰堤 [秋田県]

本書で紹介する水の土木遺産マップ

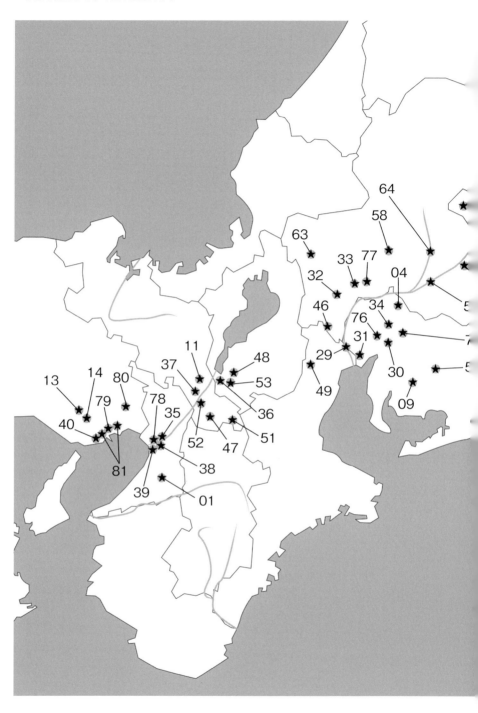

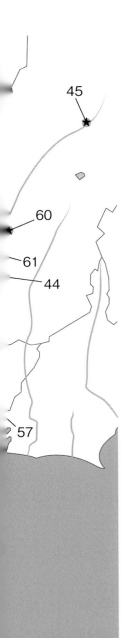

04 入鹿池 [愛知県]
09 明治用水 [愛知県]
29 木曽長良背割堤・ケレップ水制群・船頭平閘門 [愛知県]
30 松重閘門 [愛知県]
31 立田輪中悪水堰樋門 [愛知県]
34 庄内用水元杁 [愛知県]
56 岩津発電所と取水堰堤 [愛知県]
57 長篠発電所と同余水吐 [愛知県]
75 鍋屋上野浄水場旧第一ポンプ所 [愛知県]
76 旧稲葉地配水塔 [愛知県]

44 牛伏砂防と牛伏川階段工 [長野県]
46 大崖砂防堰堤 [長野県]
60 大桑発電所・須原発電所 [長野県]
61 読書発電所 [長野県]
65 三浦ダム [長野県]

32 五六閘門 [岐阜県]
33 忠節の特殊堤 [岐阜県]
45 羽根谷砂防堰堤 [岐阜県]
58 長良川水力発電所 [岐阜県]
59 旧八百津発電所 [岐阜県]
62 大井ダム [岐阜県]
63 東横山発電所 [岐阜県]
64 上麻生堰堤 [岐阜県]
77 鏡岩水源地旧ポンプ室と旧エンジン室 [岐阜県]

01 狭山池と狭山池博物館 [大阪府]
35 淀川ケレップ水制(城北ワンド群) [大阪府]
38 毛馬洗堰と毛馬第一閘門 [大阪府]
39 旧堂島川可動堰(水晶橋) [大阪府]
78 柴島浄水場旧第一配水ポンプ場 [大阪府]

11 琵琶湖疏水 [京都府・滋賀県]
37 三栖閘門・三栖洗堰 [京都府]
47 不動川砂防施設 [京都府]
51 大河原発電所・大河原取水堰堤 [京都府]
52 宇治発電所 [京都府]

13 御坂サイフォン [兵庫県]
14 山田池堰堤 [兵庫県]
40 湊川隧道 [兵庫県]
79 奥平野浄水場急速ろ過場上屋 [兵庫県]
80 千苅堰堤 [兵庫県]
81 布引五本松堰堤と烏原立ヶ畑堰堤 [兵庫県]

49 朝明川砂防堰堤群 [三重県]

36 南郷洗堰 [滋賀県]
48 草津川オランダ堰堤と天神川鎧堰堤 [滋賀県]
53 大戸川発電所 [滋賀県]

14　本書で紹介する水の土木遺産マップ

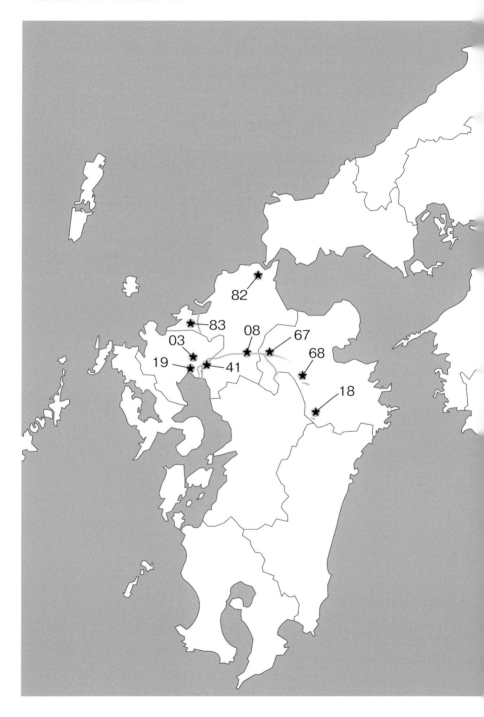

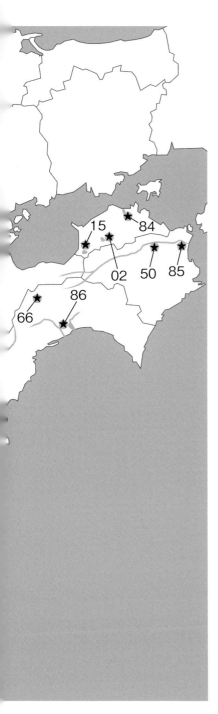

50　デ・レーケの堰堤(大谷川堰堤) [徳島県]
85　佐古配水場ポンプ場 [徳島県]

02　満濃池 [香川県]
15　豊稔池 [香川県]
84　御殿浄水場旧ポンプ室・旧事務室 [香川県]

66　大橋ダム [高知県]
86　旭浄水場 [高知県]

08　朝倉揚水車と山田井堰 [福岡県]
41　デ・レーケ導流堤 [福岡県]
82　河内貯水池と関連施設群 [福岡県]
83　曲渕ダム [福岡県]

03　石井樋 [佐賀県]
19　大搦・授産社搦堤防 [佐賀県]

18　白水溜池堰堤 [大分県]
67　女子畑発電所と第二調節池 [大分県]
68　地蔵原貯水池・町田第一・第二発電所 [大分県]

狭山池と狭山池博物館（手前）

01　狭山池（大阪府大阪狭山市）［写真提供：狭山池博物館］

満濃池のアーチ式堰堤、手前の島には護摩壇がある。奥に見えるのが配水塔

02　満濃池（香川県まんのう町）

現在の石井樋。手前が嘉瀬川、囲いの上が佐賀城へむかう多布施川

03　石井樋（佐賀県大和町）［写真提供：さが水ものがたり館］

入鹿池全景。池の左端にあるのが河内屋堤

04 入鹿池（愛知県犬山市）[写真提供：入鹿用水土地改良区]

天狗岩用水。光厳寺の西を流れ、用水に沿って遊歩道が整備されている。この先、下流は暗きょに入り、トンネルから出たところで八幡川と合流、滝川と名を変える

05 天狗岩用水（群馬県前橋市）

◀福生を流れる玉川上水

▼投渡堰と呼ばれる仕組みの羽村取水堰

06 玉川上水と羽村取水堰（東京都羽村市ほか）[写真提供：鍔山英次氏]

復原された見沼通船堀東縁閘門

07 見沼通船堀（埼玉県さいたま市）［写真提供：さいたま市教育委員会］

◀山田井堰。筑後川に造られた
総石畳の斜め堰

▼菱野の三連水車（国指定史跡）
　［写真提供：朝倉市商工観光課］

08 朝倉水車と山田井堰（福岡県朝倉市）

服部長七考案の人造石による
旧頭首工残存部

09 明治用水（愛知県西三河地方）［写真提供：明治用水土地改良区］

那須疎水の代表的遺構・東水門（国指定重要文化財）。第一次取水口、明治18年通水。正面5.4m、高さ8.6mの石造

10　那須疎水（栃木県那須塩原市）

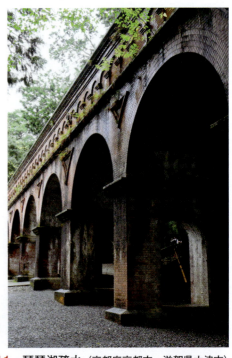

南禅寺境内にある水路閣。疎水分線入口にあり東山山麓一帯を自然流下で潤すため、高度を保つ目的で造られた

11　琵琶湖疎水（京都府京都市、滋賀県大津市）

◀砂山池揚水機場。正面建物内には揚水ポンプが設置され、屋根の小窓からは水の放流を知らせるサイレンが鳴る
　　　　　　　　［写真提供：滋賀県豊郷町］

▼龍ヶ池揚水機場（裏に池がある）

12　砂山池・龍ケ池揚水機場（滋賀県豊郷町）

砂岩製で創建当時の姿をとどめる御坂サイフォン橋上流側

13　御坂サイフォン橋（兵庫県三木市）［写真提供：東播用水土地改良区］

アールデコ調の細部デザインを持つ堰堤。写真は上流側

14　山田池堰堤（兵庫県神戸市）

まるで中世の古城を
思わせる豊稔池
（ゆる抜き風景）

15　豊稔池（香川県大野原市）［写真提供：豊稔池土地改良区］

多摩川河川敷から見た六郷水門

16　六郷水門（東京都大田区）

下流から見た間瀬堰堤

17　間瀬堰堤（埼玉県本庄市）

◀水の流れが美しい

▼階段状にして流れを弱める、レースのような模様が美しい左岸側壁

18　白水溜池堰堤（大分県竹田市）［写真提供：江崎幹秀氏］

◀大搦堤防。明治元年〜4年築堤。堤防延長1,425m、干拓地規模80ha、高さ約3m

▶大授産社搦堤防。明治20年〜築堤。堤防延長1,325m、干拓地規模57.8ha、高さ約3m

19　大搦・授産社搦堤防（佐賀県佐賀市）

関宿水閘門全景。右手は水量調節のための水門で左手は水位を調節して船が航行できるようにする閘門

20 関宿水閘門（千葉県・埼玉県・茨城県）［撮影協力：国土交通省利根川上流河川事務所］

運河水辺公園。オランダのイメージカラー・オレンジ色を巧みに配した西欧風の公園

21 利根運河（埼玉県流山市）

4連アーチだが「めがね橋」と呼ばれる倉松落大口逆除

22 倉松落大口逆除（埼玉県春日部市）

北河原用水元圦の下流側。
後方の丘が中条堤

23 中条堤と北河原用水元圦（埼玉県行田市）

横利根閘門を望む。手前が横利根川の下流で利根川との合流点に至る

24 横利根閘門（茨城県稲敷市）［写真提供：国土交通省利根川下流河川事務所］

柳原水閘（上流側）。レンガ製4連の樋門を持ち、アーチ部は野積みと切り石積みを組み合わせて造られている

25 柳原水閘（千葉県松戸市）

口絵：写真で見る水の土木遺産

赤レンガ造りのアーチ橋とバルコニー

26 弐郷半領猿又閘門（東京都葛飾区・埼玉県三郷市）［写真提供：葛飾区郷土と天文の博物館］

江戸川水門(左)と閘門。水門・閘門とも鉄筋コンクリート製

27 江戸川水閘門（東京都江戸川区）［写真提供：国土交通省江戸川河川事務所］

長年、東京の下町を洪水から守り、地元の人々に親しまれてきた旧岩渕水門。通称「赤水門」

28 旧岩渕水門（東京都北区）

空から見た背割堤
とケレップ水制群

29 木曽長良背割堤・ケレップ水制群・船頭平閘門（愛知県愛西市、岐阜県海津市）
［写真提供：国土交通省木曽川下流河川事務所］

「水上の貴婦人」と呼ばれる
松重閘門

30 松重閘門（愛知県名古屋市）［写真提供：名古屋市住宅都市局］

中央2カ所に木製門扉と
引上機構がある上流側

31 立田輪中悪水樋門（愛知県弥富市）

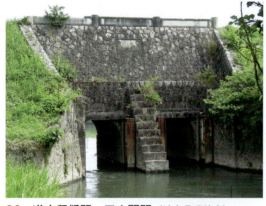

岐阜県で希少な人造石遺構の五六閘門

32 逆水留樋門・五六閘門 （岐阜県瑞穂市）

手すり部の柱の立溝に畳をはめて洪水を防ぐ忠節の特殊堤

33 忠節の特殊堤 （岐阜県岐阜市）

名古屋市に残る唯一の人造石樋門。右手の建物は操作室

34 庄内用水元圦 （愛知県名古屋市） ［写真提供：名古屋市緑政土木局河川計画課］

城北大橋から見た
城北ワンド群

35 淀川ケレップ水制(城北ワンド群)(大阪府大阪市旭区)

南郷洗堰左岸側の残存部

36 南郷洗堰(滋賀県大津市)

観光船が通過し接岸する三栖閘門

37 三栖閘門・三栖洗堰(京都府京都市伏見区)

30 　口絵：写真で見る水の土木遺産

毛馬第一閘門。後に近くに第二閘門ができたためこう呼ばれる

38　毛馬洗堰と毛馬第一閘門（大阪府大阪市）

旧堂島川可動堰（現在の歩行者専用橋・水晶橋）

39　旧堂島川可動堰（大阪府大阪市）

側壁とアーチ部にはレンガ、基底部には花崗岩の切石を張った巨大空間

40　湊川隧道（兵庫県神戸市）

新田大橋から見たデ・レーケ導流堤（上流側）。満潮時は中央のポールのみが水面上に出て、船の航行の目印となる

41　デ・レーケ導流堤（福岡県大川市）

自害沢3号堰堤。築造：明治15（1882）年〜同17年頃。明治36年の引継ぎ時の実測値：高さ4.5m、長さ18.1m

42　榛名山麓巨石堰堤群（群馬県榛東村ほか）

林道の橋から見た上流側。堤体幅は最大で38.90m、10〜15m程度が多い。渓流の蛇行部まで続く6基の階段状堰堤

43　七重川砂防堰堤群（埼玉県ときがわ町）

フランス式堰堤とも呼ばれる。
大正5(1916)年起工、大正7年竣工

44　牛伏川階段工（長野県松本市）

羽根谷砂防堰堤（第一堰堤）
堤長：55m　堤高：12m
巨石の大きさ：
1.50m×1.50m（平均）。
明治20年4月1日着工
明治21年12月20日完成

45　羽根谷砂防堰堤（岐阜県海津市）［写真提供：さぼう游学館］

上から見た大崖砂防公園全景。
高さ5mほどの堰堤は、がっしりとした
石積みで土留めの役割を果たしている

46　大崖砂防堰堤（長野県南木曽町）

第5堰堤。幅23.0m、高さ3.5m、堤頂幅4.5m。切石の谷積み（角を立てて積む積み方）

47 不動川砂防施設（京都府木津川市）

草津川オランダ堰堤。
高さ7m、幅34m

48 草津川オランダ堰堤、天神川鎧堰堤（滋賀県大津市）

猫谷第一堰堤。通称
「なわだるみ堰堤」
幅6〜7m、高さ9m

49 朝明川砂防堰堤群（三重県菰野町）

50　大谷川堰堤：デ・レーケの堰堤（徳島県美馬市）［写真提供：美馬市商工観光課］

大河原発電所
大正ロマンを感じさせるレンガ造りの建物（切妻屋根）。南山城村の歴史的記念物として保存の要望がある

大河原堰堤
堰堤の北側に取水口からトンネルを経て下流にある大河原発電所の水槽に導水される

51　大河原発電所・大河原取水堰堤（京都府南山城村）

赤レンガ造りの瀟洒な建物、部分的に補修する程度で、ほぼ百年近い年月を経て、重みのある風格を保っている

52　宇治発電所（京都府宇治市）

赤レンガ造りで、随所に装飾があり、100年近い歳月を感じさせないモダンな雰囲気を保っている

53　大戸川発電所（滋賀県大津市）

現在の黒部ダム。ゆるやかに湾曲した堤体に8門のゲートが並ぶ。表面が砂利磨耗するのを防ぐために、表面は石張り（中はコンクリート）になっている

54　下滝発電所・黒部ダム（栃木県日光市）

丸沼ダム全景
（ダム背面）

55 丸沼ダム（群馬県片品村）［写真提供：東京電力ホールディングス株式会社］

中部地域最古の発電所とされる
岩津発電所取水堰堤

56 岩津発電所と取水堰堤（愛知県岡崎市）［写真提供：石田正治氏］

三大美堰堤の一つとされる長篠発電所余水吐の幅100mにも及ぶ流水

57 長篠発電所と同余水吐（愛知県新城市）

長良川水力発電所(現在の名称は「長良川発電所」)の本館と外塀および正門

58 長良川水力発電所 (岐阜県美濃市)

旧八百津発電所本館(現八百津発電所資料館)と放水口発電所(手前の小さい建物)

59 旧八百津発電所 (岐阜県八百津町)

大桑発電所全景

須原発電所全景

60 大桑発電所・須原発電所 (長野県大桑村)

読書発電所。正面の本館は読書発電所（1～3号機）、左は関西電力初の地下式発電所（4号機）

61 読書発電所施設（長野県南木曽町）

大井ダムと大井発電所（左）

62 大井ダム（岐阜県恵那市、中津川市）［写真提供：関西電力(株)東海支社］

景観の美しさで知られる東横山発電所。左から送電棟、管理棟、発電棟

63 東横山発電所（岐阜県大垣市）

現存最古とされる
ローリングゲート
をもつ上麻生発電
所取水堰堤

64 上麻生堰堤（岐阜県加茂郡白川町）

三浦ダム

65 三浦ダム（長野県木曽郡王滝村）［写真提供：関西電力(株)東海支社］

下流の県道から眺めた
大橋ダムの堰堤

66 大橋ダム（高知県吾川郡いの町）

67　女子畑発電所と第二調整池（大分県日田市）

筑後川支流玖珠川を前に建つ女子畑発電所

68　地蔵原貯水池、町田第一・第二発電所（大分県九重町）

牧歌的な雰囲気の町田第一発電所。筑後川水系で最も高い位置にある発電所（写真：『新・山中トンネル水路』より）

◀山口貯水池（狭山湖）
　第1取水塔

69　村山・山口貯水池（東京都・埼玉県）

▶村山下貯水池（多摩湖）
　［写真提供：東京都水道局］

戸祭配水場配水池。重厚な階段と連続アーチを描くレンガ張りの外観

今市浄水場旧管理事務所棟（現宇都宮市水道資料館）

70　宇都宮市水道施設群（栃木県宇都宮市、日光市）

◀上部はドーム型で、2階塔屋部の壁面や窓の周囲には細かいレリーフが施され、モダンな雰囲気を醸しだしている［写真提供・水戸市水道部］

71　水戸市水道低区配水塔（茨城県水戸市）

▲笠原水源に復元された岩樋。高さ約63cm、幅約60cm、長さ約95cmの石造。上は蓋で覆われ下も石で囲まれていた

▲前橋市水道資料館

72　敷島浄水場（群馬県前橋市）

▲配水塔全景

栗山配水塔。昭和12年3月竣工

73 栗山配水塔（千葉県松戸市）

給水塔（千葉高架水槽）。
昭和12年2月竣工

74 千葉高架水槽（千葉県千葉市）［写真提供：千葉県水道局］

名古屋市有数のレンガ造り名建築とされる鍋屋上野浄水場旧第一ポンプ所

75　鍋屋上野浄水場旧第一ポンプ所（愛知県名古屋市）

◀名古屋市演劇練習館（旧稲葉地配水塔）
▼稲葉地公園：平成8年10月、演劇練習館と一体のものとして名古屋市都市景観賞を受賞した

76　旧稲葉地配水塔（愛知県名古屋市）

旧ポンプ室（現水の体験学習館）

77　鏡岩水源地旧ポンプ室と旧エンジン室（岐阜県岐阜市）

大正3(1914)年から昭和61(1986)年まで大阪市の主力ポンプ場として活躍した「旧第一配水ポンプ場」

78 柴島浄水場旧第一配水ポンプ場（大阪府大阪市）

関西建築界の長老・河合浩蔵が手がけた奥平野浄水場旧急速ろ過場上屋（現水の科学博物館）

79 奥平野浄水場急速ろ過場上屋（兵庫県神戸市）

堤体を流れる流水模様の美しさで知られる千苅堰堤

80 千苅堰堤（兵庫県神戸市）[写真提供：神戸市水道局]

日本最古の重力式コンクリートダム・布引五本松堰堤。明治33(1900)年完成

81　布引五本松堰堤と烏原立ヶ畑堰堤（兵庫県神戸市）

河内貯水池堰堤上流側

82　河内貯水池と関連施設群（福岡県北九州市）

曲淵ダム全景。美しい堰堤には6.6mかさ上げされた跡がくっきりと残っている

83　曲淵ダム（福岡県福岡市）

水道創設時に造られたろ過池の前に建つ御殿浄水場旧ポンプ室

84　御殿浄水場旧ポンプ室・旧事務室（香川県高松市）

佐古配水場ポンプ場。県内では初めて登録有形文化財に登録された

85　佐古配水場ポンプ場（徳島県徳島市）

配水池のある御殿山をバックに建つ旭浄水場

86　旭浄水場（高知県高知市）［写真提供：高知市上下水道局］

日本三大美堰堤とも称される藤倉水源地堰堤

87 藤倉水源地堰堤 （秋田県秋田市）［写真提供：秋田市上下水道局］

赤レンガが美しい「ポンプ室」(奥)と「ろ格機室」(手前)。ポンプ室は桁行68.3m、梁間15.5mで、東西に両翼を備えた左右対称の構造

左右対称のポンプ室は、規則的に配された柱型と、出の少ない軒によって構成されている

88 旧三河島汚水処分場喞筒場施設 （東京都荒川区）

§1

国土を拓いた先人の知恵と努力

01 日本最古のダム式かんがい用ため池：
狭山池と狭山池博物館

大阪府大阪狭山市（国指定史跡）

狭山池が誕生した時代

狭山池は、飛鳥時代（616年頃）に造られた日本最古のダム式かんがい用ため池で、約1400年の歴史をもつ。

飛鳥時代（7世紀）は古代国家が完成する時代で、中国の隋や唐に使いを送り、新しい知識や文化を取り入れることに力を注いだ。寺院の建立や官道の整備とともに、「農は天下の大本なり」と定め、水田耕作を主体として、かんがい用水を安定的に確保し、豊かな農作物を育てるため、全国的に池溝開発を推進した。

川をせき止めるダム式の大きなため池の築造には、朝鮮半島の百済や中国の隋、唐から学んだ高度な土木技術が活かされた。この時代の「池」とは、農業のかんがい用に人工的に造られた公共的な貯水施設を指し、「溝」とは、人工的に掘り下げた水路を指す。

河内平野に恵みをもたらす

狭山池は『古事記』、『日本書紀』に登場する代表的なため池で、当時の大きさは、池面積約26万m²、最大貯水量約80万m³と推定され、1400年間、その形状はほとんど変わっていない。

狭山池は大阪南部の泉北丘陵と羽曳野丘陵の間を、南から北へゆるやかに流れる西除川をせき止めて造られた。日照りが続くと川の水は少なくなり、かんがい用水が不足する。特に台地上にある田畑には、谷を流れる川の水は引きにくい。そこで巨大な圧力に耐え得る「堤」を築き、池を掘って水を貯め、堤の底や中程に「樋」を置いて池の水を取水し、堤が崩れるのを防ぐために、余分な水を流す「洪水吐」を造った。洪水吐は「除」と呼ばれ、東除川と西除川の名は、狭山池の東と西にある洪水吐から落ちる水を受けたことに由来する。狭山池の完成で下流域の河内平野は豊かな土地になった。

土木開発史専門の大阪府立狭山池博物館

狭山池では昭和63（1988）年から平成14年3月にかけて平成の大改修が行われた。これは狭山池の池底を3m掘り下げ、堤防を1.1m高くして、農業用水180万m³の上に100万m³の雨水を貯めて総貯水量280万m³の洪水調節機能を併せもつ狭山ダムにするもので、これを機に総合的な学術調査が行われた。その結果、堤や樋からは、数次の改修の痕跡や各時代の特筆すべき土木構造物、古代中国・朝鮮半島で使用された当時としては最先端の土木技術が見つかった。

狭山池博物館は、これらの土木遺構を一般公開し、文化財を調査・保存、展示するためにつくられた土木開発史専門の博物館で、考古学界の大御所・末永雅雄博士の他、大阪府で文化財調査を担当した職員達の熱心な取り組みによって建設されたのである。

博物館に入り、まず目につくのが館内を圧するように聳え立つ堤体の断面だ。狭

山池の中樋付近から、高さ15.4m、底幅62mの堤体の全断面を切り取って保存・展示したのは世界初の試みで、狭山池の誕生から各時代の改修の地層や地震の跡などが刻み込まれており、計画から完成まで10年の歳月を費やしたという。

写真-1　移築した堤の断面。堤の前に飛鳥時代と江戸時代の東樋が置かれ、堤と樋の関係が再現されている。

堤体が保存されるまで

高い土木技術の跡が残る堤防断面をどのように保存すればよいか、検討の結果、次のような方法が採用された。

まず、池の水を抜き、高さ15.4m、底幅62mの堤体を101個の土ブロックに分割し、鋼製枠を取り付けて取り出す。

次に取り出した土ブロックを樹脂液（ポリエチレングリコール水溶液）に約2年間浸けて染み込ませ、約2年間、乾燥させる。その後、堤体と同じ大きさの鋼製の展示用架台に土ブロックを取り付け、堤体全体を復元する。

堤体と東樋に見る古代の土木技術

こうして復元された堤体をよく見ると、地層の中にポツポツと穴のようなものがある。これは敷葉工法といわれ、カシ（樫）などの葉のついた枝を土の上に並べて踏み固め、さらに葉を敷いて踏み固めることを繰り返し、堤防を強化する工法だという。また黒い土の塊が土のうで、敷葉工法と土のう積みは、中国や朝鮮半島でも数多く発見された古代東南アジアに広がる盛土工法で、それが日本にも及んだことを示している。

東樋の樋管は、コウヤマキ（高野槙）の丸太をくり抜いたもので、年輪年代測定法により、伐採年は西暦616年と推定された。年輪年代測定法は樹木の年輪から年代を測定する方法で、スギやヒノキ、コウヤマキについては、紀元前に遡る年輪グラフが作られている。

くり抜いた幹の直径は約75cm、全体の長さは約60mもあり、現在では到底入手できないような巨木である。当時の人々はこのような巨木を、どこからどうやって運び、樋管をつくったのだろうか。

写真-2　コウヤマキをくり抜いた連続した樋管

改修には各時代の知恵と工夫が結集

狭山池の堤や樋の修理や改修は、奈良時代には行基（668-749）、鎌倉時代には重源（1121-1206）などの高僧、江戸時

代には豊臣秀頼の家臣・片桐且元（かたぎりかつもと）（1556-1615）など、歴史上の有名な人物によって続けられた。

特に江戸時代は、大規模なため池の改修や築造、干潟の干拓、河川の整備が行われ、耕地面積も次第に増えていった。

片桐且元の改修時に初めてつくられた尺八樋は、水の高さに合わせて水温の高い上の水を取ることができ、樋の開閉がしやすいものであった。また、堤の内側の裾で見つかった木製枠工（もくせいわくこう）は、堤が地滑りによって崩れるのを防ぐもので、隙間から水が入らないようにする樋の製作には船大工の技術が応用されているという。

このように狭山池で発見された堤や樋などの土木遺構には、各時代の知恵と工夫が結集されており、水に挑戦してきた人々の歴史が見えてくる。

かんがい用水を血にたとえれば、狭山池は血を送り出す心臓にあたる。狭山池から下流は、北東に向かってゆるやかな斜面となっており、400もの小さな池の水が毛細血管のように流れ出し、河内平野一帯に水の恵みをもたらし、豊かな暮らしを支えている。

写真-3　江戸時代の木製枠工

狭山池出土木樋、重源狭山池改修碑は、平成26年、国の重要文化財に指定され、狭山池は平成27年、国の史跡に指定された。

【狭山池および狭山池ダムデータ】
・最大貯水量：280万 m^3
・池の面積：36万 m^2　・周遊路：2.85km
・形式：均一型フィルダム
・湛水面積：0.36km^2　・貯水面積：280万 m^2
・堤頂長：730m　・堤高：18.5m

取材協力・写真・資料提供：狭山池博物館
掲載：2005年2月号

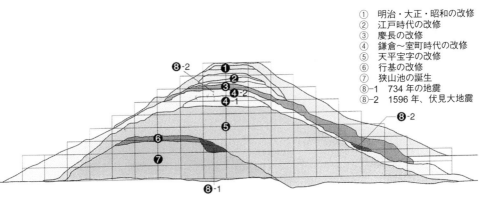

① 明治・大正・昭和の改修
② 江戸時代の改修
③ 慶長の改修
④ 鎌倉～室町時代の改修
⑤ 天平宝字の改修
⑥ 行基の改修
⑦ 狭山池の誕生
⑧-1　734年の地震
⑧-2　1596年、伏見大地震

図-1　狭山池の堤体断面
［大阪府立狭山池博物館常設展示案内より］

02 日本最大級のかんがい用ため池：満濃池

香川県まんのう町

1300年以上の歴史を刻む

四国の北東部に位置する香川県は、瀬戸内式の気候で、年間の平均降水量は1,100mm前後と全国的にも雨の少ない地域である。昔から干ばつの対策としてため池が造られており、その数は約14,000カ所にも上る（2003年時）。

なかでも満濃池は、古代における土木技術の粋といわれ、貯水量1,540万m^3。弘法大師空海（774-835）ゆかりの池である。過去には洪水や地震等で度々決壊したが、先人たちの努力で改修されつつ、1300年以上にわたって守られてきた県下最大の池であり、名実ともに日本で最大級の規模を誇るかんがい用ため池である。

満濃池は、金倉川の浸食でできた広い谷の出口の狭い断崖に堤防を築き、金倉川を堰き止めて構築したもので、瀬戸内海の河口からおよそ16km上流にある。満水位の標高は146m、満水時の貯水量は、東京ドームの約12倍にもなるという。

金倉川の水源は徳島県との県境、阿讃山脈にあり、満濃池の水は丸亀平野を潤した後、瀬戸内海に注いでいる。

空海の偉業

満濃池は、大宝年間（701-704年）に、讃岐の国守・道守朝臣が築いたといわれている。しかし約100年後の弘仁9（813）年に決壊し、朝廷から築池使が派遣されたが、人手も集まらず、工事は難航して、なかなか捗らなかった。そこで讃岐出身の空海が築池別当としてあらためて派遣された。

空海は、湖畔に護摩壇を設けて秘法を修し、神仏の加護を祈るとともに、唐留学時に学んだ土木技術を駆使して、3カ月足らずで見事に難工事を仕上げた。

金倉川を堰き止めて大池を造るため、池の堤防を扇形（アーチ状）に築いて強大な水圧をがっちりと受け止めるという、現代のダムにつながる手法で、6月に工事が再開されると、人びとは雲のように集まり、嬉々として労働奉仕を志願した。

空海には医薬のほか、土木に関する知識があったとはいえ、きわめて短期間に工事が成功したのは、空海の教えを慕って集まってきた民衆の大きな力によるものであった。現在も満濃池を見下ろす神野寺境内に弘法大師空海像が建っている。

空海によって築造された満濃池は、今よりもっと規模の小さなものであったが、『今昔物語集』（巻十三）にはおよそ次のように書かれている。

写真-1　満濃池を見下ろす神野寺境内にあるお大師さま（空海像）

「池のまわりははるかに遠く、堤が高いので、池とは思えず海のようである。その国の人びとは、干ばつのときも、多くの田がこの池によって助けられ、皆、喜び合っている」

苦難の改修史

しかし当時の土木技術では対応が難しく、満濃池はその後もたびたび決壊した。特に元暦元（1184）年5月1日、大洪水によって決壊した後は、戦国時代の混乱もあって400年以上放置され、池の底に池内村という集落ができるほどだった。

天正15（1587）年、讃岐国藩主・生駒高俊(こまたかとし)は、土木技術家・西嶋八兵衛(にしじまはちべえ)を起用して満濃池の修復にあたらせた。八兵衛は水没者の移転にも心を砕き、修復事業は寛永8（1631）年に完成、再び33郡44カ村の田を潤すことになった。堰堤は渓谷の両岸を巧みに利用して、囲み堤のように扇形に湾曲したかたちで築かれるなど、八兵衛の土木技術の手腕を証明する数々の工夫が施されており、土木工学の立場から改めて高く評価されている。

満濃池はこの修築後、約10年ごとに底樋(そこひ)を半分ずつ取り替えながら、幕末まで約220年間、維持された。その後も大地震や大雨によって壊れ廃池になる恐れが出るなど、危機に直面した時期もあったが、当時の関係者が私財を投じ、あるいは命がけで改修工事を行ってきた。普請(ふしん)には大勢の人びとが動員され、地元の財政負担は大きかった。

明治3（1870）年、満濃池はふたたび修築され、木樋をコンクリートや花崗岩に替え、大正3（1914）年、近代的なため池として完成した。その後、昭和9（1934）年、14年と大干ばつに遭い、貯水量を増やすため、昭和16年、6mのかさ上げ工事に

写真-2　護摩壇岩

着手した。若い女性達が紺がすりの着物に真紅のたすきをかけ、素足でリズミカルに歩きながら、入念に土を踏み固めたというエピソードも残されている。

その年の12月、日本は太平洋戦争に突入、労働力不足と資材入手困難で工事は中止。昭和21（1946）年10月から再開され、20年にわたる大改修工事は昭和34年3月に完成した。これによって貯水量は一挙に倍増し、2市4町、4,600haの水田を潤すようになった。

厳しい水利慣行

雨に恵まれない香川県では、昔から水利慣行という厳しい決まりがあった。満濃池にも証文水(しょうもんすい)区域という慣行があり、時間水、反別割り(たんべつ)、石高分水位(こくだか)、線香水(せんこうみず)など、様々

写真-3　取水塔付近

な方法で水を分け合っていた。線香水とは、田んぼに公平に水を配るために線香を使用し、拍子木の音を合図に線香に火をつけると同時に一番目の田んぼに水を送る。線香が燃え尽きると番人が太鼓を打って合図し、次の田んぼに同じように水を送る仕組みである。こうした命がけの水配分をしなくても済むようになったのは、昭和34年の改築以後のことである。

取水のしくみ：「ゆる抜き」

毎年、夏至の3日前（6月上旬）に行われる初「ゆる抜き」は、田植え前の大事な伝統行事で、大勢の見物客が訪れる。その後、かんがい用水が必要な期間（約120日間）、毎日5〜3tの放水が行われ、讃岐平野の田植が一斉に始まる。

「ゆる抜き」というのは、ため池の底樋に櫓を設け、竪樋の発水口を閉めている筆木を、梃子の原理を応用して、水を抜くもので、ちょうど風呂の栓を抜くように水口を開き、必要な水を水田に供給するシステムである。

現在は配水塔の下から抜く仕組みになっているが、かつては屈強な若者がふんどし姿で行っていた（下図）。当時は、底樋、取水施設とも木造のため14〜15年に1回、修復工事が行われ、地元の負担は大きく「百姓泣かせの池普請」ともうたわれた。

写真-4　現代のゆる抜き
［写真提供：満濃池土地改良区］

図-1　大正3年以前のゆる抜き
［「満濃池の変遷」より］

香川県には14,000ものため池が点在している。これらの池すべてに「ゆる」があり、満濃池の「ゆる抜き」に合わせて、6月初旬、すべてのため池で一斉に「ゆる抜き」が行われている。このようにすべての水田に、同時期に一斉に水を張るシステムは、1300年間に営々と築き上げられてきた水の文化の象徴でもある。

香川県の人びとは、水を大切にする気持ちがひときわ強いといわれる。それは水に対する苦労を分かち合いつつ、大切に満濃池を守ってきた歴史と、弘法大師信仰にもとづくものであるといえよう。

満濃池は、日本を代表する歴史あるため池であることから、「国営讃岐まんのう公園」として整備され、周辺の丘陵地には芝生広場や親水公園が広がる。

【満濃池データ（2003年時）】
・標高：149m　・堤高：32.0m　・堤長：155.8m
・有効水深：21m　・満水面積：139ha
・周囲：20km　・かんがい面積：約3,000ha
・貯水量：1,540万m^3

取材協力・写真・資料提供：満濃池土地改良区事務所
掲載：2003年12月号

03 現存する最古級の水利施設：石井樋(いしいび)

佐賀県佐賀市

　今から約400年前、佐賀城の築城に伴う土木工事で、佐賀一帯に水の恵みをもたらしたのが嘉瀬川(かせ)の「石井樋」。

　石井樋とは、川から水を取り入れる施設、すなわち井樋(いび)のことで、石造りのものを石井樋という。ここでは、大井手堰、二の井手堰、象の鼻、天狗の鼻などを含めた施設全体を「石井樋」、石造りの井樋を石井樋と表記する。

　「石井樋」は嘉瀬川の水を多布施川(たふせ)に導水するために造られた現存する最古級の水利施設で、土木史および文化財的観点からも高く評価されている。

　水利の専門家、成富兵庫茂安(なりどみひょうごしげやす)（1560-1634）によって造られたもので、中世以来の「土」による構造物から、「石」を組み上げて構築するという新たな技法を多用して、いかにうまく水を治め、利用していくかに苦心した跡が随所にうかがえる。

佐賀の水を拓いた水の神様：
成富兵庫茂安

　佐賀平野に水を供給する嘉瀬川はその源を脊振山系(せぶり)に発し、佐賀平野を貫流して干満差日本一の有明海に注ぐ流域面積368m^2、幹線流路延長57kmの一級河川。その流域は佐賀市、神埼市、小城市にまたがる。嘉瀬川は山間部を出ると川上付近から扇状地を形成し、流れを徐々に西に変える。扇状地の扇端部は水の流れが集中し、護岸が洗掘されて破堤する危険性が高い。

　石井樋は、扇端部の水が強く当たるところに設けられた治水・利水の総合システムで、佐賀や川副、鍋島方面へ用水を供給するとともに、この地域を嘉瀬川の洪水から守る役割を果たしている。

　石井樋の完成によって、用水の乏しい佐賀城下町周辺は、水路が網の目のように走る水郷の町となり、佐賀平野は見事な水田地帯に生まれ変わった。

　この大工事を成し遂げた成富兵庫茂安は、佐賀の龍造寺家、鍋島家に仕え、土木の天才といわれる加藤清正と長く行動を共にした武将で、優れた土木技術者でもあった。藩主の命を受け、治水・利水工事に心血を注ぎ、佐賀農業の礎(いしずえ)を築いた人として知られる。水利の専門家でありながら、現場で働く人々への気配りを忘れない人間性あふれた人柄は、今なお佐賀の人々の崇

写真-1　成富君水功の碑

敬を集めている。

　佐賀には千栗堤など、成富兵庫茂安による治水・利水施設が数多くあり、彼の功績を讃える碑があちこちに残されている。また、治水の神様として、河川功労者従四位を贈られている。

巧みな構造をもつ「石井樋」の仕組み

　成富兵庫茂安は、洪水から城下を守り、安定した用水を得るため、嘉瀬川から多布施川への取水口に特殊な工夫を凝らした構造の施設群を設けた。これが「石井樋」で、いかにして水を上手に治めていくかということに苦心した跡が随所にうかがえる。

　「石井樋」は、上流側の遊水地（野越、竹林、畑）、本土居（本堤）、一連の施設（兵庫荒篭、遷宮荒篭）、取水口付近の構造物（象の鼻、天狗の鼻、亀石）、石井樋など、一連の施設から成る。これらの構造物を巧みに配置して、嘉瀬川の急流の勢いを弱めながら、安定した水を多布施川に流す工夫がなされている。

　治水上、堤防は二重（内堤防、本堤防）に築き、石井樋上流には、水害防備林（尼寺林）や一時的に洪水を貯える遊水地と一定以上の水位の洪水を平野に溢れさせる野越を設け、石井樋への洪水の影響を弱めるとともに、象の鼻、天狗の鼻、中之島などを用いて洪水流を西南に向かわせ、多布施川への洪水の流入を制御した。

　利水の面からみると、「石井樋」は嘉瀬川の清流を多布施川へ導水するための施設である。嘉瀬川の水は土砂を多く含むため、象の鼻、天狗の鼻、大井手堰で川の水を逆流させ、流水の勢いを弱めて砂を取り除きながら、上水として使える良質な水にする。そして大量の砂やゴミが多布施川に入らない

ように、荒篭や象の鼻、亀石で流れを制御する。

　こうして処理された川の水は、多布施川に向けて3個の口を開く石井樋に呑み込まれていく。

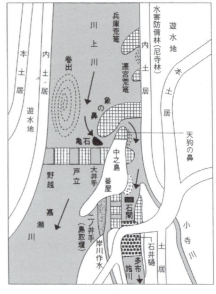

図-1　石井樋略図

［宮地米蔵監修・江口辰五郎著「佐賀平野の水と土」より］

写真-2　発掘された当時の石井樋。石で3つの樋門をつくり、井堰にたまった水を多布施川に流す取水口。佐賀城下に水を送る重要な役割を担い、最も強固に造られた。
　現在は施設の一部に組み込まれている（口絵参照）。

このような巧妙な構造をもつ施設は、全国的にも珍しく、石井樋は現存する日本最古級の治水・利水の総合施設である。

佐賀上水の完成は1615年頃とされ、神田上水（1590年）、辰巳用水（1632年）、玉川上水（1653年）とともに、日本ではかなり早い時期にあたる。近世の水道は上水以外に農業用水、産業用水にも使われており、「石井樋」は、佐賀平野一帯に大きな水の恵みをもたらした。

復元され、立派になった石井樋公園

多布施川の水は、昭和35（1960）年、上流に建設された川上頭首工から導水したため、石井樋は施設の一部を残して土砂に埋もれ、利水機能を失っていた。

この歴史的にも貴重な施設を復元させるため、石井樋を核とした石井樋地区歴史的水辺整備事業が進められ、平成17（2005）年12月に完成した。石井樋などの貴重な遺構は、できるだけ現状のまま保存・復元するとともに、象の鼻や大井手堰は立派に造り替えられた。

遠くに脊振山系の山々を望み、雄大な嘉瀬川の流れの中にさまざまな遺構を配した公園を散策すると、成富兵庫茂安が遺した業績のスケールの大きさに圧倒される。

新たに嘉瀬川防災施設「さが水ものがたり館」が建設され、館内には「佐賀平野と水」、「成富兵庫茂安の生涯」、「石井樋のすべて」をテーマに、ジオラマの展示や映像による紹介などが行われ、佐賀の水を総合的に学ぶ場になっている。

取材協力・資料提供：国土交通省武雄河川事務所、嘉瀬川防災施設「さが水ものがたり館」館長 荒牧軍治氏
掲載：2004年1月号
追加取材：2015年12月

写真-3 復元された象の鼻。当時の石積みを守るため、上から新しい石を積んで修景・保存した。

04 寛永年間の水資源開発は今も現役：入鹿池

愛知県犬山市

尾張藩の大型地域開発プロジェクト

　豊臣家に対する軍事防衛線と治水目的を兼ねて、家康は慶長13（1608）年から同14年に犬山から下流約50kmにかけての木曽川左岸に長大な堤防を築かせた。これが世に言う「御囲堤」である。

　この堤防で締め切られた木曽川左岸の分流支川や、影響を受ける既存の用水網などはかんがいに支障が出ないように再編されていった。しかし平野部は木曽川からの用水でかんがいできても、犬山、小牧、春日井あたりの小高い台地は取り残されてしまう。そこで目をつけたのが、この台地よりやや標高が高い、尾張富士、奥入鹿山、大山など三方を山で囲まれた、旧入鹿村のある場所だった。幾筋かの川が注ぎ込むこの盆地の水の出口をふさいでため池を造り、下方の台地に水を引く構想だ。こうして寛永10（1633）年、四国の満濃池と並ぶ、日本最大級の農業用ため池「入鹿池」ができた。

　記録によれば、御三家の筆頭・尾張徳川家の初代義直（家康の第九子）は、鷹狩りにことよせて、自ら候補地を視察し決断したという。「入鹿六人衆」と呼ばれる6名の有力農民が、家老の成瀬正虎を通じて陳情し、藩の事業として行われることになったのだ。六人衆とは江崎善左衛門ほか、上末村、中村村（以上小牧市）、田楽村（春日井市）などに住む地元農民で、いずれも戦国末期に帰農した元武士だったとされる。

　藩は水没する入鹿村（戸数24戸、または160戸という説がある）の村民に、好む

写真-1　現在の河内屋堤（百間堤）

ところに入鹿出新田と名付けて住んでよいと言い、一説には間口1間につき1両とされる移転料を支給し立ち退かせたという。

各地から先進技術を導入

　工事に当たって諸国に先進技術を求めている。水の出口は2カ所あり、銚子の口といわれた場所の締め切り工事は、築きかけた堤が流れ出る水の勢いで何度も崩れ落ち難航した。そこで、当時ため池やかんがい工事の先進地だった河内（大阪府）から甚久郎という名人を呼び寄せ、完成させた。その工法は「棚築き」と呼ばれる独特なもの。締め切り場所の左右の堤防から、松の木を何本も渡して仮橋を造り、油を注ぎ、さらに松葉や枯れ枝を乗せ、その上に大量の土を盛り上げる。下から点火すると、枯れ枝、松が燃え落ちると同時に土も一気に落下し締め切りが完了する。

　こうして締め切った堤は幅約136m、長さ約175m、高さ約26mの大堤防で、長さが百間近いことから百間堤、または甚久郎

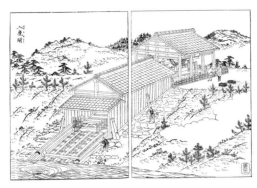

図-1 「尾張名所図絵」に描かれた入鹿大杁（水門）

の出身地から河内屋堤とも呼ばれた。

　もう一方には池から用水を取り出す取水・配水施設「杁」が設けられた。こちらは山城国に便利な杁があると聞き、現地から雛形模型を取り寄せ工夫を重ねた。幅約98m、長さ73m、堤頂幅約12mの堤を築き、この堤を貫通するヒノキ材の樋（取水管に当たる）を埋め込んだという。当初の樋の大きさは不明だが、約170年後の改修時のそれは、長さ約98m、幅約4m、高さ約2.2mの巨大な木造管で、根元で樋と接合され堤の斜面に沿って縦に設けられた立樋の13もの扉を轆轤（回転式巻取り機）で巻き上げて開閉した。水の高さに合わせ、水温の高い上部から水が取れる仕組みになっていた。この「杁」は江戸時代末期の「尾張名所図絵」に描かれており、「世人無双の壮観とす」と、規模の大きさに目を見張っている。

新田開発の効果

　新田開発は徐々に進み、入鹿池完成後30年足らずの1662年には、入鹿池による新田は約800ha（東京ドームの171倍）、石高にして6830石余り増え（その2年後の記録には、1万5300石余り増加という記述もある）、入鹿池の水でかんがいされた本田は12万石余りもの膨大な収量に及んだという。入鹿池の完成後、入鹿六人衆は木津用水（1648年）、新木津用水（1664年）と用水網を広げていった。

災害を乗り越え、現代に生きる

　江戸時代の技術に限界があったことも事実。明治改元の年（1868年）の5月、連日の激しい雨の末に「入鹿切れ」と呼ばれる堤防（前述の河内屋堤）の決壊が起きた。濁流が村々を襲い、あふれ出た水が伊勢湾の近くまで達し、死者941人、負傷者1,471人という大惨事となった。こうした史実を踏まえ、二度と入鹿切れのような災害を起こさないよう、昭和54（1979）年から13年の歳月と、約40億円の費用をかけて、愛知県により入鹿池の農地への洪水調節機能を高める防災ダム事業が行われた。

　現在入鹿池・入鹿用水を管理する入鹿用水土地改良区では、入鹿池の用地選定の巧みさや、用水網の効率の良さを指摘する。海抜90mほどの入鹿池から、今でも一つもポンプを使わずに海抜40〜50mの台地を自然流下によってかんがいし、余った用水は木津用水の補助水源にもなっている。改修を行いながらも、江戸時代の用水が現代まで生きて使われ、平成17（2005）年度からは入鹿池の水の一部が、水資源機構が管理する愛知用水へ導入されている。

【入鹿池データ】
（2004年現在）
満水位標高92mのとき、貯水面積約166ha（東京ドームの35倍余）、貯水量約1,679万m^3（東京ドームを升にして13倍余）
農業用ため池としては、満濃池を抜いて日本最大。

取材協力：入鹿用水土地改良区
掲載：2004年8月号

05 400年前、利根川上流を肥沃な大地に変えた：天狗岩用水

群馬県前橋市総社町

利根川開発の始まり

　利根川の近世的な開発は、天狗岩用水に始まるといわれる。

　慶長6（1601）年、総社領主となった秋元長朝は、城の建設と領内の新田開発を計画し、3年間にわたり農民総動員で、利根川の流水を利用した用水路を開削した。この天狗岩用水のおかげで、米の収穫量は4～5倍に増え、下流は一大農作地帯となった。

　難工事のさなか、天狗が飛来して取水口付近の巨岩を取り除いたとされたことから「天狗岩用水」と呼ばれ、平成16（2004）年5月、開削400周年を迎えた。

実り豊かな水田をつくりたい

　天狗岩用水は、群馬県中南部の利根川右岸に広がる沖積平野に開削された人工の水路で、前橋市総社町で八幡川と合流する地点からは滝川（一級河川）と名を変え、高崎市東北部、玉村町中央部および南部を流れ、利根川の支流・烏川に注いでいる。かつてこのあたりは、榛名山から流れてくる2本の川の水を利用していたが、小さな水田しか作ることができず、米のほか、アワやヒエ、大豆などを栽培して、細々と暮らしていた。

　慶長6年、関ヶ原の戦いの翌年、総社領主となった秋元長朝は、度重なる戦いと水不足で荒れ果てた領地に、かんがい用水を引くことができれば、実り豊かな土地になると考え、総社城の外濠を築造するのに合わせて用水の開削を計画した。当初、長朝は総社領の東の端を流れる利根川から水を引くことを考えたが、総社城付近の土地は利根川の水面より10mも高く、自領内での取水は不可能だった。そこで上流の漆原村（白井領）から引こうと考えたが、当時、他領にまたがる事業は「雲にはしごを架けるようなもの」といわれるほど困難であった。長朝は白井領主と何度も話し合い、ようやく白井領に取水口をつくることが許されたという。

　6000石の領主である秋元長朝にとって、用水の開削は経済的にも大きな負担であり、掘削機やダンプカーが無い時代、何kmにも及ぶ水路を人力だけで掘ることは、領民の協力なしにはできない大事業であった。長朝は用水の開削に協力した者には3年間年貢を免除すること、用水の配分を優先することを約束して呼びかけたところ、領民はもとより他領の村の人びとの協力も得られ、3年の歳月をかけて慶長9（1604）年に完成した。

写真-1　総社資料館に展示されていた牛枠。丸太材を組み合わせてその上に石、小石を入れた蛇篭をのせて、川の中に沈め、水の勢いを弱めるもの。大水で取水口が破壊されるのを防ぐために利用したと考えられている。

天狗岩用水のいわれ

開削工事の最後の取水口付近の工事の際、大きな岩があってその岩を取り除くのに苦労していたところ、白髪の老山伏が現れて次のように言ったという。

「薪になる木と大量の水を用意しなさい。岩の周りに薪を積み重ねて火を付け、火が消えたら、用意した水を岩が熱いうちにかけなさい。そうすれば岩が割れるでしょう」。人びとが教えられたとおりにすると、見事に岩が割れた。山伏は天狗の化身とされ、「天狗来助」伝説となり、後にこの岩を天狗岩、用水を天狗岩用水というようになった。

用水の取水口には、独特の構造を持つ水門枠が設置され、考案者である秋元越中守長朝の名を取って越中枠、別名越中堀と呼ばれ、明治期まで使われた。取水口より下流の水路は、以前から存在した窪地を利用して水路とし、末流は総社領内を流れる八幡川に合流させた。途中の高低差は段差を設けて高さを調節し、川底には石を張って損壊を防ぐなどの工夫が見られることから、土木工事に優れた家臣がいたと考えられている。

慶長9年に完成した天狗岩用水は、その後、慶長10～15年にかけて、伊奈備前守忠次が、下流開発のため玉村地方にまで延長し、水路の拡幅工事も行われた。これは代官堀あるいは滝川用水と呼ばれている。取水口や用水路は、その後、利根川の度重なる洪水や浅間山の噴火などの被害を受けて、時代とともに次第に当初の位置より上流に移動している。

農民が領主の徳を称えた「力田遺愛碑」

天狗岩用水の開削によって、米の収穫量は6000石から27000石と4～5倍に増えた。肥沃な土地が生まれて農業生産性は向上し、農業の安定につながり、その恩恵を受けた農民に永く記憶された。

秋元氏が甲州に領地を移されて150年後の安永5（1776）年、農民達は秋元氏への感謝の気持ちを込めて「力田遺愛碑」（田に力めて愛を遺せし碑）を建立した。

写真-2 秋元長朝の菩提寺として建立された光厳寺境内にある「力田遺愛碑」。群馬県指定史跡

この碑の建立のため農家1軒当たり、ひと握りの米を出し合って建立したと伝えられ、碑文の最後には「百姓等建」と書かれている。封建時代にあって、領民が領主の徳を称えたという、時代を超えた温かい人間関係が伝わってくる貴重な碑である。

その後の変遷

明治27（1894）年には、前橋市総社町植野に群馬県で最初、日本では5番目の総社発電所（最大出力50kW）が造られた。その後、昭和57（1982）年、さらに上流の吉岡町漆原地区に天狗岩発電所を建設し、農業用水を迂回させて発電を行っており、小水力発電開発のモデルとなっている。

取材協力：天狗岩堰土地改良区事務所、吉岡町役場、前橋市総社資料館
掲載：2005年2月号

06 江戸の上水確保。洪水をやり過ごす投渡堰：玉川上水と羽村取水堰

東京都羽村市～渋谷区（国指定史跡含む）

江戸初期の神田上水

天正18（1590）年に江戸に入った家康は江戸の市街地造成に乗り出し、道三堀や小名木川の開削、日比谷入り江の埋め立てなどを行い、江戸市街の基礎をつくった。それに先立って小石川上水（後の神田上水）を開削させたといわれる。当時、江戸の北東地域は小石川上水、西南地域は赤坂の溜池から水を引いて使っていた。

その後、神田山を切り崩して銀座一帯を埋め立てるなどさらに市街地が広がると、小石川上水を拡充して、井の頭池、善福寺池、妙正寺池の水を集めた神田上水が整備されたといわれている。寛永12（1635）年の参勤交代の制度化などにより、江戸への人口集中は続き、神田上水を中心とする給水体制では立ち行かなくなってくる。承応2（1653）年4月4日、後に玉川姓を賜ることになる庄右衛門、清右衛門兄弟が請け負って、玉川上水の開削が始まった。

江戸時代の多目的利水施設「玉川上水」

羽村から四谷大木戸（新宿区）までおよそ43kmの開渠は同年のうちに、約8カ月で掘り上げたといわれている。その翌年6月には、江戸城を含む市中に給水する施設が完成した。

また一説によると、水喰土という地名が残っていることからも分かるように、開削がうまくいかず水路の路線変更を余儀なくされるなど、玉川兄弟は開削に二度失敗し、上水工事の総奉行・川越藩主松平信綱の家臣安松金右衛門が完成させたともいう。

いずれにしても、羽村から四谷大木戸までの約43km、高低差約92m、100m掘るごとに約21cm下る計算となる工事を、前記のような短期間で成し遂げたことは江戸の測量技術の高さを物語る。

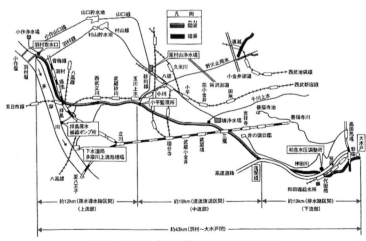

図-1 玉川上水概況図〔東京都水道局提供〕

四谷大木戸から四谷見附までの約1km は地下を石樋で配管。この石樋は内径が 1,500mm管相当の大きなものだった。四谷見附から先は、江戸城に向かうものと、江戸市中に向かうものとの二手に分かれて地下の木樋で配水された。地下配管の総延長は85kmといわれる規模であった。

　玉川上水の経路は武蔵野台地の尾根筋を選びながら開削されている。例えば、福生市の牛浜橋のあたりから多摩川を見ると、羽村の取入口では同じ高さだったのに、ここでは玉川上水よりずっと下方を流れている。それだけ、上水をゆるやかに流下させているのである。このことが後に33の分水の開削を可能にし、武蔵野の新田開発に大きな役割を果たすことになった。分水は新田開発だけでなく、水車などの動力としても利用された。いわば玉川上水は武蔵野総合開発の基幹施設となったのである。

珍しい構造とされる投渡堰

　羽村が上水の取入口に選ばれたのは、多摩川が羽村堰の手前で大きく曲がるため、ここに堰をつくって流れをせき止めれば、大きく口を開けている水門に流れが導かれるためでもあった。多摩川の流れを受け止める堰は投渡堰と呼ばれる、他に類を見ないとされるもの。堰の仕組みは、投渡木と呼ばれる太い丸太を横に渡し、そこにやや細い丸太を格子状に並べ、粗朶（木の枝）や砂利などをあてがったもので、増水の際は投渡木を取り払って細い丸太や粗朶を流してしまう。堰を破壊して水の流れを良くすることで、水門や上水の土手が壊れるのを防ぐ工夫である。堰や水門は、360年あまりその位置を変えておらず、構造材こそ木や竹から石やコンクリートに変わったが、その仕組は、昔も

写真-1　羽村堰の内側［写真提供：鍔山英次氏］

今も変わっていない。そして現在の羽村堰の堰体も明治から大正時代にかけて改良され、歴史の風雪に耐えてきたものだ。

今も現役の上流部と流水が復活した下流部

　明治31（1898）年、淀橋浄水場が完成し日本の近代水道の幕が開くと、明治34年、淀橋浄水場への導水路として使われるようになる。昭和40（1965）年には東村山浄水場ができ、玉川上水の水が小平監視所から東村山浄水場へ流されるようになると、流れが途絶え空堀となった玉川上水下流部はコンクリートのふたをされたりして顧みられなくなり、荒廃が進んだ。しかし昭和61（1986）年、小平監視所から下流へ多摩川上流下水処理場の処理水を流すことにより、21年ぶりに流水が復活した。玉川上水を愛する人びとの地道な活動に東京都が応えたもの。後に玉川上水の水路敷のうち、開渠部分の約30.4kmは国の史跡に指定された。そして羽村取水堰から小平監視所までの玉川上水上流約12kmは、360年を経た今でも現役の水道施設である。

取材協力・資料提供：鍔山英次氏、東京都水道歴史館、東京都水道局、羽村市郷土博物館
掲載：2003年10月号

07 吉宗の時代に開通。関東物流を支えた閘門式運河：見沼通船堀

埼玉県さいたま市（国指定史跡）

西欧式閘門導入以前の和製閘門式運河

享保16（1731）年に開通した見沼通船堀。さいたま市の東南部JR武蔵野線東浦和駅から南東に約300mに位置する。明治期に西欧式の閘門が導入される以前の、江戸時代中期のきわめて古い閘門式運河である。閘門は水位差のある水路に船を通す施設。見沼代用水路の東西に分かれた2つの水路とその中央を流れる芝川を結ぶ、全長約1kmの通船堀は、江戸時代から大正期にかけての約200年間、物資を満載した船が行き交う内陸交通の要衝だった。

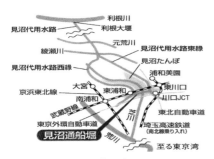

図-1　見沼代用水の概念図

見沼代用水路ができるまで

埼玉県行田市北部の利根大堰で取水された見沼代用水は、同県上尾市の瓦葺で2本に分かれる。東縁、西縁と呼ばれ、それぞれ東西の台地の縁に沿って流れている。今、一部は荒川に導かれて東京などの都市用水の多くをまかなう。そして昔から、この地域の農業用水の大動脈でもあった。その始まりは徳川吉宗の時代。昭和30年代以降、施設の老朽化のため当時の水資源開発公団などが大がかりな改修を行ったが、280年以上にわたって田畑を潤してきた。

昔、埼玉県の東南部は沼が点在する低湿地帯だった。その水を農業に利用していたが、寛永6（1629）年、家康の家臣で関東代官頭（関東郡代）であった伊奈一族の忠治が東西の台地が迫ったところに八丁堤（東浦和駅の南東すぐ）を築いて沼地の水を堰き止めた。見沼溜井と呼ばれるかんがい用のため池が出来た。約1,200ha、芦ノ湖の2倍近くあったという。

100年後、吉宗治世の享保12（1727）年から翌13年にかけて、紀州から呼ばれた井沢弥惣兵衛為永によって八丁堤の一部が切られ、この見沼溜井は干拓されて約1,200haの新田に生まれ変わった。大穀倉地帯として知られる見沼たんぼの誕生だ。新田のかんがいと、それまで見沼溜井を水源としてきた村々への給水のため、水源を利根川に求めた用水路が造られた。見沼に代わる用水という意味で見沼代用水路（開削時の延長約53km）と呼ばれた。

今の利根大堰の近くにあった元圦（取水

写真-1　見沼通船堀の差配役だった鈴木家の屋敷

口）の位置は、現代の測量技術で割り出した最適地と一致する。途中、交差する元荒川を逆サイホン式の「伏越（ふせこし）」でくぐり、同じく綾瀬川を「掛渡井（かけどい）」（水路橋）で越えた。今は現代風に改修されているが、これら江戸時代の土木技術は現代から見ても第一級であったことが知られている。

活況だった見沼通船

見沼代用水路の完成からまもなく、幕府へ通船許可願いが出される。そして東西の水路が最も近づく八丁堤の北側に、享保16（1731）年、弥惣兵衛為永によって通船堀が掘られた。見沼代用水路、芝川、荒川、隅田川を結ぶ水路が開け、代用水路周辺の村々は、江戸と水運で結ばれた。水運に使われた船の大きさは大小あったが、普通、米俵が100〜150俵ほど積める大きさで、時代により消長があり20〜60艘ほど運行していたという。見沼通船を許可された船は他の船と区別するため「○に新」と書いた幟（のぼり）を立て目印にした。

芝川や見沼代用水路の沿岸には、荷物の積み下ろしをする河岸がたくさん出来てにぎわった。通船堀のそばには、通行料を徴収したり船割などをする、差配役の鈴木家の豪壮な屋敷や米倉が今に残る。明治時代になると、見沼通船会社になり、代用水路沿岸に第1会社から第17会社までが出来た。見沼通船は明治中期に最盛期を迎え、その後陸上交通の発達により大正期には水運が衰退。昭和6（1931）年、通船許可の終了とともに見沼通船は終わりを告げた。

船が閘門を通過するには

田んぼの東西から水を引くため高いところを流れている見沼代用水路東縁と西縁。その間を流れ、田んぼの余水を排水するため低い位置にある芝川とは高低差が約3mある。この差を船が乗り越えるため、芝川と両側にある用水路を結ぶ東西の通船堀に2カ所ずつ閘門が造られた。これらを芝川から近い方、つまり低い方から一の関、二の関と呼ぶ。

通船の仕組はこうだ。まず水位の低い芝川から一の関の上部へ船を綱で引っ張り上げる。その後、図のように一の関を締め切ると水位が上がり船が二の関を越えられる。同じことを繰り返し、水位の高い代用水路に船が入る。下りはこの逆を行う。綱を引くのは近隣の家々から20人ほどの助っ人が集まった。水圧で張り付けて水を堰き止める角落板（おとしいた）の取り付け、取り外しは熟練を要するので、世襲で行う家があった。

近世の土木技術や流通経済の遺産である通船堀と通船の差配役・鈴木家の屋敷は、昭和57（1982）年、一括して国の史跡に指定された。関は木造でもあり朽ち果てていたが、平成6〜10年には、東の一の関と二の関、西の一の関が復元された。

【見沼通船堀データ】
・西縁　長さ：654m　・東縁　長さ：390m
・閘門幅：2.7m
取材協力：さいたま市立浦和博物館
掲載：2004年6月号

図-2　見沼通船堀の断面図

08 今も現役で活躍する：朝倉揚水車と山田井堰

福岡県朝倉市（国指定史跡）

200年以上も回り続けて

　ゴットン、ゴットン……、音を立ててまわる水車。そのシンプルでやさしいリズムは、朝倉地方の風物詩として、郷土の人びとにこよなく愛され、親しまれてきた。200年以上も回り続け、今も現役で働いている。

　朝倉の農業は、暴れん坊・筑紫次郎の「水との戦い」の歴史だった。筑後川の水を取り入れて豊かな実りある水田にしたい。この願いを実現するために、堀川用水と山田井堰がつくられ、その後、試行錯誤と改良を重ねて水車群が誕生した。

　朝倉の水車は一番上流に三連水車が1基、その下流に二連水車が2基計3基あり、規模・揚水量とも国内最大、堀川（取水口より九重橋）とともに、平成2年7月4日、国の指定史跡に指定された。

堀川用水の開削

　福岡県朝倉市は、北部九州の内陸部に位置し、北東部から北部にかけては山地、南部は筑後川を境にうきは市と接する純農村地帯である。

　筑後川から水を引く以前の朝倉市は、地区内を流れる数条の川を利用したわずかな水田しかなく、湿地帯にはコモや水草などが生い茂り、広い原野は凹凸・傾斜の激しい砂礫地帯で、農民たちは、干ばつにおののきながら、粟、稗、豆などを栽培していた。

　寛文2〜3（1662〜63）年、朝倉地方を襲った干ばつを契機に、新田開墾によって安定した生活を確保したいという気運が高まり、黒田藩の施策として筑後川から水を取水する堀川用水の新設工事が開始され、翌年完成した。現在、水神社のある高台（恵蘇宿）に水門を設けて筑後川の水を引いたもので、朝倉市鵜木まで総延長8,500mの用水路がつくられ、約150haの水田が生まれた。

　その後、度々の洪水等で取水口に土砂が堆積し、新たに開発された田も干ばつの被害を受けるようになったため、享保7（1722）年、取水口を現在の位置に移し、水の増減に合わせて開閉できる切貫水門に改築した。内部は巨大な岩盤をノミでくり抜いた長さ11間（約20m）、内法5尺（約1.5m）四方のトンネルで、その後も改修が行われ、内法10尺（約3m）四方となり、現在に至っている。

山田井堰

　山田井堰は、堀川用水の水量を増加させ、下流の水田をかんがいするために造られた堰で、長さ148m、幅171m、総面積2万5,370m²（7,687坪）。従来の突堤式の大川井手から筑後川全体を総石畳で堰き上げる石畳に大改修したものである。

　工事は庄屋の古賀百工が、延べ62万人の農民を指揮して寛政2（1790）年に完成させた。百工は70歳の老体に鞭打って、養子の十郎次とともに、寝食を忘れて工事の指揮にあたったといわれ、「堀川の恩人」として崇められている。

　最も苦心したのは、筑後川という暴れ川に耐えられる石畳の築造であった。川幅いっ

ぱいに石を敷き詰めて淀みをつくり、右岸側の水の一部を堀川に導く。それ以外の水は石の上を流れ下る。舟運や魚の遡上を妨げないよう、舟通しと砂利吐き水路を設けてある。現在でも、石がコンクリートで固定されたことを除けば、原理はそのまま生きている。

「水を最も取り入れやすい位置は、災害を最も受けやすい所でもある」という格言を経験的に熟知した上で、平常時の安定取水と洪水時の障害という利水と治水の矛盾した要求を満たし、かつ取水機能を果たすために、川岸と直角ではない斜め堰とした。

基本構造は石などの自然素材によって構築されているため、人工物でありながら、滑らかに越流する流れとその空間は、周辺との調和が図られており、自然にやさしい多自然型の堰である。

明治7（1874）年、明治18（1885）年、昭和55（1980）年の水害などでは崩壊と復旧を繰り返しながら、現在も670haの美田をうるおしている。

水車のはじまり

堀川が開削されたとはいえ、上流地帯の一部は、水田より山側の土地のほうが高いため、堀川の恩恵を受けることができなかった。当初は、桶の両端に縄を付け、2人で川の水を汲み上げる「打桶」が使われていたが、1反歩の田をかんがいするのに6時間を要したといわれ、炎天下の重労働であった。1660年代から1780年頃にかけて、足踏み式の水車（踏車）が使われたが、田に水を汲み上げることは容易ではなかった。

堀川のゆるやかな流れの中で、どうすれば水車が回るか、水を2mあまりも高く汲み上げるためには、水車の大きさをどの位にしたらよいか、かんがいする面積に応じた揚

図-1 打桶と足踏み水車〔『水車物語』より〕

水量はどの位必要なのか。そのための柄杓（ひしゃく）は何個位必要か、などなど、地元の人々は苦心に苦心を重ね、失敗を繰り返しながら、今日の見事な自動回転式の水車を作り上げたのである。

三連水車は寛政元（1789）年に設置され、二連水車はそれより少し前に設置されたと推測される。堀川の開削からおよそ120年以上が経っていた。これらの水車群は、毎年6月中旬から10月中旬まで稼働し、かんがい面積は3基で35haにも及ぶ。

水車は木製であるため作り直しが前提で、5年に1回、作り替えられている。200年以上もの間、祖先から水車の技術が伝承され続けていることは、日本の宝であり、いつまでも文化遺産として、存続して欲しいと思う。

【朝倉揚水車データ】
・三連水車（3基）1日当たり　7,892 t
・二連水車（4基）1日当たり 12,528 t
　　　　　計7基　1日当たり 20,420 t

取材協力：朝倉市商工観光課観光振興係、山田堰土地改良区事務所
掲載：2004年7月号

§2
近代化への道程・水利開拓への情熱

09 荒野を沃野に変えて130有余年。「疏通千里 利澤萬世」を体現する：明治用水

愛知県西三河地方

開削への熱い情熱

「疏通千里 利澤萬世」。通水を祝う記念碑に刻まれた時の内務卿・松方正義の言葉である。通水の恩恵が万世に及ぶという利水事業の真髄を表している。

愛知県のほぼ中央に位置する安城市を中心とする矢作川右岸の碧海台地を潤すのが明治用水だ。台地は、江戸時代、小松原や雑木林に覆われた荒涼としたやせ地で、薪や下草を刈る入会地が広がっていた。農業としては、小河川や無数のため池に頼る稲作が細々と行われていたにすぎない。

江戸末期、現安城市和泉町の酒造家で代官も務めた都築弥厚が、この荒れ地に矢作川から水を引く計画を立てた。しかし、開水にともなう水利慣行の変化、水害の増加、入会地の減少などをおそれる地元の反対に遭う。農民らの妨害を避け、弥厚らは夜中に測量を続けたという。5年をかけた測量図が文政9(1826)年に完成。天保4(1833)年にやっと幕府の開削許可を得たものの、膨大な私財を使い果たし、さらに2万5千両もの借財を残して、同年、弥厚は途半ばにして病没した。

写真-1　都築弥厚ら開削功労者をまつる明治川神社（安城市東栄町）

民間資金で出来上がった用水

明治初頭、弥厚の計画を継いだ現安城市石井町の岡本兵松（事業家から後に営農）と、現豊田市畝部西町の豪農伊豫田与八郎がそれぞれ独自に関係官庁に水路開削願いを出していた。紆余曲折の末、2人の計画を合体させ、愛知県主導で事業が行われることになる。

しかし、費用は民間に出資者を募り、水

図-1　明治用水系統図

写真-2 解体工事前の旧頭首工。上流に向かって円弧を描き矢作川を横断［写真提供：明治用水土地改良区］

写真-3 旧頭首工の人造石。石同士が接触していない。

路完成後に不要となるため池を開墾用に払い下げて、出資金の償還に充てるというものだった。苦労を重ねて2人が集めた出資金は6万円余り、現在の貨幣価値にしておよそ10億円といわれる。用水が開削されるにつれ、開田地から1反（約992m²）当たり2円の配水料を徴収し、県の調達金とともに工事費に充て、事業完成後にはその徴収金で県費を全額償還した。ほぼ同じころに工事が行われた安積疏水（1882年完成、福島県）は国営事業として多額の国費が投じられたのに対し、民間資金だけで完成させたことは地元の誇りとなっている。

工事は明治12（1879）年1月着工。鍬などを使った人力で、昼夜兼行で行われた。同年3月までに取水施設と本流10km余の工事を終えるというスピードで、翌13年、東井筋、中井筋が、14年には西井筋が完成。幹線水路延長が52キロとなった。続いて各支線工事を行い、明治18（1885）年までに約280kmを開削して、ほぼ現在の明治用水の姿になった。

服部長七の人造石による頭首工

取水効率を上げるため明治34（1901）年に、それまでの木杭と割石製の取水施設に替えて矢作川を横断する取水堰（旧頭首工）の築造が始まり、いく度かの修繕、改築をへて明治42年に竣工した。請け負ったのは現・愛知県碧南市出身の服部長七（1840-1919）で、長七考案の「人造石工法」で造られた。旧頭首工は服部長七が自ら考案した人造石で構築した大規模な堰堤の現存する唯一の例といわれている。鉄筋コンクリート造りの現頭首工が完成する昭和33（1958）年まで使われた。

人造石の特徴は「浮き石積」

日本在来のたたきは「三和土、叩き、敲き」とも書き、消石灰とマサと呼ばれる花崗岩の風化した種土を混ぜて水で練り、よくたたき締めて硬化させるもので、古くから土間や床下、流し、泉水、井筒などを造るのに使われてきた。硬化の仕組みは、たたきに含まれる消石灰が二酸化炭素を吸収して水に不溶性の炭酸カルシウムに変わること。この在来技法を、土木構造物の構築に応用したものが人造石工法である。

人造石工法の特徴は、たたき練り土と自然石を組み合わせた処理に現れる。堤防や水門などの躯体の外側に、練り土と自然石で分厚い保護層を形成する。一見石垣のように見えるが石と石は互いに接触していない。「浮き石積」といって練り土の中に石が浮いているように造ることで、水密性のある堅

写真-4 解体を放棄された旧頭首工の導流堤残存部

固な張石層が形成される。従来の石積に比べて、曲線部分の施工が容易になる利点もある。また、たたきはもともとある程度の水硬性を持っており、その性質を高めた人造石は、河川・港湾などの水中工事に適するとされる。

人造石は非常に堅牢で、旧頭首工は昭和40年代に一度取り壊しが行われたが容易に解体できず、3分の1を残して作業が放棄されたという。

「日本デンマーク」の誕生

明治用水完成の効果は大きかった。完成後3年で、水田は約4,300haへと倍増。それ以後は年に約150haの割合で増え、開削後25年たった明治43（1910）年には、開削前の4倍近い約8,000haに増加している。

明治用水を得た碧海地域の農業は、さらに大発展を遂げる。米麦二毛作に養蚕、養鶏、果樹、野菜などの商品作物を組み合わせた「多角形農業」が推進されたこと、明治用水の開削を通して培われた協同精神が、各種の産業組合活動を活発にしたこと、などが発展の要因だった。農業振興を指導したのは安城の県立農林学校校長・山崎延吉で、彼の講演や執筆活動によって、大正期の安城一帯は模範的農村として全国に知れ渡る。県立農事試験場などの先進的な農業指導機関も置かれ、安城は「日本デンマーク」と呼ばれて、全国から視察団が押し寄せることになった。

時代を先取りした明治用水

環境全体を考える現代の価値観にも通じる先進的な取り組みが、明治用水では早くから行われていた。用水管理組合は、明治末期から大正、昭和にわたって矢作川上流域の山林を次々と確保し、水源かん養林の造林事業を行った。「水を使うものは自ら水をつくれ」との方針のためであり、また基本財産の形成も目的としていた。

一方、CO_2削減のために近年推奨されている小水力発電が、明治用水では戦前に採用され電力自給を行っていた。明治用水本流の4mの落差を利用した出力291kWの旧広畔発電所（豊田市広美町、1936年完成）である。同発電所は伊勢湾台風（1959年）で破損し廃止されたが、農業用水路を利用した発電では全国に先駆けた事例で、昭和初期にこのような計画を実行したこと自体注目に値する。

冒頭の言葉通り、明治憲法発布より数年早いころに建造された明治用水は今も変わらず、矢作川から農業用水、工業用水を取り入れ、愛知県西三河地方の8市を潤している。

【明治用水データ（取材時）】
受益面積：約5,800ha
幹線水路延長：約86km　水路総延長：約397km
明治12年着工、明治13年初通水
【旧頭首工（創建時）データ】
・延長：約116m　・基礎上の最大高：約3m
明治34年着工、明治42年竣工

取材協力：明治用水土地改良区
掲載：2005年12月号

10 国家的事業としての那須野ヶ原開拓を支えた水の大動脈：那須疏水

栃木県那須塩原市

壮大なスケールの那須野ヶ原開拓

　那須野ヶ原の原野に、明治新政府による殖産興業として大農場の建設が始まったのは明治13（1880）年、開墾は水との闘いでもあった。「なんとしても水が欲しい！」、この念願を果たすため、明治18年9月、国家的事業として那須疏水が開削された。那須疏水は、那須野ヶ原の大動脈として大地を潤し、水稲・畑作・酪農がさかんになり、多くの恵みをもたらした。

　那須疏水は、安積（あさか）疏水（福島県）、琵琶湖疏水（滋賀県・京都府）とともに日本の三大疏水の一つに挙げられている。

　那須野ヶ原は、栃木県北東部、那須連峰のふもと、那珂（なか）川と箒（ほうき）川に挟まれた広大な扇状地で、中央には蛇尾（さび）川と熊川が流れ、広さは約4万haに及ぶ。

　なだらかな高原には、山地から運び出された砂れきの上を火山灰（赤土）が覆っているため、厚い砂れき層が数mから数十mにわたって堆積し、蛇尾川と熊川は、ふだんは水の流れない伏流河川で、その流域は広漠たる不毛の原野であった。

写真-1　ふだんは水の無い蛇尾川の河原

　明治新政府は、財政的基盤を確立し、対外的にも日本の存在感を高めるため、富国強兵・殖産興業政策を推進。政府の要人を海外に派遣して、積極的に外国の技術を導入した。なかでも未開原野の開拓は、狭い国土の活用と生産力を高める重要な施策であり、北海道・東北地方を中心に、明治維新で禄を失った武士層の救済対策として積極的に進められた。

　那須野ヶ原は安積原野に次ぐ開墾候補地の一つに選定されて官有地となり、主として政府高官（華族）に貸し下げられた。地元有力者の設立した那須開墾社を筆頭に、西洋式農具の導入と小作人の開墾による大農場経営が試みられた。東京から近いこともあり、政府高官による農場経営が地元

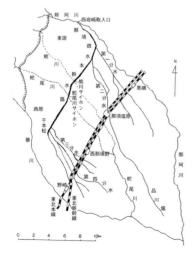

図-1　那須疏水の流れ［「黒磯市誌」、「西那須野郷土資料館」の資料をもとに作成］

の農場経営より圧倒的に多いことが特徴である。

大運河構想から那須疏水の開削へ

「那須ヶ原へ行けば広い土地がタダで貰える」という口コミなどで、新天地を求めて故郷を後にした移住者達は、過酷で壮絶な運命に遭遇する。なかでも水を得るための苦労は想像を絶し、開拓は"水と風と石"との闘いだったといわれている。

初代の栃木県令（知事）として行政的手腕を発揮した鍋島幹（みき）（1844-1913）は、明治9年に「大運河構想」を打ち出した。那珂川と鬼怒川を結ぶ総延長45kmの運河を造り、那須・東京間を水運で結ぶ構想である。

これに賛同した地元の有力者・印南丈作（いんなみじょうさく）（1831-1888）と矢板武（1849-1922）は、推進役として実踏調査や測量を行い、国への200回を超える請願運動を展開。その後、鉄道・道路の進展により、大運河構想は飲用水・かんがい用水路の掘削へと変容していった。

こうして明治18年4月、内務省の直轄事業による那須野ヶ原開拓基盤事業として那須疏水の開削が認可された。事業費10万円は当時の土木局予算の1/10を占めたという。

那珂川上流の西岩崎から那須野ヶ原を斜めに横断して那須開墾社内観象台（千本松）に至る水路延長16.3kmの開削が進められ、4月15日の起工式からわずか5カ月で通水した。翌19年8月には東原に第1・第2分水、西原に第3・第4分水が通水し、さらに毛細血管のように細い水路が延長された。

今もかんがい用水のほか、生活用水、防火用水、上水道、発電用水、工業用水などに重要な役割を果たしている。

蛇尾川・熊川を横断する高度なサイフォンの技術

那須疏水の本幹水路は、ふだんは水の流れない蛇尾川・熊川の下を横断する。広大な河川の下をくぐる難工事で、サイフォンは伏越（ふせこし）とも呼ばれている。

工事の総監督は内務省土木局疏水課長・南一郎平（いちろべい）（1836-1919）。彼は、郷里の大分県で広瀬水路の開削に総監督として心血を注いだ実績があり、大分県から技術に優れた石工集団を呼び寄せて、工事にあたらせた。サイフォンに使用した百村石（もむらいし）は、大雨の際、蛇尾川の川底から出てきたもので、五角形の石積みは四方留（しほうどめ）と呼ばれ、底を張石とし両側に石垣を築き、天井を合掌石で留めている。工事にあたっては、河原の石を取り除き、石積トンネルを造ってから、また石をかぶせたという。

すべて人力で行われたこの堅固な石積みは、当時の技術の確かさを今に伝えている。蛇尾川サイフォンは幅約136cm、高さ約167m、延長約267m。熊川サイフォンの延長は約46m。蛇尾川サイフォン出口には旧サイフォンが復元されている。

写真-2　復元された蛇尾川サイフォン（上）

写真-3　蛇尾川サイフォン出口（模型）

一連の施設は国の重要文化財、那須疏水公園として整備

　那須疏水の取水施設（口絵参照）の第一次取水口は、明治18年通水した。その後、暴風雨等によりしばしば破壊され、那珂川の河床も変動し、取水口付近の断崖が崩壊して取水不能になることが多く、取水口も明治38年、大正4（1915）年、昭和4（1929）年と大改修工事が行われた。昭和4年には、第三次取水口として改築して、石組み樋門を増設、水量調節のための鉄扉手動巻上機ハンドルや操作する人を守るアーチの石組みを設置。昭和50年頃まで使用された。昭和51（1976）年には西岩崎頭首工が完成、これに伴い、旧取水施設はその役割を終えた。

　その後、平成10（1998）年から13年にかけて那須疏水公園として整備され、歴史を学ぶ貴重な空間になっている。

　一連の那須疏水旧取水施設は平成18年7月、国の重要文化財に指定され、那須疏水を含むこの地域一帯の用水路「那須野ヶ原用水」は平成18年2月「疏水百選」の一つに認定された。

写真-5　蛇尾川サイフォンからの水が流れる那須疏水本幹

疏水の歴史を伝える博物館や史跡が点在

　那須野ヶ原は、東北本線の黒磯駅から野崎駅間の広大な空間で、開拓や疏水にまつわる多くの遺構や史跡が各地に点在する。那須疏水の開削によって、那須野ケ原水脈の原型が造られたが、さらに安定した用水を求めて、那珂川上流部に深山ダムが建設され、西岩崎頭首工、新・旧木ノ俣頭首工、蟇沼頭首工の移設や改修、330kmを超える幹・支線用水路の更新整備が行われた。

　現在、最大取水量約15m³/sもの貴重な水が4万haの大地を潤し、水田や畑、酪農等に安定した用水を供給している。

写真-4　那珂川の湾曲地点の右岸に位置する西岩崎頭首工。
　　　　取水量8.94m³/s、高さ3.05m、堤長89m。
　　　　右手は旧取水口（東水門）

取材協力・資料提供：那須野ヶ原土地改良区連合
掲載：2010年9月号

11 古都・京都の復興をかけた、日本初の多目的総合開発：琵琶湖疏水

京都府京都市、滋賀県大津市（国指定史跡）

北垣京都府知事と田邉朔郎の出会い

幕末に蛤御門の変や鳥羽伏見の戦いなどで市街の多くが焼失し、さらに都が東京に移ると、京都の産業も人口も急激に衰退。幕末に30～35万人あった京都府の人口は、明治7（1874）年には約22万人に激減。京都の復興策として、舟運や産業・農業などの振興を目指す琵琶湖疏水計画が浮上した。疏水実現へ踏み出したのは、第3代京都府知事北垣国道である。

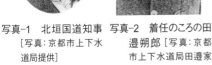

写真-1 北垣国道知事 ［写真：京都市上下水道局提供］　写真-2 着任のころの田邉朔郎 ［写真：京都市上下水道局田邉家資料より］

明治14（1881）年1月に着任した北垣は、同年4月に予備調査に着手。その結果、琵琶湖の湖面と京都三条大橋たもとの高低差が約40mと知る。北垣は調査結果をもとに内務卿松方正義らに相談するうち、松方に薦められ安積疏水（福島県、1882年完成）を見学して、安積疏水の主任技師南一郎平と出会う。翌15年2月に南を京都に招き、実測調査を依頼。3月に疏水の原形となる「琵琶湖水利意見書」の提出を受けた。それを手に政府要人へ猛烈な陳情を始めた北垣は、卒論に琵琶湖疏水を採り上げ、前年の秋から独自の調査を開始していた工部大学校生を紹介され、学生の優秀さに感銘を受ける。この学生が、翌16年に大学校を首席で卒業し、満21歳で京都府に招かれ疏水建設を任されることになる田邉朔郎であった。田邉が着任する直前の4月に南の「意見書」をもとに精密な測量図を作り上げたのは、測量技師の嶋田道生である。嶋田の測量でトンネルや水路の掘削位置が正式に決まり、京都府が政府に上申する最初の琵琶湖疏水計画が出来上がった。

天皇の下賜金「産業基立金」も財源に

疏水と疏水分線の建設費は当時の京都府の年間予算のほぼ倍額に当たる約125万円。その財源は京都府費、国費、京都全市民に課せられた目的税のほか、事業後半には市公債を発行して賄った。また琵琶湖疏水独特の財源として「産業基立金」がある。これは天皇が京都を離れるに当たって京都市民に下賜されたもの。資産運用などにより疏水竣工間際には元本の10万円が39万円余に殖えていた。これらを投入した琵琶湖疏水の建設費は、同じころにできた安積（前出）、那須（10参照）、琵琶湖の日本三大疏水のうち、前二者が国家事業として国費中心で行われたのとは性格を異にしている。

すべて日本人の手による初の大土木事業

明治19（1886）年に疏水事務所工事部長になり、その翌年に疏水工事一切の責任者となった24歳の青年、田邉朔郎。田邉は、技術者不足のため、日本初の土木工学ハンドブック「公式工師必携」をまとめ、部下たちに夜間講習を行いながら工事を進めた。長大なトンネル工事が含まれるため、安積疏水の坑夫頭安達兄弟、山口県鯖山トンネルの石工福田兄弟、木枠組みには兵庫県生野銀山の山野治平など、各地からトンネル掘削の熟練工夫たちが招かれた。田邉と車の両輪のごとくに働いた測量部長の嶋田道生の技術の優秀さは、三角測量の積算値と実測値の差が極小だった事実とともに後々まで伝えられている。こうした人々に支えられ、延べ400万人の工夫を動員して、外国人技師の手を借りずに行われた初の大土木事業だった。

写真-3　竪坑の人の出入りや水の汲み出しに使った人力による巻き上げ機。田村宗立画
[京都市上下水道局提供]

当時最長のトンネルを掘る苦労

分線を含めた総延長約20kmの琵琶湖疏水は、滋賀県大津市で琵琶湖から取水し、京都市の鴨川及び小川頭（のち堀川に合流）に至る水路である。明治18（1885）年に起工、明治23年に竣工式を行った。明治末期にほぼ平行して地中を走る第二疏水が造られたため、こちらを第一疏水と呼ぶ。大津市の三井寺付近から長等山の下をくぐる全長2,436mの第一トンネルは、当時日本で最長のトンネルだった。他の工区に比べて難工事が予想され、東西両口から掘ったのでは日数がかかりすぎると判断した田邉は、日本初の試みとして中間に竪坑を掘りそこから東西に掘り進み、両口からと都合4カ所から掘り進む工法をとった。

当時、竪坑から左右に掘り進む工法は鉱山では試みられていたが、トンネル工事では初である。工事はトンネル発破に輸入ダイナマイトを使ったほかは、ツルハシやノミ、モッコ（縄などで編んだ網状の土砂運搬具）などを使う手作業だった。一時、圧搾空気で動かす掘削機などが使われたが、使いにくく、結局最後までほとんど人力で進められた。トンネル内へ空気を送るには、日本古来の農具・唐箕（ふいご式のもみがら選別機）を使い、後には蒸気機関の送風機を使用した。

難航した竪坑掘削と驚くべき測量精度

第一竪坑（最初の竪坑。後に第二竪坑を掘削）では、大量の湧き水に悩まされた。深さ約44mの竪坑に196日費やし、1日平均23cmしか掘ることができなかった。トンネルの中心線はランプ付き経緯儀で測量し、竪坑は坑口から針金で重りを下げ、重りを地底に置いた油樽に入れて振動を防ぎ、カンテラの薄明かりで中心線を確認した。西口から掘った長さ741mのトンネルと、竪坑の底から西へ掘ったトンネルが貫通したときの中心線の誤差は、わずかに水平方向1.4cm、垂直方向0.6cmだった。

最難関の第一トンネル工事が終わると、

他の工区は比較的順調に進行していった。現代ではトンネル内はコンクリートで仕上げるのが一般的。しかし当時はセメントが高級品だったため、トンネル内はすべてレンガ巻き立てで仕上げた。このこと一つ取ってみても、いかに手のかかる工事であったかが窺われる。使用した約1,073万個のレンガは、現在の山科区御陵(みささぎ)付近に工場を建てて焼いた。

「多目的・地域総合開発」の先駆

疏水開削の目的は当初から多方面にわたっていた。北垣知事が作成した「起工趣意書」に掲げられた疏水の効用をみると、①製造機械の事、②運輸の事(通船による物資輸送)、③田畑灌漑の事(京都盆地の農業)、④精米の事(水車精米)、⑤火災防慮の事(防火用水の確保、古社寺の庭園の泉水も)、⑥井泉の事(市民の生活用水の補給)、⑦衛生に関する事(市内水路の通水による清掃)と7つ挙がっている。

安積疏水、那須疏水の主目的はかんがいだが、琵琶湖疏水は日本初の多目的利用を目指した地域総合開発だった。しかも、同時に産業用エネルギーの比較検討を行っており、田邉朔郎は当時イギリスで起こっていた大気汚染に触れ、石炭による蒸気機関に比べて水力の優れている点を挙げて水力による開発を推奨。日本初のエネルギー政策といえる考え方を含む計画だった。

「水車」動力利用から水力発電へ転換

「起工趣意書」の第一に掲げられた「製造機械の事」は、水力を利用して機械工業を振興しようというものだった。当時の「水力」とは「水車動力」のこと。田邉朔郎らが計画した最初の水力利用案は、疏水分線にあたる南禅寺北方の鹿ヶ谷に3、4段の階段式水路を造り、各段に水車場を設置して工場を誘致し、工業団地を造ろうとするものだった。水車はタービン水車(地下水車)が予定され、100馬力のもの25基により、2,500馬力を得ることを計画した。

水力利用の現状視察のため、明治21(1888)年に田邉朔郎と高木文平(初代京都商工会議所会長)はアメリカの大水車工業地帯、ホリヨークとローウェルを訪れた。訪米の途次、2人はアスペンに足を伸ばし、できたばかりの水力発電所を見学して水車動力より水力発電の方が将来性ありと確信。2人の帰朝報告により、翌年、疏水計画は水車場建設から水力発電所建設へ変更された。

日本初の事業用水力発電所・蹴上(けあげ)発電所

そして、蹴上船溜と南禅寺船溜との間の落差約36mを利用する蹴上発電所が、明治22(1889)年に起工され同24年に完成した。電力販売を目的とする水力発電所は、蹴上発電所が日本初である。同28年からは蹴上発電所の電力により京都電気鉄道株式会社が日本で最初に電気鉄道の営業運転を始めた。

明治24(1891)年に発電(160kW)を開始した蹴上発電所は、同30年には発電所の第一期工事が完了し、出力1,760kWとなる。その後、電力需給対応として第二疏水の工事に着手することになった。蹴上発電所は、今も、昭和11(1936)年完成の第三期建物で発電を続けている。

写真-4 蹴上発電所。写真の建物は明治45年に建てられたもの［写真提供：関西電力㈱京都支社］

写真-5 綱を引き、竿をさして疏水をさかのぼる荷舟。田村宗立画［京都市上下水道局提供］

世界最長のインクラインを建設

「起工趣意書」による2番目の目的は、大阪、京都、琵琶湖間の運輸である。明治13（1880）年、京都〜大津間の鉄道が開業して、大津から神戸までは鉄道で結ばれた。鉄道の貨物は運賃が高いうえ利用するのに不便であったため、運賃の安い舟に大きな期待がかけられた。疏水を運輸に利用するための通船施設として造られたのが、疏水の琵琶湖取水口付近にある大津閘門や、当時世界最長を誇った蹴上インクライン（延長581.8 m）だ。

インクラインは蹴上（上部）と南禅寺（下部）の2つの船溜の間に布設した傾斜鉄道（勾配1:15）である。線路上に舟を乗せた台車をワイヤーで上下させ、約36 mの落差を克服して舟を往来させた。こうした通船施設を備えた疏水は、旅客や物資輸送に大いに利用された。明治27（1894）年には、疏水から鴨川沿いに京都市南部の伏見まで下る鴨川運河が開通して、大津から大阪までの舟運路が強化された。京都で第4回内国勧業博覧会が開かれた同28年には貨

写真-6 形態保存されているインクライン

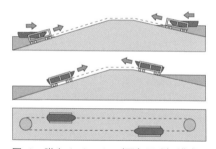

図-1 蹴上インクライン（両勾配式）模式図
［原図は琵琶湖疏水記念館による］

物輸送の舟約1万3,800隻、旅客29万7,000人余が舟運を利用したことが記録されている。大津〜伏見間の下りは船頭が櫓で舟をあやつった。上りは写真-5の絵のように人が疏水べりにつけられた「舟曳道」を歩いて綱で舟を曳き上げ、トンネル内では壁に張られたワイヤーロープを舟の上からたぐりながらさかのぼった。

かんがい、精米、防火用水、泉水など

起工趣意書にうたわれた7つの目的のうち、3番目のかんがいについては、山科、南禅寺周辺などの農業用水を供給。4番目の精米水車の増強については、当時京都で消費される米は、開削後には100％自前で精米できるようになった。一方、水車利用の工業団地こそ造られなかったが、疏水沿線では水車動力の工業分野での利用が進み、大正時代には工業用水車が精米水車を使用水量で上回る。京都御所の防火用水、円山公園の噴水池、多くの池泉庭園などに疏水の水が利用され、「起工趣意書」にある⑤の目的も果たされたほか、⑥⑦も後に実現された。

琵琶湖疏水事業の報告書は英国土木学会へ送られ、明治27（1894）年、田邉は同会から初代会長の名を冠したテルフォード賞を贈られた。近代化間もない日本の技術が欧米を驚かせたのである。

わが国初の急速ろ過方式・蹴上浄水場

当初は疏水の水道用水としての利用は水量不足などで実現できなかった。しかし、疏水が一つの契機となって人口が回復してくると、市内の井戸の水不足や水質悪化のため、上下水道の整備が望まれてきた。そこで、発電用水、水道用水の確保に目的をしぼって明治41（1908）年に全線地下水路の第二疏水（7.4km）が着工された。水道の創設にあたって同45年に完成した蹴上浄水場は、わが国で初めて急速ろ過方式を採用した浄水場である。現在の琵琶湖疏水は、第一、第二疏水あわせた取水量のおよそ半分が水道水源として、半分近くが発電用として、残りが雑用水として利用されている。

【琵琶湖疏水データ（創建時）】

第一疏水	延長：19,968m	取水量：8.35m³/秒
	工期：明治18.6～明治23.3	
疏水分線	延長：3,346m	
	工期：明治20.9～明治23.3	
第二疏水	延長：7,423m	取水量：15.3m³/秒
	工期：明治41.10～明治45.3	
蹴上発電所	工期：明治23.1～明治24.5	
	同24.11送電開始（80kW×2台）	
蹴上浄水場	工期：明治42.5～明治45.3	
	明治45.4送水開始	

取材協力：琵琶湖疏水記念館、関西電力㈱京都支社
掲載：2006年11月号～12月号

図-2　疏水系統図

12　日本で最初の動力（蒸気ポンプ）による地下水利用：砂山池・龍ケ池揚水機場

滋賀県豊郷町

　今から約100年前、水利に恵まれない地域の農民の水を得るための労苦は想像を絶し、川上と川下で水争いや我田引水が絶えなかった。明治42（1909）年、大干害をきっかけに立ち上がった滋賀県豊郷村の地主たちは、蒸気ポンプによる地下水の揚水を敢行。不眠不休の努力によって地下水の汲み上げに成功した。「五穀豊穣」を願って名づけられた「豊郷」は「豊かな郷」になり、水との闘いから解放された。

苛酷な水との闘い

　豊郷村（現豊郷町）は、琵琶湖の東部に位置し、平坦で地味は肥沃、米作に適していたが、古来、水利に恵まれず、度々、干害に悩まされていた。

　農業用水は、鈴鹿山脈に源を発して琵琶湖に注ぐ犬上川の一ノ井堰から取水していたが、堰は遠く離れ、複雑な慣例があり、しばしば水争いが繰り返されていた。

　大日照りが続くと、ため池を掘っても地下にしみ通って保水力がなく、御番水で天来の雨を待つしかなかった。御番水とは、各水路に水を公平に分配するため、時間を決めて水を引く配水管理のことで、2時間を1単位として、「合子」という容器に水を盛り、器の底の小穴から水を漏らして時を計った。配水の時間割当は公平を期するため、3村のくじ引きで行われたが、5日、10日と日照りが続くと、水は末端の田ほど届かなかった。

　一滴の水を争って我田引水する。水争いになれば、川下は川上に対して常に不利な立場におかれ、しばしば石合戦や竹槍騒動が繰り返された。やむなく「撥ねつるべ」（p.90参照）で2丈（約6m）の野井戸から地下水を汲みあげてしのいだが、きわめて非能率的な重労働で、「嫁にやるまい、河原の荘へ、三日、日が照りゃはねつるべ」とうたわれたほどだった。

蒸気ポンプによる揚水機の設置へ

　明治42年は7月10日から8月27日まで一粒の雨も降らず、大日照りが続いた。これをきっかけに、石畑と四十九院の地主有志は十数回にわたり救済策を検討、2つの池を掘り、動力（蒸気ポンプ）によって地下水を揚水する計画を立てた。その後、県と折衝して「豊郷村耕地整理組合」を設立し揚水事業を敢行した。

　中心的役割を担ったのは、当時27歳の青年区長・村岸峯吉（1882-1975）。彼は何が何でも来年の田植え時までには完成させたいと、当時、世界で最も機能が優れていた揚水ポンプ「コンケロル式離心動ポンプ」をイギリスのアーレン社から購入、重責を一身に引き受けて突貫工事を行った。

　当時はまだ電灯がなく、かがり火をたいて寒風霜雪のなか、延べ1万人を動員して夜に日を継いで作業を実施。石畑（龍ヶ池）は明治43年6月5日、四十九院（砂山池）は6月12日に試運転が行われた。この日、池のまわりに集まった村人達は、吐水管から勢いよく吐き出される水を見て、感激のあまり万歳の声は、しばしやまなかったという。

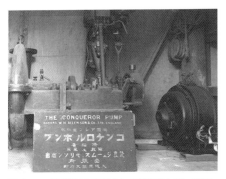

写真-1 豊郷町の宝物として保存されているコンケロルポンプ（八幡神社内）

写真-2 「先人を偲ぶ館」に展示されている当時のボイラー室（砂山池揚水機場）

動力によって地下水を汲み上げ、かんがい用水に利用した揚水事業は、日本初の快挙であり、県知事をはじめ全国各地から見学者が相次いで訪れ、この破天荒な事業に驚嘆したのだった。その後、大正12（1923）年には動力を電力に替え、毎年安定して用水が得られるようになり、今も現役で、周辺の農地に水を送り続けている。

揚水機の普及と水争いの解消

揚水事業の成功は、多くの恵みをもたらした。まず、米の収穫量が増加し、何よりも農民の労力が軽減されたこと。過去42年間に13回もあった干害が全く無くなって次第に二毛作が進み、農業以外の養蚕等にも取り組めるようになったこと。水争いや我田引水がなくなり、村人達が和気あいあいとなったことなどが挙げられている。揚水事業が成功すると遠くからの視察者は1千余人に上り、地下水利用は各地に普及して行った。

揚水池は川の上流にさかのぼって次々に掘削され、その数は19カ所に上り、個人揚水も次第に増えた。昭和21（1946）年には、大滝村萱原（現多賀町萱原）に農業専用コンクリートの犬上ダム（現在は発電にも利用）が築造された。

『豊郷村史』には「常時大量積水のおかげで（中略）地下水は無尽蔵に湧出するようになった。まことに"天道、人を殺さず"である」と、水との闘いから解放された喜びが語られている。

後年、県会議員になった村岸峯吉は、当時を振り返って「私の田地は比較的水利に恵まれていた。自分の田地が日やけにあうから第一線で働いたのではない。全く純真無垢の精神で奉仕したのだ」と語ったという。こうした先人の偉業が日本各地の農業に与えた影響は、はかり知れないものがある。

【砂山池データ】
・揚水池　かんがい区域：約58.5ha
・井戸の大きさ
　（地平面）：長さ約40m、幅約14.5m
　（常水面）：長さ約29m、幅約3.6m
・井戸の深さ：約2.7m

【龍ヶ池データ】
・揚水池　かんがい区域：約31.4ha
・井戸の大きさ
　（地平面）：長さ約16.4m　幅約16.4m
　（常水面）：長さ約4.5m　幅約3.6m
・井戸の深さ：約10.9m

取材協力・資料写真提供：滋賀県豊郷町産業振興課、石畑・四十九院自治会
掲載：2009年8月号

13　日本初の錬鉄管を使った逆サイフォン式かんがい施設：御坂サイフォン

兵庫県三木市志染町

農民悲願の疏水

　兵庫県加古郡稲美町を中心とする印南野台地は、日本有数の少雨地帯で、水利に乏しい乾燥台地である。農業はため池に頼る稲作と綿作が主だったが、明治初頭、開国に伴う安価な外国産綿花の流入と明治政府が断行した地租改正による重税で、農民は疲弊。その打開策として生まれたのが台地の水田化を図る淡河川・山田川疏水事業だ。同疏水は安積疏水、那須疏水と並ぶ明治期を代表する疏水の一つ。国家事業として行われた前二者に対し、農民自らが発意し費用や労役の負担をいとわず完成を目指した疏水であった。（疏水系統図は14参照）

　疏水の実地調査が始まったのは明治19（1886）年。当初の計画案は、江戸中期からたびたび企図されてきた山田川からの取水だった。ところが調査に訪れた内務技師田邊義三郎（48参照）により、地質不良で難工事となるという理由で計画が変更され、淡河川から水を引くことになる。これが明治21年起工、同24年完成の淡河川疏水で、このとき見送られた山田川疏水（14参照）は、後にさらに水需要が増大したために計画が再燃して同44年から大正4（1915）年にかけて幹線水路が築造された。

当時の最新技術を用いた逆サイフォン

　当時、淡河川疏水の最大の難関は、途中、疏水が志染川の渓谷を渡ることだった。疏水が谷を越えるには、両岸から川面までの50〜60mの落差を乗り越えなければならない。これを解決する工法として、英国人・パーマーが提案し設計することになったのが、農業用水としては日本初の錬鉄管による逆サイフォン工だった。

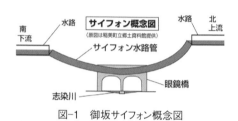

図-1　御坂サイフォン概念図

　加古川支流淡河川の木津地点から発した淡河川疏水の水は、志染川右岸の丘に設けられた呑口枡から巨大な曲管に吸い込まれる。そして、志染川に架かるサイフォン橋まで一気に下り、橋を渡ると対岸の丘に駆け上がり、丘の頂きで噴出する。曲管両端の水平距離735.30m、流入部の標高132.34m、流出部の標高129.89m。流入側が流出側より2.45m高いために可能な、原理としては単純な仕組みである。しかし、

写真-1　志染川の谷を渡る現在の御坂サイフォン

巨大な錬鉄管を用いるというのは当時としてはなじみのない新技術であったため、地元関係者はその効力に疑念を抱き、逆サイフォン工を採用する淡河川疏水案になかなか応じなかったそうである。

イギリスから鋼管を輸入して行った工事

明治3（1870）年、横浜で創刊された英字新聞『ジャパン・ウィークリー・メイル』の明治24（1891）年7月4日号に、御坂サイフォン完成を報じる記事が載った。

写真-2　創建当時の錬鉄管の一部

それによると、サイフォン敷設予定地は険しい場所が多かったので、パーマーは鉄管を銑鉄（炭素含有量が多く高硬度だがもろい）ではなく、錬鉄（マイルド・スチール、炭素含有量が少なく低硬度だが粘る）製とすることを推奨した。理由は、強度や伸張性に優れる点と、なによりも銑鉄製より薄く軽くできることだった。同一条件のパイプなら、錬鉄製のものは銑鉄製の1/4から1/5の重さになる計算だ。パーマーの建言は受け入れられ、サイフォンの設計と敷設は彼に一任された。彼はイギリスに錬鉄管を発注し、厚さ約3.2～4.8mm、長さ約6mの鉄管の直径を32インチ（約81cm）、34インチ（約86cm）、36インチ（約91cm）の3種類とし、船積みの際に3本1組の入れ子にして、運賃の節約を図った。これらの管は腐食を防ぐため、管の内外が特殊配合の塗料で塗られていた。錬鉄管は上流側から口径の大きい順にリベットで接合され1本につながれた。

日本の近代水道の父と呼ばれるパーマー

ヘンリー・スペンサー・パーマーは1838年英国植民地インドに生まれ、本国の王立士官学校を2番の成績で卒業し、英国陸軍工兵将校として、陸地測量、天体観測などに従事。香港駐在だった明治12（1879）年に初来日し、その後、たびたび来日。明治18年からはほとんど日本にとどまり、横浜の近代水道建設の総指揮をとったほか、大阪、函館、東京、神戸の近代水道計画書を作成した。内務省土木局名誉顧問土木工師に任じられたほか、英紙『ザ・タイムズ』東京通信員としても活躍した。

新旧二つの姿をもつ御坂サイフォン橋

旧御坂サイフォンは、昭和26～28（1951～1953）年に行われた兵庫県農業水利改良事業により、眼鏡橋と呼ばれるサイフォン橋部分を除き撤去、交換された。新しい管は眼鏡橋の下流側に新しい鉄筋コンクリート橋を造ってその中を通し、新旧の橋の上部をつないで幅4m余りの一つの橋とした。パーマー時代の鉄管がそのまま残り、サイフォン創建時の姿をとどめるのは上流側のみだ。

【淡河川疏水データ】
総延長：26.3km（トンネル28か所）
明治21年着工　明治24年完成
【御坂サイフォン橋データ（創建時）】
石造2連アーチ　長さ：約54m　全高：約12m
明治21年着工、明治24年完成

取材協力：東播用水土地改良区
掲載：2006年6月号

14 水利開拓の苦闘の歴史を今に伝える：山田池堰堤

兵庫県神戸市北区山田町

疏水とため池が連携する利水システム

兵庫県加古郡稲美町を中心とする印南野台地。この乾いた台地は、明治中期から大正初期にかけて行われた淡河川疏水、山田川疏水事業によって、稲穂があふれる土地に変わった。前項「御坂サイフォン」で触れたように、明治24（1891）年に竣工した淡河川疏水は翌年、豪雨でトンネルが崩壊し通水不能となる。建設費の2倍を超える費用をかけた復旧工事は明治27（1894）年に竣工。この間、修築費の5割強の国庫金貸与やその返還免除、災害復旧費用の国庫補助などはあったが、度重なる出費増はもともと疲弊の極にあった疏水関係者に重くのしかかった。

しかし疏水完成の効果は大きく、米の収穫高は倍増し、かつての水不足に悩む貧しい村は平均的な稲作農村へと変貌した。疏水成功による受益田は次第に増加し、水量の不足も起こってきたため、一度は中止された山田川疏水が再び計画され、明治44（1911）年に着工、大正4（1915）年にまず幹線水路が完成した。山田川疏水は、裏六甲の山田川（現志染川）より取水し、途中、幹線だけでも19カ所のトンネルをくぐり、淡河川疏水と合流し、後に設けられた支線を加えると総延長60kmを越える水路である。特徴は、淡河川疏水、山田川疏水ともに水路建設と同時に水路に接続する多くのため池を新設したことだ。

淡河川疏水、山田川疏水とも河川に取水口を求めているが、河川下流の水利権を侵さないように、取水期間は原則として9月（山田川疏水は10月1日）から5月の農閑期に限るという取決めがあった。非かんがい期に水を引いてため池に貯留し、かんがい期にはその水を使うという利水システムが出来上がった。

山田川疏水の水量を補う山田池堰堤

山田川疏水完成後も、受益地内では新規開墾が相次ぎ、用水は不足した。大正13（1924）年、大干ばつに遭遇したのを契機に、補助水源として山田池築造を県営で行うことになった。昭和4（1929）年に着工、同8年に完成したのが山田池堰堤だ。

現在、稲美町一帯のかんがいに使われている呑吐ダム（つくはら湖）の左岸にある県道から、山道に分け入り急な坂を上り下りして徒歩20分ほどで山田池にたどり着く。総貯水量約36万t（東京ドームの1/3弱）の小振りなダムが、裏六甲の山中に、ひっそりと隠れるようにしてあった。

図-1 山田川疏水系統図

写真-1 建設中の山田池堰堤［写真提供：東播用水土地改良区］

写真-2 越流部を取水塔から見る。

写真-3 堰堤上部通路の手すりの装飾

1個150〜200kgの石を目地にモルタルを詰めて積んだ石堰堤で、表面は花崗岩の間知石の布積み（目地を通した積み方）仕上げ。堤長約78m、高さ約27mの堤体は、細部にまで神経を使ったデザインが施されている。3門の越流部は、ヨーロッパ風の柱頭をもつ橋脚を備え、堰堤上部通路の石造りの高欄束柱（手すりの柱）の頭部や側面の装飾は、20世紀初頭に西欧で流行した意匠を思わせる。

干害対策の最後の手段として

完成後の昭和10（1935）年から12年には、山田池の集水面積を増やす付帯工事も行われてはいるが、もとより集水面積が少なく、近年山田池の水を抜いた時には再び満水になるまでに約2年を要したそうだ。

竣工当時から、山田池の水は干害を防ぐ最後の最後の手段と考えられていた。昭和8（1933）年8月、完成後初めての山田池の抜樋の模様を、当時の神戸新聞はおよそ次のように報じている。

「加古、明石、美嚢のうち3郡18カ町村の水田2,000町歩を干害の危機から救う最後の手段として山田池の樋を抜くことになった。（中略）要所要所に警官を配置し、山田池の水利委員100名も監視に当たった。だが、ついに山田池の水路を挟んで対峙していた野寺、野谷地区の農民二十数名がくわをふるって乱闘に及び、けが人が出た」。

その後、淡河川疏水、山田川疏水は、国営東播用水事業に組み入れられ、平成4（1992）年に完成した呑吐ダムから取水し、パイプライン化が進んでいる。農家は水田にある蛇口をひねりさえすれば水を得られるようになっており、配水にからみ乱闘事件まで引き起こした史実など思いもよらないだろう。

【山田池データ】
昭和4年着工　昭和8年完成
堰堤高：27.3m　堤頂幅：3.0m　堤頂長：78.3m
集水面積：57ha　形式：粗石モルタル造

取材協力：東播用水土地改良区、稲美町立郷土資料館
掲載：2005年6月号

15　日本で唯一の5連のマルチプルアーチダム：豊稔池（ほうねんいけ）

香川県観音寺市大野原町（国登録有形文化財）

　豊稔池は、大正から昭和にかけてわが国で最初に完成した5連のマルチプルアーチダムである。ダム築造の草創期に建設されたこのダムは、「水の古城」にふさわしい風格を備え、堂々たるたたずまいは、訪れる人を圧倒してやまない。

　前例のない5連のマルチプルアーチダムの建設に果敢に挑戦した当時の設計技術陣の英知と実行力に加え、地元の農家を主体に構成された各作業組との統制のとれたチームワークのもと、3年8カ月という短期間に、しかも無事故で完成させた豊稔池は、香川県の誇る日本の近代化遺産である。

水との壮絶な闘いの歴史

　香川県は全国的に見ても降雨量が少なく、大きな河川がないため、大昔から水不足に悩まされ、満濃池をはじめとする多くのため池が造られてきた。

　とりわけ、四国のほぼ中央、香川県の西端、愛媛県境に位置する大野原は、水利に恵まれず、江戸中期に至るまで不毛の地として開拓から取り残されていた。

　最初に本格的な開発に着手したのは、近江の豪商・平田氏一族で、寛永20（1643）年、大野原の開墾に着手、井関池を築造して約178haの新田を開いた。

　しかし明治時代になっても干ばつは頻発し、農民は田ごとに掘られた井戸から「撥ねつるべ」で、地下水を汲み上げて田に水を取り入れていた。撥ねつるべは、長い竹竿の先端に水桶をつけ、竹竿で水を汲み上げるもので、早朝から夜遅くまで水を汲み続けなければならず、農民は疲労困憊したと伝えられている。この一帯の1万基を超える井戸ごとに、撥ね木が林立するさまは、港に浮かぶ帆柱の群れを見るようであったといわれ、昼夜の別ない水との闘いは、凄まじいものだった。

写真-1　炎天下での撥ねつるべによる水汲み（3人1組）。遠近合わせて11本の撥ね木が写っている。

写真-2　大正中期頃から撥ねつるべに代わるものとして使われた足踏みポンプ。

いずれも「大野原町制25周年写真は語る」より

新池の築造を推進した加地茂治郎

　大正9（1920）年とその4年後の大干ばつを契機に、近代的な工法による新池建設の声が高まった。大関耕地整理組合（現土地改良区）の加地茂治郎組合長（1869-1940）は、新たな発想でのため池の築造を提唱、池床の選定や地主・小作の意見調整に奔走した。地主が負担する築堤の費用を、本田（4.5円）・畑田（7円）・新田（8.5円）と決め、小作は年貢米を1反当たり1石から1石8升に増加することを条件に合意を取りつけた。

　工事にあたっては、疲弊していた地域の農民を経済的に立ち直らせるため、村ごとに農民による24の施工組を組織し、耕地整理組合が工事施工面で重要な役割を果たすように配慮した。また施工技術習得のための講習会を行うなど、周到な準備を進めて工事に臨んだ。

農業水利における近代ダムの先駆け

　大正15（1926）年3月、柞田川上流大字田野々に、柞田川本流を堰き止める堰堤工事が県営工事としてスタートした。農業用のダムが従来の土堰堤からコンクリートの重力式に移りつつあった時期に、この池はマルチプルアーチダム（多拱扶壁式粗石モルタル積み石堰堤）という、全く新しいタイプの構造で造られた。

　5つの半円状の断面を持つ堤体のアーチ部を6基のバットレス（扶壁）で支え、余水吐もサイフォン式にするなど、随所に斬新な技術を取り入れた画期的な工法で、農業水利における近代ダムの先駆けとなった。設計は佐野藤次郎（1869-1929）が指導した。佐野藤次郎は神戸の布引五本松ダムや千苅ダム（81・80参照）の建設に主任技師として参画した実績を持ち、コンクリートの一枚堰堤に危惧を抱き、このような特殊な石積堰堤を採用したという。

　施工中最も困難だったのは、アーチ部下流側の外壁の築造であった。アーチ部は、25°8′40″の角度で下流側に逆傾斜している上、円弧を描いている。このため、コンクリートブロックの積み上げは、最大の難工事だった。積み上げ作業は、特に高知県から招請した石工の頭領によって施工され、その施工技術が名人芸であったことを物語っている。

　堰堤が30mと高く、しかも下流側に逆傾斜したダムは、熟練した鳶職でなければ危険すぎるのではないかと危惧されたが、作業員達の働きぶりは専門の鳶職に劣らぬものであったという。

写真-3　豊稔池堰堤。四角い窓は余水吐

農民が築いた石積みダム

　工事に必要な築堤材料の石材は堰堤付近の谷で採取し、セメントや砂は豊浜・観音寺間の海岸から牛車や馬車で運び、農民自ら足場を組み、ほとんど地元の人達だけで施工した。

　田野々生まれの藤川松太郎（元豊南農業協同組合組合長）は、豊稔池築造現場を眺めながら尋常小学校に通っていた頃の

思い出を次のように記している。

「厳寒だというのに急坂を砂・セメントの資材を牛車に積んで運んでくる牛の背中は、水を打ったように汗が光り、これを引き綱で引く人夫の額からも汗が流れていた。その光景が今も強く脳裏に焼きついていて、豊稔池だけは悪戯してはいけないと、子供心に強く言い聞かせていた」(『豊稔池の築造』より)。

大野原から豊稔池へ入る道は、現在でも急カーブが続く坂道である。ここを牛車で、しかも石などの資材を載せて往復した苦労は、想像を絶するものがある。

豊稔池土地改良区の大麻伊三郎理事長(当時)は「昔は牛を大事にして、家族同様に可愛がったものです」と話しておられたが、トラックや重機も無い時代、重い石を黙々と運んだ牛のことも忘れてはなるまい。こうして実質3年8カ月という短期間と延べ15万人の労力を投入し、しかも無事故で昭和5(1930)年3月27日に竣工。ため池は農民の願いを込めて"豊稔池"と命名された。

貯水量約159万m³の水は、大野原ほか5村の水田約620haをうるおし、県下有数の穀倉地帯に変貌させた。

現在、この一帯はレタスを中心とする蔬菜園芸で全国的に名が知られ、絶えず時代を先取りする精神が受け継がれている。

地元では、毎年3月27日を豊稔池の守護神である水神宮の例祭日と定め、水への敬虔な祈りと感謝をささげ、先人の遺徳をしのぶ行事が行われている。祭神は天水分神(あめのみくまりのかみ)だが、豊稔池の築造に偉大な功績のあった加地茂治郎(かじしのみこと)が大人命として合祀されている。

平成の大改造でさらに補強

豊稔池は、築造から半世紀余の年月を経て、堤体の一部に漏水が生じるなど老朽化が見られることから、県営農地防災事業(防災ため池)による改修が行われ、平成6年3月に竣工した。設計施工に際しては、堰堤築造当時の外観を損なうことのないよう配慮し、構造的には重力式ダム(バットレス)とアーチダム(アーチ版)を組み合わせた複合ダムとしてとらえ、それぞれ最先端技術を駆使し、バットレスの補強はマグニチュード8の地震にも耐え得る構造になっている。

豊稔池は、2016年12月、国の登録有形文化財に指定された。堰堤周辺は、芝生広場、緑陰広場、展望所などが公園として整備され、レトロな古城のようなたたずまいは、多くの人びとに親しまれている。

写真-4 上から見た豊稔池

【豊稔池データ】
・マルチプルアーチダム
・集水面積:8.0km² ・満水面積:15.1ha
・有効貯水量:159万m³
・堤高:30.4m 堤長:128.0m
・堤体積:39万5,000m³

取材協力・写真提供:豊稔池土地改良区事務所
掲載:2005年3月号

16 多摩川左岸のひときわ異彩なシンボル：六郷水門(ろくごう)

東京都大田区

　多摩川左岸、河口付近にある六郷水門は、六郷用水の排水と多摩川の浸水被害防止等を目的として建設され、昭和6（1931）年3月に竣工した。

　完成から80年以上経た今も丸みを帯びた古城のようなたたずまいで多摩川を見つめ、広大な河川敷の広がる土手の上を散策する人々に親しまれている。

　堤内には雑色運河の面影を残す舟だまり(ぞうしき)があり、水路と一体化した南六郷緑地には、水門の記念碑ともいうべきモニュメントが随所に見られ、地域の人々のいこいの場となっている。

六郷用水完成400年

　東京都大田区の六郷用水は、慶長2（1597）年から同16年まで14年の歳月をかけて開削され、平成23（2011）年に完成400年を迎えた。

　天正18（1590）年、関東を領地とした徳川家康は、江戸城下町の整備と、多摩川下流域の新田開発に取りかかった。

　その施策の一つが、多摩川左岸の六郷領35カ村（現東京都大田区）と多摩川右岸の川崎・稲毛領60カ村（現神奈川県川崎市）に、かんがい用水を送る六郷用水と二ケ領用水の開削であった。(にかりょう)

　開削工事は、駿河国富士郡小泉村（現静岡県富士宮市）で、代々治水技術を伝え、用水管理にあたっていた小泉次大夫(じだゆう)(1539-1623)が監督した。六郷用水と二ケ領用水は双子の用水といわれ、江戸幕府開府（慶長8年）の6年前から開始された、江戸で最初の大事業であった。ちなみに玉川上水は、六郷用水の完成から約40年後の承応3（1654）年に完成し、江戸市内への飲料水を供給するとともに、33の分水が武蔵野台地を潤した（06参照）。

　六郷用水は、六郷領用水や次大夫堀ともいわれ、難工事が多く女性も参加させたことから、女堀とも呼ばれている。(おなぼり)労務を提供する地域農民に配慮しつつ、二ケ領用水と3カ月交代で施工された。

　海辺に近い六郷領の低地は、多摩川からの取水が困難なため、上流の和泉村（海抜二十数m）で取水し、武蔵野台地の国分寺崖線に沿って、(がいせん)1/800という緩やかな勾配を巧みに利用して六郷領に達するように造られた。野川の合流や嶺村の切り通し等の難工事もあったが、(みね)大田区内の幹線だけで約30km、さらに網の目のように支流がはり巡らされた。

　開通から110年後、取水口の老朽化やかんがい面積の増加で慢性的な水不足となり、享保10・11（1724・25）年、田中丘隅(きゅうぐ)(1662-1729)は用水の本格的な拡幅工事を実施した。こうして六郷用水一帯は「城南の米蔵」と呼ばれるまでの見事な水田地帯に変身した。

地元・六郷町が建設を推進

　その後、明治、大正から昭和に入ると、六郷地区の人口が急増し、生活排水が増えた。なかでも六郷用水の南堀に端を発し、

蒲田、矢口、羽田、六郷町などから流入する雑色地内の排水路は、大雨の時などに多摩川へ排出しきれず、浸水被害が広がった。また多摩川の水位が上がると、川の水が六郷用水へ逆流する被害も増え、排水口を広げ、必要に応じて多摩川と六郷用水を遮断する水門を設置することが急務とされた。

六郷水門の工事は、内務省の多摩川改修工事（1918-1933）の一環として実施された。工費7万5,000円のうち、国は「金三万円ヲ補助ス、但シ補助金ハ交付セズ直ニ工事費ニ充当スベキニ付、町ノ負担ニ付テハ、当省東京土木出張所ノ指揮ニ従ヒ、之ニ相当スル材料及労力等ヲ提供スベシ（『荏原六郷史』）」とあり、地元が残りの金額を負担し、材料や労力も提供した。その後、内側に溜まった水をポンプで多摩川に排水する六郷排水場と運河が造られた。

このため、運河に架かる橋の欄干や水門には六郷町の町章がデザイン化され、京浜

写真-1　郷の文字を9個の「口」で囲んだ六郷町の町章。運河に架かる橋の両側の欄干と、水門ゲートの高欄にもこの町章がはめ込まれている。運河の規模：幅員18.1m、長さ181.8m、深さ2.3m。

急行・雑色駅（大田区仲六郷2丁目）から六郷水門へ至る道は「水門通り商店街」と呼ばれている。「六郷水門前」のバス停もあり、地元の人びとの六郷水門に対する熱い思いが今も伝わる。

六郷水門は現在、国の委託を受けて大田区が管理し、多摩川増水時には、いつでも稼働できるよう、整備・点検が行われている。

図-1　六郷用水概念図［北村敏著　大田区立郷土博物館「博物館ノートNO.124」より］

金森式鉄筋レンガのユニークなデザイン

六郷水門は、赤レンガの土台に丸みのある鉄筋コンクリートをはめ込んだ2つの塔（重錘（じゅうすい）などを収納）と、スカイブルー色をした水門から成り、鉄扉の両端はトンガリ帽子のように突き出している。操作室の窓や出入口も、塔の形に合わせたデザインに統一され、きめの細かい設計だが、設計者を特定する資料は残されていない。

使用された赤レンガは、当時、内務省多摩川改修事務所（国土交通省京浜河川事務所の前身）の所長だった金森誠之（かなもりしげゆき）が考案した「金森式鉄筋レンガ」で、六郷水門で初めて使用され、新技術の投入として脚光を浴びた。

金森は内務省技師のなかで最も多才で創造力のある人として知られ、獲得した発明特許は十数種に及ぶ。また、多摩川を主題にした映画をつくり、自ら脚本を書き、出演したこともあるほどのユニークな人物だった。

ちなみにほぼ同時期、対岸の川崎市に建設された川崎河港水門（国・登録有形文化財）は、金森誠之の設計である。

網の目のように流れていた六郷用水の分派の多くは、かんがい用水としての役目を終え、高度成長期以降は生活排水路と化し、ほとんどが車道や歩道、緑道として暗きょ化された。その後、下水道の普及によって、ふたたび水のある親水空間が求められる時代になった。

大田区では、六郷用水と湧水の一部を環境親水路として復元、地域の人々とともに六郷用水400年記念行事を行うなど、六郷用水を後世に語り継ごうと、さまざまな角度から活動を模索している。

写真-3　復元された六郷用水の水路（大田区田園調布）

写真-2　六郷水門は、六郷橋下流約1.3kmにあり、土手の上は散歩する人やサイクリングを楽しむ人々が行きかう。広大な河川敷は、お年寄から子ども達までのんびり過ごせる場になっている。前方は羽田沖。

【六郷水門データ】（取材当時）
・竣工年月日：昭和6（1931）年3月17日
・基礎：RC及びレンガ造
・本体構造延長：9,700m
・本体断面形状：H5.10×5.00
・本体敷高：AP-1,537m
・門扉：鋼製
・門柱：鉄筋コンクリート H＝6.20m

取材協力・資料提供：大田区立郷土博物館、六郷用水の会、国土交通省京浜河川事務所、土木学会
掲載；2011年3月号

17 東日本最古の農業用重力式コンクリートダム：
間瀬堰堤(ませえんてい)

埼玉県本庄市児玉町

律令時代から開けた歴史の古い土地に

都心から約80km、群馬県高崎市から南東に約20km。埼玉県北西部に位置する本庄市。市内には先史時代の遺跡や4〜7世紀に造られた多くの古墳群が残るほか、古代律令時代には条里水田が広がっていたとされる。これら条里水田に用水を供給する用水堀やため池が古代から発達し、利根川支流の神流川(かんな)から取水する九郷用水などが古くから整備されていた。中世には鎌倉街道上道(かみつみち)と呼ばれる関東の大動脈に面し、平家討伐に活躍した武士集団・児玉党の本拠地でもあった。

本庄市の辺りは、大河川が北部（利根川）や西北部（神流川）に偏って流れ、古代からの用水網は中央部に偏っており、地域の南部は水に恵まれていない。そのため小河川からの用水堀や多くの小規模なため池を設けて対処してきたが、特に、山間部を抱える利根川支流の小山川（上流部はかつて身馴川(みなれ)と呼ばれていた）周辺の地域は、慢性的な水不足に悩んできた。明治期以降に養蚕業が盛んになると、桑の植え付け期が集中して水不足は一層深刻化した。

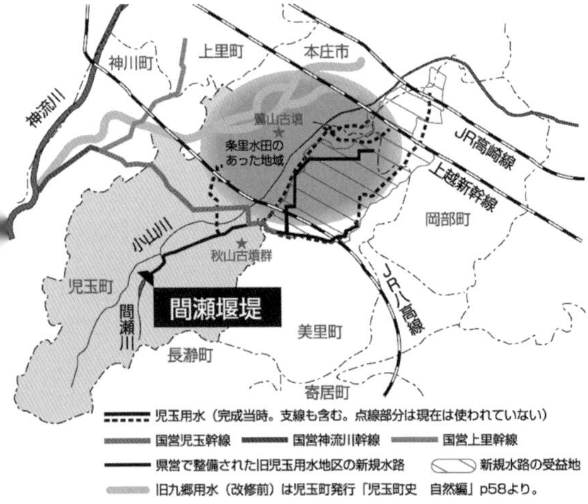

こうした背景のなか、大正末期に小山川地元民による普通水利組合の結成とその陳情を受けて、本庄市児玉町小平に埼玉県の直轄事業として間瀬堰堤が築造された。利根川水系に属する間瀬川の中流域をせき止めて、かんがい用水を確保するためである。

東日本では希少な農業水利の近代化遺産

間瀬堰堤の築造は、既存の児玉用水の改良事業として行われた。同用水は、たびたび伏流水に姿を変える水量の乏しい小山川から主に取り入れられてきた。それまでの水源とは別にダムを建設して、従来から使われてきた用水の不足分を供給し、安定した水量を確保することが目的である。工事はすべて人力による作業で行われたといわれ、昭和5（1930）年に起工されてから足かけ8年もの歳月をかけて昭和12年に竣工した。

重力式コンクリートダムで、堤体上流側に上部・中部・下部3カ所の取水口をもち、洪水吐は中央越流式非調節型。設計は当時の埼玉県耕地課の高堀育三技師が行った。また、堰堤下流にある管理橋は、間瀬堰堤と一体のものとして設置されたもので、昭和13（1938）年に完成した。

東日本では現存最古の農業用重力式コン

図-1　間瀬堰堤周辺地図（取材当時）

クリートダムである。堰堤は堰堤下流の管理橋とともに国の登録有形文化財に登録されている。貯水池は間瀬湖と呼ばれ、ヘラブナ釣りの名所として有名だ。

写真-2　用水取水口が付属する管理橋

写真-1　擬木（本文参照）で飾られた堰堤上の手すり越しに間瀬湖を望む。

細かい神経が注がれた細部のデザイン

堰堤上部にある管理棟にはホール、その左右に宿直室、事務室、そしてホールの奥には湖面に向かって取水口上に半円形に張り出した操作室がある。

管理棟の屋根は2つの切り妻とドームで構成され、白壁には西欧風に縦長窓が並び、建物の左右脇に花壇が取り付けられている。この管理棟は過去に補修の手は加えられているが、完成時のままのレトロな姿をとどめている。また、天端高欄（堰堤上部通路の手すり）や管理棟のバルコニーの手すりには「擬木」が用いられている。コンクリート製の擬木は、樹木をかたどったヨーロッパ由来の装飾で大正から昭和初期の庭園などに多用された。設計に当たって意匠や景観にきめ細かい神経を使っている。

下久保ダムの利水対象区域に組み込まれ

間瀬堰堤の完成で、児玉用水地区は確実な用水供給が可能になり、水稲栽培や

写真-3　上流側から見た堰堤上部の管理棟

養蚕業が発展した。しかし、水源地の乱伐などによる水源流量の減少、水路の予想以上の老朽化などから、児玉用水地区は国営埼玉北部農業水利事業に組み込まれた。昭和55（1980）年以降は主に国営児玉幹線経由で神流川の下久保ダムから給水され、その不足量が間瀬堰堤から補給されている。

【間瀬堰堤データ】
・重力式コンクリートダム
・堤高 27.5m　堤長 126.0m
・貯水量 530,000m^3
・天端幅 4.0m
昭和5年起工、昭和12年竣工

取材協力：本庄市教育委員会、美児沢用水土地改良区
掲載：2005年8月号

18 日本一美しいと言われる：白水溜池堰堤

大分県竹田市（国登録有形文化財）

　白水溜池堰堤（白水ダム）は、大分県竹田市と豊後大野市緒方町を流れる富士緒井路の水量不足を解消するために造られた。水圧や地質を熟知して造られた左右非対称の堰堤、豊後石工の英知と苦労を刻み、設計者の芸術性を取り込んだ水の織りなす三様の流れの美しさは、専門家から「わが国で最も美しいダム」と絶賛され、日本の三大美堰堤のひとつに挙げられている。

水源探索から富士緒井路開削へ

　大分県の南西部、はるか遠方に阿蘇山、久住連山、近くに祖母山、傾山の峰々を望む竹田市と緒方町のなだらかな台地には、のどかな田園風景が広がり、棚田百選に選ばれている地区もある。

　この一帯が豊かな田畑に生まれ変わる発端は、およそ140年前に遡る。江戸後期、水に乏しく耕作面積はわずかな土地で、収穫量の8割以上を年貢として納めなければならなかった農民は、極度の困窮にあえいでいた。特に慶応3（1867）年6月の大干ばつ時には、ひび割れた大地と焼けつく太陽のもと、稲はすべて枯れ、人々は雑草の根をかじって飢えをしのいだという。

　こうした状況を打開するため、大野川から水を引いてかんがい用水路（井路）を造り、新田を開発しようと立ち上がったのが、軸丸村（現緒方町軸丸）の大工・後藤鹿太郎であった。彼は慶応3年夏、たった1人で水源地を探し求め、曲尺（L字型をした測量道具）を使う独自の方法で、土地の高低差や方位を測定し、数年後に水源地を探し当てた（現竹田市大字次倉字白水、白水ダムの下流）。

　大分県の中央部を北流する大野川（全長76.4km）の上流部は、河床勾配が急で、滝や峡谷が多い所である。山あいの水源から15kmも離れた軸丸まで、勾配を計算しながら水路でつないで水を引こうとしたのは、何としても水を得たいという農耕への熱い思いによるものであった。翌年、明治維新を迎えた幕末の動乱期には、多くの果敢な人材が誕生したが、ひたすら農民のために水を引こうと立ち上がった後藤鹿太郎もその1人といえよう。

　彼は井路開墾のために私財を投じて人を雇い、測量や交渉、世論を喚起するために東奔西走した。未だ公共事業の観念の無い時代、井路を造るには巨額の資金や隣村との利害調整など、多くの困難が伴った。血のにじむような努力の結果、発起してから約半世紀、水利組合が認可され、明治43（1910）年、工事に着工。小富士村の富士と、緒方の緒から名づけられた富士緒井路は、幾多の苦難を乗り越えて、大正3（1914）年6月12日に完成した。

　大野川源流の大谷川を水源とし、総延長15kmの幹線水路を経て、竹田市片ヶ瀬地区、豊後大野市緒方町軸丸、上自在地区の一部、小富士地区のおよそ399haの水田や畑地を潤し、そのうち、10kmはトンネルである。通水と同時に2カ所の高台地に揚水するため、幹線水路の落差を利用

して発電を行い、周辺地域に電気を供給した。当時としては画期的な事業であった。

水不足対策として、白水ダム建設へ

大正13（1924）年7月、富士緒井路の水量が定量の5分の1以下になる事態が発生した。当時、大谷川から取水していた井路は、富士緒井路のほか、荻柏原井路（おぎかしはばる）、音無井路（おとなし）があり、それほど水量の多くない大谷川から各井路が取水しようとしたため、水をめぐる争いが激化した。こうした水不足を解消し、安定的に農業用水を配水するために造られたのが、白水ダムである。

白水ダムの建設予定地は阿蘇溶岩からなる。土壌も多量の火山灰を含んでおり、岩盤も溶岩質のため、岩肌に亀裂や小さな穴が多くて脆い（もろ）。ここに堰堤を築くには、特別な工夫を凝らす必要があった。堰堤の設計を担ったのは、大分県農業土木技師の小野安夫（1903-1993）。以前から富士緒井路に関わり、阿蘇溶岩質の脆さや火山灰質の土壌の保水力のなさを熟知していた。

堤体の内部には切石が敷き詰められ、表面には直方体の切石が城の石垣のように、規則正しく整然と積み上げられている。堤体の表面を目の粗い切石積みにしたのも、あふれ出る水が水泡状になることで、勢いが減殺（げんさい）されることを考慮したものであり、下流部に副堰堤を設けたのも、水の勢いをさらに弱めるためであった。堰堤の右岸部は、岩盤の脆さをカバーし、落下する水の圧力を弱め、傷みやすい側壁に無理がかからぬよう、「武者返し」といわれる構造にし、岩盤の形状をうまく利用して、水を受け流す壁面をなめらかな曲線で仕上げている。また、左岸部は半円状のカスケード（小滝）が階段を滑るように幾重にも重ねることで、水圧を分散させている。

写真-2　「武者返し」と呼ばれる曲線構造の右岸側壁。堰堤の石積みの隙間には1m×1m×2cmの銅板を入れていた。

築造後、約80年を経た現在も竣工当時の姿をほぼ保っており、工事の完成度と技術力の高さに驚嘆させられる。堤体を構成する材料の切石は、近くで入手できる阿蘇溶結凝灰岩をレンガ状に加工したもので、経費節減のためコンクリートの使用は最小限に抑えられていた。

ダム工事には、常時100人位が従事した。特殊な技術をもつ石工のほか、地元の人々も多く、女性も働いた。冬になると気温は氷点下10度以下になることもあり、工事は遅々

写真-1　工事風景　[写真提供：富士緒井路土地改良区]

として進まなかった。九州のチベットとも呼ばれる山奥の日当たりの悪い谷間にある建設現場は、板張りの床に材木の枕という、満足な寝具や暖房も無い過酷な環境であった。

白水ダムは設計者の意図を汲み、それを活かし、見事な石積みを仕上げた石工達の高度で質の高い技術、それを支えた大勢の作業員の地道な労苦によって築かれたのである。

水は農家の魂なり

昭和13（1938）年3月、ようやくダムは完成し、富士緒井路は安定した水の供給を受けられるようになった。白水ダムが農業経営の近代化に果たした役割は大きく、現在も大切な水がめとして使われている。

写真-3　知恵の結晶ともいえる音無円形分水

写真-4　3線の幹線水路が適正に分けられ、水争いが解消された。

竹田市周辺の田園地帯には、音無井路をはじめ、大谷ダム、明正井路6連水路橋など、独特の特徴をもつ水利施設が多く、網の目のように張り巡らされた井路は相当数に上り、全国的にも珍しい。

特に音無円形分水は歴史が古く、井路の開削計画は元禄6（1693）年に遡る。その後、紆余曲折を経て、昭和9（1934）年竣工した。円形分水ができるまでは、3線の幹線水路に導入する水の分配で、互いに反目しあい、連日のように水争いが繰り返されていたが、円形分水の完成によって適正な分配ができるようになった。

音無井路土地改良区では水利慣行として毎年4月には通水を止め、用水路の清掃と年2回の草切りが行われている。

白水ダムの流れの織りなす水の美しさだけではなく、先人達の数百年に及ぶ水との闘いの壮絶な歴史と建設に携わった人々の労苦と偉業がこの地に結集されていることを忘れてはならない。

【白水溜池堰堤データ】
・重力式コンクリートダム
・昭和13（1938）年竣工、44年改修
・高さ：14.1m
・長さ：87.3m
・幅：2.7m
・貯水量：60万t
・貯水面積：10ha
・流域面積：96.4m^2

＊国・登録有形文化財

取材協力・写真提供：富士緒井路土地改良区
掲載：2010年5月号

19　干拓の歴史を今に伝える：大搦・授産社搦堤防

佐賀県佐賀市東与賀町

　佐賀平野の有明海沿岸に広がる広大な穀倉地帯。佐賀県では、古くから自然の脅威と闘いつつ、干拓が行われてきた。
　明治の初めに造られた佐賀市東与賀町の大搦・授産社搦堤防は、当時の有明海沿岸の干拓堤防としては最大規模であるといわれている。広い田園地帯やその後背地の山々と石積みの堤防が一体となった景観が美しいことから、平成 15 年度の土木学会選奨土木遺産に認定、20 年度に第 12 回佐賀市景観賞を受賞した。

長い年月をかけて陸地を生み出した干拓

　佐賀平野は北に脊振山地が連なり、南は有明海に面している。山から平野に出た川は、土砂を堆積して河床を高くし、洪水ごとに沖積平野が広がり、海を南に押し出していった。一方、有明海は日本一の潮汐干満の差をもち、その潮流は砂泥を運んで沈殿させ、自然に陸化した土地と、それに人が手を加えた海浜の干拓地で形成されてきた。
　干拓の「干」は「乾」の意味で、干拓とは、湖沼や海浜などに堤防を築き、その中の水を排水して陸地や耕地にすることを言う。佐賀城のほぼ南に位置する東与賀町がいつ頃から陸地化されたかは明らかではないが、鎌倉時代の末期（1300 年頃）は、文献等から海だったと推測されている。室町時代末期（1600 年頃）には、佐賀市役所東与賀支所の南方、作出・住吉・大野あたりまで陸地化された。この時代は自然の作用で干潟が広がって砂洲が現れ、葦などが生えて荒野となった海辺を簡単な潮止め法で新開地としたようである。

搦方を置いて、新田開発を推進

　江戸時代になると、藩主の力によって次第に干拓が本格化していく。江戸時代前期、戦国時代からの多大な出費で財政難に陥っていた佐賀藩（35 万石）の草創期に、佐賀藩の水利を極め土地を拓いたのは成富兵庫茂安（1560-1634）（03 参照）であった。成富兵庫は土地の生産力を高めるための基盤整備と新田開発を行い、治水の神様ともいわれている。
　江戸時代最大の海岸堤防である松土居（図 -1 に示す 1650 年頃の海岸線）は、1625 〜 65 年頃の築造と推定され、成富兵庫の指導によるという。松土居は延々 30km に及ぶ最大の潮受堤防で、有明海の海潮浸入から藩内の土地を守り、米の生産を安定させる鉄壁の防衛線だった。堤塘強化策として石垣を使用したのは、佐賀藩では松土居が最初とされている。
　正徳 3（1715）年 8 月、激烈な台風がこの地を襲い、その被害は城下まで及ぶほど甚大であった。佐賀藩はそれから 68 年後の天明 3（1783）年、六府方役所を設立し、本格的な殖産の道を開いた。六府方は、里方、里山方、牧方、陶器方、搦方、講方から成る。
　「搦方」とは、海浜に打寄せる遊泥に「杙を打ち、柵を搦みて…自然に堆積せし

む。搦方は此役を掌るもの、泥潟を開築して新地とする職任なり」(『東与賀町史』) とあり、藩の新田開発を行う役割を担った。搦方役人の辻寅年 (1819-1896) は東与賀出身で、43年間も干拓造成に奔走し、「干拓の父」と尊敬されている。搦方を置いたことによって新田開発は急速に進み、佐賀藩全体で270年間に約 6,000ha、約 500 カ所の干拓地が築造された。

有田の経済学者・正司考祺(しょうじこうき) (1795-1821) は、「ひがた干拓は山野開発の 4 倍もかかり、防潮堤 1 間の費用は 1 反歩の整地費と同じである」と述べている。

迫り来る怒濤を相手に搦を築立するには、大難に遭っても動転しない勇気と苦痛に耐える力が必要とされる。干拓には、洪水や干ばつ、暴風や高潮と闘いながら開墾・築堤し、飲料水やかんがい用水を確保し、排水、防虫、除草を行う等々、先人達の懸命の努力と忍耐強い勤労の歴史が刻まれている。

松土居内は一般に「揚(あげ)」とか「籠(こもり)」の名が多く、松土居の外は「搦」とか「新地」の名で呼ぶ所が多い。「籠」は入江の浅い海を人手で締め切って干拓するもので、あまり労力を必要としないが、「搦」は大量の労働力を投入して造られたもので、比較的新しい干拓地に多い。

松土居の外で行われた干拓は、2～3ha以内の小搦が多く、魚のうろこ状に並んでいた。搦築立の発起人・組合長を「舫頭(ふうつう)＝もやがしら」と呼び、賛同して作業する組合員を「搦子(からみこ)」と称した。通例、20～50人が一団となって新地の築立をした。竣工後に組合員数で等分に分け、舫頭にも報酬として 1 人分を割り出し、段（反）別の残余分を加えて贈呈した。搦名には、仙右衛門搦、伊勢右衛門搦など、舫頭の名を採ったものが多い。

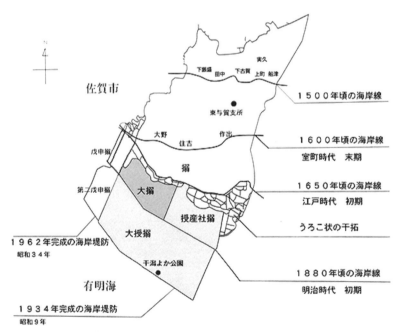

図-1　東与賀町の干拓の進展［干潟よか公園の案内板をもとに作成］

明治以降の大規模干拓

江戸時代に引き続き、有明海干潟の干拓が継続された。県または国が直轄で行うものが多くなり、築造方式もオランダ工法などを採用、土木工学と機械化によって、次第に大型化していった。

大搦堤防は、佐賀藩最後の藩主、鍋島直大（なおひろ）（1846-1921）が資金と資材を提供して築堤したもので、松土居の沖合約1kmを干拓。明治元（1868）年起工、明治4年に竣工。元与賀郷の住民が築堤に従事し、その後、住民に払い下げられた。

授産社搦堤防は、明治維新後、生活の糧を地元に求めた旧藩士約3,500名が政府への請願で得た公債（11万円）を基に、授産社を結成して築堤した。明治20年起工、破れ搦として放置されていた土井心や石垣を再構築した所もある。その後、新地は東与賀住民に売却された。

両堤防とも石積みで、戦国時代から継承された石積み技術も使われている。両堤防合わせると約3kmにも及び、かつての搦の面影を残しているものや、コンクリートで修理・補強されているものなど、さまざまな形が見られる。

写真-2　有明干潟　ムツゴロウなどが見られる

大授搦と干潟よか公園

大搦と授産社搦の地先には、新たに大授搦が造られた。大正15（1926）年起工、昭和9（1934）年竣工。面積313haのコンクリート造で、現在は「第1線堤」と呼ばれ、高潮被害を防いでいる。大授搦の完成によって、大搦・授産社搦堤防は「第2線堤」と呼ばれる予備堤防になった。なお、昭和3年に戊申搦（ぼしんがらみ）、同37年に第2戊申搦が完成し、現在、東与賀海岸堤防は8,860mに及ぶ。

大授搦堤防の周辺は、干潟よか公園として整備され、干潟にはムツゴロウなどが見られ、渡り鳥の中継地でもある。海岸沿いは塩生植物・シチメンソウ（七面鳥のように色変わりする）の佐賀県最大の群生地で、11月にはシチメンソウまつりが開かれている。

【大搦堤防データ】
・明治元年～4年築堤　高さ約3m
・堤防延長 1,425m　・干拓地規模 80ha

【授産社搦堤防データ】
・明治20年～築堤　高さ約3m
・堤防延長 1,325m　・干拓地規模 57.8ha

取材協力・資料提供：佐賀市南部建設事務所
掲載：2010年11月号

写真-1　大搦・授産社搦堤防によって生み出された広大な農地

§3

河川改修等に導入された新しい技術

20 利根川改修のシンボル的存在として
数少ない現役：関宿水閘門(せきやどすい)

茨城県・千葉県・埼玉県境

　関宿水閘門は、利根川から江戸川に入る水量と水位の調節を行う水門と、舟運確保のための閘門を併せ持つ数少ない現役の大型可動堰（8門）で、利根川改修のシンボル的存在である。江戸川流頭部の中之島公園内にあり、千葉県立関宿城博物館とともに治水の史蹟として、水運華やかなりし時代をしのぶ拠点になっている。

江戸川の開削

　利根川は大水上山(おおみなかみやま)に源を発し、関東平野を北西から南東へと流れ、銚子で太平洋へと注いでいる。だが、かつての関東平野は中小河川が複雑に乱流し、数本の流路に分かれて東京湾に流入していた。

　徳川家康は、天正18（1590）年、関東に入国すると、江戸への舟運の確保、洪水防止、新田開発、東北の雄藩・伊達政宗に対する防衛に力を入れた。

　このため、江戸湾に注いでいた利根川を銚子沖で太平洋に流す大規模な河川改修を行い、新たに人工河川を開削する一方、締め切りや廃川によって利根川の流れを変えた。なかでも寛永12（1635）年に始まった江戸川の開削は、数年間に及ぶ大工事であった。その後、承応3（1654）年には赤堀川が通水し、本流を銚子河口から太平洋に流すことができるようになった（利根川東遷）。

　これによって銚子港から利根川をさかのぼり、関宿を廻って江戸川から江戸市中へ物資を運ぶ水運物流の大動脈が完成した。東北方面から房総半島を廻って江戸湾に入る危険な海上輸送は回避され、東北の米や銚子の魚、醤油、干鰯(ほしか)などを運ぶ新ルートが確立された。

　利根川には白帆を揚げた高瀬船が行き交い、河岸は上り下りの船で大いに賑わった。利根川の高瀬船は平均400〜500俵、最大1,300俵を積める大型の船もあり、寝泊まりすることも出来た。こうして利根川東遷と江戸川の誕生は、物流を大きく変え、百万都市・江戸を支えたのである。

関宿と棒出し

　関宿は関東平野のほぼ中心、利根川と江戸川の分岐点に位置し、戦略的にも重要な拠点であった。江戸の防御、とりわけ水運の取り締まりのため、幕府はここに関宿藩を置き、関所を設けて警備にあたらせた。「船の積荷」を監視し検査する数少ない川関所で、江戸と関東各地を往来する検査待ちの船で大混雑した。

　関宿には利根川の他、いくつもの細流が流入していたため、水害の多発地帯でもあり、江戸時代、大洪水はこの地を数年おきに直撃している。なかでも天明3（1783）年の浅間山噴火による火山灰の泥流は、利根川、江戸川の河床を上昇させ、さらに河川の氾濫が増加した。

　このため、天保年間（1830-43）、江戸川最上流部に棒出しと呼ばれる一対の堤が築かれた。棒出しとは川の両岸から流れの中心に向かって杭（丸太棒）を数千本打ち込み、

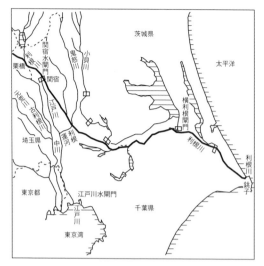

図-1　現在の利根川

写真-1　水門の側壁（下流側）。コンクリートの側壁は、きちんと面取りされ、柔らかみを帯びたカーブが美しい。

土砂を投入して固めたもので、川幅を狭めて江戸川に流入する水量を減らし、利根川に流入させるものである。棒出しによって江戸川下流域は水害から守られたが、関宿周辺や利根川の上流域では洪水被害が激化した。棒出しはその後も改良を重ね、明治時代にはさらに強固な石堤に改築された。

関宿水閘門の建設

明治43（1910）年、未曾有の大洪水が関東を直撃。翌年、利根川改修計画の一環として江戸川改修工事がスタートした。江戸川放水路開削、川幅の拡幅、江戸川流頭部の付け替えとあわせ、利根川との分岐点（最上流部）に水量を調節し、船を安全に通すことを目的に、関宿水閘門が建設された。大正7（1918）年から8年余の歳月と大量浚渫・掘削に近代的な機械力を駆使し、31万人を動員して、昭和2（1927）年に竣工した。関宿水閘門完成後、棒出しは撤去された。

当時は大型建造物がレンガ造りからコンクリート造りへと移行する時代で、コンクリート造りの水閘門は、当時の建築技術を知る上でも貴重とされている。

水門は利根川から江戸川への分派量と洪水の一部を調節するもので、75馬力のディーゼルエンジンを使用して8門のゲートを一度に昇降できる機能を持つ。1門は幅7.6m、高さ4.5m。基礎およびその上に設けられた躯体の大部分もコンクリート製である。

関宿城博物館学芸課長の瀬戸久男さん（当時）は「コンクリートはきちんと面取りがしてあり、70年以上経つのに少しも壊れていません。とても質が良くて当時の施工技術の確かさが分かります」と語る。やわらかみを帯びた側壁はカーブが美しく、高欄や隅石には花崗岩の石張りによるきめ細かい意匠が施され、レンガ造り水門の様式を残しているとのことで、施工技術の緻密さが感じられる。

閘門は船を航行させるために川の水位を調節する施設で、幅10m、長さ100mほどの水路の両側に合掌式のゲートが設置されている。側壁はコンクリート（一部鉄筋）で、門扉は手動で開閉した。

このように水門と閘門の両機能を備えた水閘門は、全国でも数が少ない。

オランダの技術を取り入れて

　地元で育ち、戦後、今の国交省に勤務して水閘門の管理をしていたという櫻井文男さん（1929年生まれ）は、思い出を次のように語る。

　「水閘門の工事は、まず大地を掘る大工事から始まり、地元の人達が労働力となり、馬の背に鞍をつけて麻の土嚢（どのう）を積み、モッコをかついで、馬と一緒に歩いて土を踏み固めたんです。コンクリートを混ぜるために、『神楽桟（かぐらさん）』（p.159参照）を6人1組でぐるぐる回す。誰かが手を放すと物凄い勢いで回転して、犠牲者が出たこともあったそうです。

　オランダから技師を呼んで、護岸の工法などいろんな事を教えてもらったと聞いています。粗朶沈床（そだちんしょう）は、柳を活かしたお金をかけずに済む良い工法でしたね」。

船は東風に乗って

　閘門の開閉はどのように行われたのだろうか。櫻井さんによれば、「船頭さんから連絡があると、手動で門扉をまわします。通船部が満水になるまで30分位かかりましたね。船は1日5～6回（昭和18-20年頃）やって来ましたよ。上りがあれば下りがあるから、1日2回開閉します。堤防で見ていると、高瀬船（帆船）は風力を利用して東風に乗って上ってくる。風が無い時は、船戸で風が吹くのを何日も待っていたのです」。

河川改修や水運の歴史を伝える
千葉県立関宿城博物館

　千葉県立関宿城博物館は、千葉県の最北端、利根川と江戸川の分流点のスーパー堤防上にある。ここでは「河川とそれにかかわる産業」をテーマに、河川改修や水運の歴史や流域の人々と川との関わりについて

写真-2　中之島公園から見た千葉県立関宿城博物館。天守閣は江戸城富士見櫓を模したという記録をもとに、忠実に再現されている。

展示・紹介している。

　なかでも高瀬船の模型（3分の1）は圧巻で、千俵の米俵を積み大勢の働く人々の姿を再現している。保存された帆布には所々に修繕の跡なども見られ、4階にまでに達する帆の大きさに圧倒される。利根川流路の変遷はボタン操作で知ることができ、関宿城や関所の模型からは往時の河岸の繁栄ぶりがしのばれる。

　博物館を出て江戸川の管理橋（千葉県との県境）を渡ると中之島公園があり、橋を渡ると茨城県五霞町（ごかまち）に入る。公園内には利根川治水大成碑をはじめ、棒出しの石、大型掘削機械のバケットなどが点在する。

　関宿水閘門はその奥にあり、堰堤を歩くと上流側には利根川のゆったりした流れが見渡せ、真下には水門を通って流れる江戸川の水音が心地よく響く。水門完成時に地元の人々が植えた樹木類は豊かな森となり、晴れた日には、富士、筑波、赤城、榛名の山々が一望できる。

取材協力・資料提供：国土交通省江戸川河川事務所、同利根川上流河川事務所、千葉県立関宿城博物館
掲載：2005年5月号

追加取材：2012年3月

21 利根川・江戸川を結ぶ船の道として栄えた：利根運河

千葉県流山市・柏市・野田市

日本初の西洋式運河といわれる利根運河は、明治期、オランダ人技師ムルデル（1848-1901）の設計・監督のもと、利根運河会社によって造られ、明治から昭和にかけて約50年間、物資の輸送に利用された。

東京への新たな物資輸送ルートとして

利根運河は、利根川（千葉県柏市船戸）と江戸川（千葉県流山市深井新田）を結ぶ全長およそ8.5kmの川の道である。

江戸時代、徳川家康の手がけた河川改修により利根川は銚子を経て太平洋へと流れを変え、百万都市となった江戸には、銚子から利根川を遡り、関宿を経て江戸川の宝珠花を通り、全国各地から多くの物資が運ばれた。

しかし江戸末期になると、関宿付近は利根川の河床上昇によって船の渋滞が頻発、関宿棒出しの狭窄部とも相まって、舟運は一層困難になった。このため、利根川右岸と江戸川左岸をショートカットで結ぶ利根運河の開削が検討された。

建設を推進したのは、茨城県会議員の広瀬誠一郎（1838-1890）。明治14（1881）年、広瀬は茨城県令（県知事）の人見寧に利根運河の開削を建議したが、反対なども多く、国家プロジェクトには至らなかったため、明治20年「利根運河株式会社」を設立し、民間の事業として実施した。

オランダ人技師・ムルデルの招聘

設計と監督はオランダ人技師A・T・L・ローウェンホルスト・ムルデルが担当した。ムルデルはオランダのライデン生まれ、政府のお雇い外国人技師として約11年間、各地の河川改修や港の建設にあたった。

当時は、外国から積極的に技術を導入、国の基幹事業を推進した時代で、特にオランダの土木技術は世界的に高い水準にあった。

利根運河はムルデルが日本で手がけた最後の仕事であり、わが国の土木史上、屈指の大事業だった。利根運河会社はムルデルの招聘や用地取得など、国からかなりの援助を受けており、民間の事業を国が支援するという画期的な事業でもあった。

8.5kmの大土木工事は人海戦術で

利根運河の開削工事は明治21年5月にスタート、ムルデルは現場監督として総指揮にあたった。

写真-1 「ムルデルの碑」。1985年、ムルデル顕彰実行委員会によって、運河水辺公園内に建立された。碑の左上部にムルデルのレリーフが埋め込まれている。

工事に動員された労働者は延べ200万人とも220万人ともいわれ、1日平均およそ3,000人が従事した。工事の大部分はクワやモッコ、ツルハシなどが使用された。

最も苦労したのは、低い土地に豆腐のように軟らかく、水を含んだ「化土（げど）」と呼ばれる土があったこと。さらに江戸川河口近くで運河とぶつかる「今上落し（いまがみおとし）」を運河の下にくぐらせる（伏せ越し）工事で、長さは720mもあり、1年がかりの難工事となった。

利根運河は、総工費57万円と2年の歳月を費やして明治23（1890）年5月10日に完成、同年6月18日に通水式が行われた。運河の水面幅は約16m、平均水深は1.6m、曳船道の幅は1.8mであった。

利根運河のにぎわい

利根運河の開通によって航路は約40km短縮され、3日の行程は1日となり、運賃も安くなった。明治から昭和にかけての50年間に航行した船の数は、筏（いかだ）、和船、発動機船、汽船合わせて約100万隻、年平均2万余隻が航行し、利根運河とその周辺は大いににぎわった。地方から東京へ運ばれた物資は、米穀、木材、薪炭、水産物、醤油などで、東京からは塩や肥料、石炭などが運ばれた。

その後の変遷

やがて鉄道・道路輸送の時代が訪れ、水運は衰退していく。昭和16（1941）年7月の大洪水で水堰橋が破壊され、船が航行不能になったのを機に、洪水防止のため国が買収して一級河川「派川利根川」となり、運河の役割を終えた。その後、昭和62（1987）年に流山市立運河水辺親水公園となり、平成2（1990）年、利根運河通水百年記念祝祭が行われ、これを機に、名称も「派川利根川」から元の「利根運河」に改称された。

平成12年3月、「北千葉導水路」の完成により、利根運河は導水路としての役目を終え、水と緑の大空間、市民のいこいの場として、大いに利用されている。

"運河ネットワーク"の拠点に

平成14年4月、国交省江戸川河川事務所運河出張所内に「利根運河交流館」がオープン。利根運河に関する情報発信・交流の拠点として、さまざまな活動が行われている。

利根運河交流館館長の小島加知良さん（当時）は、次のように語る。

「利根運河通水百周年記念行事は、1年間にわたってさまざまな形で開催され、大いに盛り上がりました。『利根運河交流館』をサロン、交流の場として活用し、将来は全国の運河を結ぶ"運河ネットワーク"の拠点にして欲しいですね」。

利根運河は、流山・柏・野田の3市を貫流し、隣接する優れた緑地、湿地、公園、里山とも相まって、歴史の面影が印象的に残されている。

人と生き物の共存する新たな空間が形成され、利根運河の創設者・広瀬誠一郎とムルデルの偉業は、本来の自然と一体になって、未来へ引き継がれようとしている。

取材協力：国土交通省江戸川河川事務所運河出張所、流山市立博物館
掲載：2004年11月号

22 江戸の用排水網に残る田の水没を防ぐ逆流防止レンガ樋門：倉松落大口逆除

埼玉県春日部市

盛んな新田開発と倉松落

　東武鉄道春日部駅の北東約1.2kmにある住宅地に、土地の人が「めがね橋」と呼ぶ橋がある。本来は橋ではなく、洪水が水路に逆流するのを防ぐ樋門で、現在は上部を市道が走る道路橋に使用されている。水路は倉松落と呼ばれ、新田開発が盛んな江戸前期、万治2（1659）年に掘り割られたとされる排水路だ。幸手領杉戸地域の農業排水を集め、現春日部市八丁目地先で大落古利根川（葛西用水）に落とした。

　近世初頭には江戸湾に注いでいた利根川本流が16世紀末から17世紀中ごろにかけて河口を銚子へ移され（利根川東遷）、埼玉東部低地にはそれまでの利根川本流の氾濫原に広大な沼沢地が残された。利根川旧河道と中川の自然堤防村落にはさまれた幸手領の低湿地帯は、倉松落など数々の排水路（落堀）が開削され、大規模かつ集中的な新田開発が行われた。水田化にはまず池沼の水抜きが必要で、ついでかんがい用水の供給が必要になる。万治3（1660）年には、関東郡代伊奈忠克が埼玉郡本川俣（羽生市）の利根川に圦樋（水門の樋）を設け、幸手領に用水を導入。これは幸手領用水と呼ばれ、後に、10カ領300村を潤し、現在もなお埼玉東部約6,000haを潤す葛西用水（利根川の旧河道をたくみに利用している）へ統合された。

収穫を飛躍的に伸ばした基盤整備

　幸手領では、寛永年間（1624-1643）から元禄年間（1688-1703）までの50年間に、年貢高が1.5～2倍あまりに増加した村々が続出した。また、元禄時代の記録には、幸手領の新田村として新たに12新田が記載されている。幸手領がいかに新田開発の盛んな地域であったかがわかる。これは用排水の基盤整備でよりいっそうの新田開発が進み、耕地が安定化したことを示している。平坦地の用排水の水利計画は、用水、排水ともに深い相関関係をもっており、排水路の重要性は用水路に勝るとも劣らない。（旧）倉松落は不毛の氾濫原を豊かな穀倉地帯へ変貌させた、用・排水網の一角を占める重要な存在であった。

恒久材料の樋門に地元の喜びあふれ

　利根川や荒川の洪水が古利根川をへて逆流し、たびたび倉松落沿川の田を水没させた。そのため江戸末期に逆流防止樋門（木造とされる）が設けられたが、明治23（1890）年8月の大洪水で大破。翌24年、

図-1　旧倉松落概念図

レンガで再築したのが現在の倉松落大口逆除だ。工期は3カ月という短期間で、当時としては莫大な3,830円の工費は地主への課金、寄付金、県の補助などでまかなわれた。レンガは文明開化のシンボルである。樋門のかたわらにある竣工記念碑の碑文には、「瓦石を畳み膠土（モルタル）を塗りて堅固比なし」と記されており、恒久的な材料で再築されたことへの地元民の喜びがあふれている。その後倉松落は、昭和8（1933）年から水位の高い古利根川（葛西用水）から水位の低い中川へ落し口を替える大掛かりな流路変更工事が行われ、新しい水路を倉松川、元の水路を旧倉松落（幸松川）と呼ぶようになった。

優れた施工技術で原形を保持

倉松落大口逆除は、現存するレンガ樋門としては埼玉県で2番目に古い。幅約11.1m、流水方向の長さ約5.1mの樋門は、道路橋使用時に改築されたため、高さは不明である。4連のアーチ構造は、優れた施工技術により美しい原形と強度を保持している点が評価されている。強度が十分であるからこそ、道路橋としても利用可能だったといえよう。その後の度重なる大水害や、関東大震災にもびくともしなかった。4連アーチは埼玉県では他に現存例がなく、翼壁の

写真-1　洪水時に壁際の溝に角落板をはめて逆流を防止する。

写真-2　「角出し」を付けるなど装飾にも配慮

最上部にあるレンガの角をのこぎり状に突出させた「角出し」の装飾も県内では珍しい。アーチはレンガ縦小口の三重巻き立てで、面壁や袖壁は、レンガの小口の段と長手の段を交互に積むイギリス積みである。

全国一多いという埼玉県内のレンガ樋門

全国的にみて埼玉県ほど多数のレンガ樋門が建設された地域はないという。現存するものは20基ほどだが、造られたのは200基（水門を含む）にも及ぶという調査もある。埼玉県にレンガ樋門が多い理由として、明治21（1888）年に深谷市で製造を開始した日本初の機械式レンガ工場・日本煉瓦製造(株)(p.115参照)との関連が指摘されている。しかし、春日部市教育委員会が平成11年に、倉松落大口逆除から剥離したレンガを調査したところ、日本煉瓦製造(株)の製品である証拠は発見されなかった。当時の利根川・荒川中流域には、瓦製造から転じた在来技術による中小レンガ工場が多数あったため、同樋門のレンガも、そうした中小工場の製品と推定されている。

【倉松落大口逆除データ】
・幅：約11.1m　・奥行き：約5.1m　改築により高さ不明
明治24年着工および竣工

取材協力：春日部市教育委員会
掲載：2009年5月号

23 利根川治水の要・中条堤と県内最大級のレンガ樋門：北河原用水元圦

埼玉県行田市

　江戸時代から明治にかけて、江戸を利根川の洪水から守った中条堤。中条堤を中心とする治水システムは上流部であふれた洪水の遊水・貯留施設として機能した。利根川下流部への負担を軽減して江戸の繁栄を支えたことから、利根川治水の要といわれている。

　この中条堤を挟んで造られた北河原用水元入圦は、現存する最大級のレンガ造樋門で、北埼玉の農業近代化遺産である。

利根川治水の歴史を刻む中条堤

　徳川家康が江戸に入国（1590年）して以降、利根川の河川改修に中心的な役割を担ったのは伊奈氏であった。その河川技術は伊奈流あるいは関東流とも呼ばれ、普段の洪水は自然堤防や低い不連続堤で防ぎ、大洪水は越流させて堤防際に設けた遊水地に滞留させながら、内側に設けた控堤で防ぐものであった。

　慶長年間（1596-1615）に築造されたとされる中条堤は、「酒巻村・瀬戸井村の狭さく部」と「左岸の文禄堤」とともに漏斗の形を構成している。利根川が増水すると、まず江原堤付近で一部が越流し、残りの流れは文禄堤に沿って進みながら狭さく部で葛和田地区から逆流して、中条堤の上流部に貯留される。

　このように中条堤は、上流側に大規模な遊水地を生み出し、酒巻・瀬戸井より下流側は利根川の洪水が制限されて水害を免れることが多かった。しかし上流側は水に浸かりやすく水害頻度が高く、上流・下流で争いが絶えないことから論所堤とも呼ばれていた。

「領」という名の水防共同体

　中条堤より下流の利根川右岸沿いには、ほぼ全域にわたって低い利根川堤防と控堤（水除堤）群が分布している。中条堤からあふれ出た洪水は、「領」という共同体ごとに張り巡らされた控堤群によって徐々に勢いを失い、「力と量」を奪われていった。こうして江戸城下は洪水の被害から守られたのである。

　「領」は水利および堤防によって利害を等しくする共同体として形成され、農業水利、水防活動などに従事した。このため、今でも相互の共同体意識が強く残っている。中条堤を境にした上流部と下流部の対立は、幕府の力が弱まるとともに激化した。明治43（1910）年の洪水で破堤した後、修復をめぐって埼玉県議会で警官隊まで出動する騒ぎとなったが、全面改修は行われず、昭和初期に利根川に連続堤防が築造されて、ようやく終止符が打たれた。

　こうして中条堤を中心とする一大治水システムは終焉したが、その遊水機能の考え方は、渡良瀬遊水地や奥利根上流のダム群による洪水調節などに受け継がれている。

北河原用水

　北河原用水は、慶長9（1604）年、伊奈備前守忠次が開削した備前渠用水の流末を取り入れた福川から取水するため、日

向村（熊谷市）内に圦樋を設置し、忍領（行田市）・羽生領（羽生市）地域の用水として開削された。

現在は当初よりやや上流の上須戸堰（熊谷市）で福川から取水し、途中で奈良川を合流、中条堤を北河原用水元圦で通過して、さすなべ落を合流。その後、行田市内を経て見沼代用水路と合流、一部は交差して羽生市に至る延長 10.5km の農業用水路である。

赤レンガの美しさが残る北河原用水元圦

北河原用水元圦は中条堤を挟んで、当初、木造で造られた。その後、明治 36（1903）年 4 月、レンガで再建されたもので埼玉県に現存する最大級のレンガ樋門である。使用されたレンガの総数は 19 万 3,800 個、アーチもレンガ製で 4 段小口積み。水の浸かるアーチ部は、長い年月を経てかなり変色しているが、のこぎり状の装飾がある塔の部分には、赤レンガの美しさが残されている。

元圦とは堤防内に水路を埋め込んで造られた樋門のことで、かんがいを行うために、内水排除や逆流を防止する制水施設の一つである。樋門と水門の違いは、水門が堤防を分断して造られるのに対し、樋門は堤防内に造られる施設のことで、樋門は水門より規模は小さい。

埼玉県はレンガ造りの河川構造物の多いことで全国的にも突出している。明治新政府は、帝都の官庁街を西洋風の建築物にするため、実業界の重鎮、渋澤栄一（1840-1931）に要請。渋澤は江戸時代から瓦生産がさかんで、レンガ製造に適した良質の土や砂があり、製品と燃料を運ぶ舟運に恵まれた生家近くの上敷免村（深谷市）

写真-1 中条堤を挟んだ上流側。2 連アーチでそれぞれに鉄製のゲートが設けられている。塔にはのこぎり状の装飾があり、上敷免製（日本煉瓦・深谷工場）の刻印がある。

に日本煉瓦製造株式会社を設立、生産されたレンガは東京駅や法務省、赤坂離宮を始め河川構造物等に多く使われた。

埼玉県のレンガ造水門の外観は明るい"紅茶色"が多いのに対して、千葉・茨城両県は暗い"コーヒー色"（横黒鼻黒）と明らかな相違が見られる。埼玉県で近代工場製のレンガが生産されて以降、急速に赤系統に変わっていったという。

元圦を通過した北河原用水は、行田市の農業用水として利用され、見沼元圦公園で見沼代用水と合流する。北に利根川、南に荒川が流れる行田市には東京都へ水道用の水を送る武蔵水路があり、歴史的にも"水"との関係が深い。

取材協力・資料提供：国土交通省利根川上流河川事務所、行田市総合政策部広報公聴課
掲載：2006 年 5 月号

24 明治の利根川改修遺構（赤レンガ）：横利根閘門

茨城県稲敷市（国指定重要文化財）

水位差がある水面をつなぐ閘門

　横利根閘門は利根川と常陸利根川を結ぶ横利根川の、利根川との合流点近くに造られている。閘門とは高低差のある水面で船舶を往来させるための施設で、2カ所の水門の間に船を入れる閘室をもつ。船が閘室に出入りするときは、閘室内の水位を昇降させて、船と船の進行方向の水位を同じ高さにしてから船を進める。水面下に閘室の内と外をつなぐ給排水管があり、締め切った閘室と水位差のある側のバルブを開くと、内外で水圧の差を解消しようとする原理が働き、水位が同じ高さに揃う。

写真-1　側壁に組まれている船舶の接触を未然に防ぐ防舷材。当初の設計図に従い木製で復元

利根川の霞ヶ浦への逆流防止が目的

　利根川は明治23（1890）年や同29年などに大洪水を経験したが、明治中期は全国的に大洪水が頻発。これを契機に明治29年、河川法が制定され、治水策がそれまでの舟運維持を主目的とする低水工事から、洪水防御の高水工事へ転換し、指定河川の国直轄河川改修事業が開始された。利根川では、明治33年から昭和5（1930）年まで、現在の河道の基礎となった「利根川改修工事」が3期に分けて下流から上流へ向けて行われた。

　横利根閘門は、明治40年から昭和5年まで行われた第2期改修工事で建設され、大正3（1914）年に起工、同10年に完成した。明治時代の稲敷、新治など霞ヶ浦沿岸の4郡20カ町村は、利根川の洪水が横利根川を通じて逆流することで被害を受けていた。一方、当時の横利根川は、霞ヶ浦や北浦から利根川を経由して東京市中へ向かう重要な航路でもあった。横利根閘門は水門を閉鎖して、この逆流型洪水を防止するとともに、利根川の水位が高いときでも船が通行できるように造られたものである。

　完成後、昭和10年頃までは年間5万隻程度の航行があり、物資輸送が陸上交通中心になるまで、閘門のある横利根川は北浦や霞ヶ浦から利根川、江戸川へ出る内陸交通の重要なルートだった。そして、逆流防止の機能は、下流側に昭和46年に建設された新しい横利根水門に譲っているが、年間延べ1,000～2,000隻（取材当時）の釣り船やプレジャーボートが通過する現役の閘門だ。

代表的な明治・大正期のレンガ造り閘門

　横利根閘門の構造は無筋コンクリート造りの上にレンガと花崗岩が張られている。全

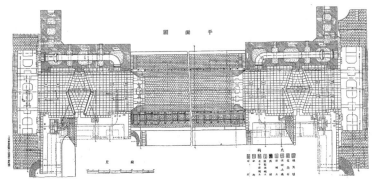

図-1 横利根閘門平面図。閘門の両側に、順流、逆流のどちらの流れにも対抗できるように2対の合掌扉がある。[「「土木学会誌」第12巻第3号・中川吉造著「横利根閘門に就て」土木学会附属土木図書館蔵より]

国に数基しかない現役のレンガ閘門のなかで、約280万個ものレンガが使用された国内最大規模、最良の保存状態を誇る、わが国を代表するレンガ閘門である。閘門の有効長（90.9m）、幅員（10.9m）の決定には、通過船舶中最大の内国通運会社（日本通運の前身）の「外輪船」第二十八号通運丸（長さ約27.6m、幅約6.8m）などを基準とし、幅員は既設の利根運河（21参照）の水門より約1.8m広くしたという。基礎はレンガで組んだ井筒にコンクリートを中詰めしたオープンケーソンからなる。

横利根閘門は、利根川と横利根川の流れが出水や潮汐の影響によって順流と逆流が入れ替わる地点にあるため、両方向からの流れに対処できるように両端を内開きと外開きの二重の合掌扉（扉は4組計8枚）とした複閘式閘門である。明治・大正期の近代閘門特有の合掌式ゲートで、壁体の化粧積レンガと隅石飾りなどにもこの時代特有の様式美がある。当時の先進技術を用い、中川吉造を中心に日本人技術者のみによって設計施工された。

平成6（1994）年、管理者である建設省関東地方建設局利根川下流工事事務所（名称は当時）では、完成から70年余り大きな改修もなかったため、腐食が進んだ門扉の水没部分などを中心に傷んだところを修理し、人力で行っていた門扉の開閉を電動化するなどの改修工事を行った。この工事にあたっては、閘門の土木遺産としての価値に配慮し、可能な限り当初の設計図通りに昔の工法で復元した。

門扉の鉄板の継ぎ合わせも溶接は用いず、昔の通りにリベット（鋲）を用いたが、リベット工を集めるのに苦労したそうである。平成12年5月、土木技術史上、レンガ造り閘門の一つの到達点を示す遺構として国の重要文化財に指定された。建設省（当時）管轄の河川管理施設としては初である。現在周囲は「横利根閘門ふれあい公園」が整備され、地域の憩いの場となっている。

【横利根閘門データ】
・有効長：90.9m
・幅員：10.9m ・深さ：平均低水位以下約2.6m
大正3年起工、大正10年完成

取材協力：国土交通省利根川下流河川事務所
掲載号：2003年12月号

25 現存する数少ない4連アーチのレンガ造り樋門：
柳原水閘（やなぎはらすいこう）

千葉県松戸市

　レンガ造りの水門は、明治20〜40年代の約30年間、旧来の木造や石造に代わるものとして数多く造られ、川の文明開化といわれている。その後、鉄筋コンクリート工法に技術が移行する"橋渡し"の役割を果たした。

　柳原水閘は大水の際、江戸川の水が逆流するのを防ぐ目的で建設されたレンガ造り4連アーチの樋門である。水閘には①川の水の流れの調節口としての「樋の口」と②川の流れを遮断して船が通行できるようにする「閘門」の2つの考え方があるが、柳原水閘は川の水を調節する「樋の口」と考えられている。

　規模の大きさ、デザインの優雅さ、保存状態の良さからみて第一級とされ、1996年松戸市指定文化財、同年産業考古学会産業遺産に認定された。

新田開発と坂川の開削

　千葉県松戸市を貫流する坂川は、かつて逆川といわれていた。大水になると江戸川から水が逆流して、大きな洪水被害をもたらしたからである。もともと坂川が流れる松戸市のこの一帯は、一面に葦が生い茂る低湿地帯であった。

　17世紀前半に現在のJR常磐線松戸駅と武蔵野線新松戸駅の西、流山市との境界あたりの新田開発が行われた。しかし低いところで海抜2m弱、高いところでも3m弱という湿地帯で、少しの雨でも浸水する状況は変わらなかった。「3年に一度収穫があればいい」といわれるほど、農民は水害に悩まされていた。

　このため坂川流域では、昔から流路を変更したり、放水路を造って付け替えたりと、安全で便利な川に造り替えてきた。坂川治水事業の歴史は古く、享保8（1723）年の河道の一部改修に始まる。数回、河道を延長して自然流下が可能になったのは、天保7（1836）年に坂川最下流に旧式樋門が造られて以降である。江戸川の水が坂川に逆流するのを防止する樋門を設けたことによって、坂川流域低地の水害は著しく軽減された。

江戸川の水の坂川への逆流を防ぐ

　明治に入ると、利根川・江戸川周辺で、木造の水門はレンガに造り替えられていく。明治30年代後期、明村、馬橋村、小金町（松戸市）、流山村（流山市）による「坂川普通水利組合」が結成され、木造の樋門に代わり、レンガ造り樋門が建設された。柳原水閘は、明治36（1903）年11月着工、翌年4月竣工、工期はわずか6カ月であった。

　水閘の正面には石材を使用し、アーチは「レンガの野積み」と大きさの違う石を用いた「切り石積み」を組み合わせたもので、明治時代のレンガ築造技術を伝える意匠的にも優れたデザインのきわめて貴重な治水施設である。水門としての機能は隣接して建設された新しい水門に譲っているが、橋は現役で近代橋梁としてもきわめて貴重な近代化遺産である。

レンガ製の樋門は築かれた時代が明治中期から大正後期までの20～30年間程度であることから、多くが解体され現存するものは少ない。柳原水閘ほどの大規模なものは非常に珍しく、貴重である。表面のレンガは、コーヒー色をした俗に横黒鼻黒と呼ばれる、一面を黒く焼きしめた黒系統のレンガが使用されている。使用されたレンガは、その刻印から利根川左岸（茨城県）のレンガ工場で生産されたものとされている。

写真-2　柳原水閘（左）と柳原排水機場の新しい水門（右）

設計者・井上二郎

柳原水閘の設計者・井上二郎（1873-1944）は、明治33（1900）年、東京帝国大学工科土木科を卒業、大学院で河川工学を専攻、設計当時は栃木県庁に勤務する土木技師であった。卒業後、わずか3年でこのような見事な構造物を設計できたのは、伯父の八木原五右衛門（1842-1915）が松戸の治水事業に貢献していたこととも関係が深い。八木原は「利根運河」開削の主唱者・廣瀬誠一郎と親しい間柄にあり、井上が土木工学の道に進んだ動機の一つと考えられている。

井上はその後、鬼怒川水力発電事業や京浜運河工事の設計など全国各地の土木施設の建設にあたり、手賀沼干拓の先駆者としても知られている。

百周年を機に再認識

柳原水閘の隣には、平成9（1997）年に新しい排水機場や水門も完成して、周辺一帯は親水広場として整備された。平成16年11月20日には百周年記念行事（記念式典や現地見学会など）が行われた。土木遺産顕彰の場として、今後とも地域に親しまれる親水公園として、大きな役割を果たしていくと思われる。

【柳原水閘データ】
4連アーチ：
　　河川横断方向（上流側）17.0m
　　河川縦断方向（最大）13.0m
　　翼壁：4.5m
　　アーチ部：レンガ造　野積み
　　　　　　　石造　切り石積み

取材協力：松戸市建設本部河川清流課、松戸市教育委員会
掲載：2005年 1月号

写真-1　柳原水閘（下流側）。木製のゲートで、逆流を防止していた。

26 閘門の役割を今に伝える赤レンガ造りの
アーチ橋：弐郷半領猿又閘門（閘門橋）

東京都葛飾区・埼玉県三郷市・吉川市

東京都と埼玉県の都県境、岩槻街道の葛三橋に並行して歩行者・自転車専用道路がある。これが弐郷半領（注）猿又閘門（閘門橋）で、東京都に現存する唯一のレンガ造り水門である。

川の氾濫を防ぎ、かんがい用水の確保に重要な役割を果たしてきた弐郷半領猿又閘門は、その役割を新大場川水門に譲り、水と人々の生活史を今に伝える史蹟として、葛飾区の有形文化財に登録されている。

水との闘いの歴史を刻む

かつてこのあたりは川と水路が複雑に入り組んだ地形で、いったん大雨が降ると川から水が逆流して周辺一帯に溢れ、昔から洪水との闘いが繰り返されてきた。江戸時代中期の宝永年間（1704-1711）には、古利根川からの水の逆流を防止し、小合溜井の水を葛西（葛飾区）の水田に供給するため、現在の閘門橋の位置に堰が設けられたといわれる。

享保14（1729）年に完成した小合溜井は、江戸川に合流していた古利根川をせき止めて溜井としたもので、それより約30年前には河道の改修に着手されていた。

現在、閘門橋のある場所には「突っこしの渡し」（一突きで対岸に渡れる）があり、岩槻街道を往来する人びとに利用されてきたという。

注）弐郷半領は埼玉県三郷市・吉川市一帯の旧地名、猿又は東京都葛飾区の旧地名。

赤レンガ造りの貴重なアーチ橋

この付近は弐郷半領用水、不動堀（第二大場川）、大場川の3つの用・排水路が入り組んだ地形で、洪水となると江戸川から濁流が逆流してくるため、閘門による水位、水量、水流の調整が求められていた。幾多の紆余曲折を経て、突っこしの渡しに代わり、明治42（1909）年4月、当時としては画期的なレンガ造りのアーチ構造で橋の機能をもつ閘門が造られた。

東京都が修景・補修した際（1989-1990）、関東大震災（1923）の影響かと思われるレンガの亀裂が発見され、西側欄干下に「弐郷半領猿又閘門」東側に「明治四弐年四月竣工・弐郷半領用悪水路普通水利組合」と記載されていたことから、詳しい事実が明らかになった。

レンガ造りの河川構造物には、石や土管などと混合したものも多いが、弐郷半領猿又閘門は、東京都に残る唯一のレンガ造り水門である。使用された赤レンガは16万1,753個にのぼる［「明治期埼玉県の煉瓦造・石造水門建設史」］。

西側のアーチ橋は5門で、水をせき止める板を昇降させる「みぞ」があり、その上は作業用の歩行路となっている。南にあった階段は、今は残されていない。

アーチクラウン部の亀裂の補修に従事した箭内英雄（当時東京都第五建設事務所補修課長）は次のように記している。

「アーチクラウン部には幅40mmの亀裂が全周に渡ってあった。このような亀裂があ

れば、活荷重により亀裂の頂部が閉じるようにアーチの橋脚部が傾斜するか、あるいは落橋に至るはずである。ところが、本亀裂は大正12（1923）年の関東大震災以来、ほとんど変化がないといわれている。それは片持ばりとして、活荷重に耐えられるだけの力をアーチ部が有していたと考えられる。それにしても、当時のレンガ積の技術力と施工の丁寧さには驚嘆した」。（『橋梁』Vol.26 No.10、1990「蘇る閘門橋」）

レンガ造りの温かみのある閘門橋を眺めていると、ひとつずつ、きっちりと16万個以上ものレンガを積んでいった律儀な日本人の職人気質と、仕事に賭けた男達の情熱が伝わってくる。

その後、アーチクラウン部の亀裂内は、接着力が強く衝撃や振動にも耐え得るような工法によって全面的に整備された。

写真-2　歩行者・自転車専用道路として親しまれている閘門橋。

写真-1　新たに設置されたブロンズ像

閘門の役割を伝える鳶職風のブロンズ像

改修にあたっては、築造当時の姿を残すことに重点をおき、周辺の景観に調和するよう配慮された。アーチ橋脚部（下流側）の水切り石の上には、閘門の操作がどのように行われたかを示す鳶職人風のブロンズ像が新たに設置された。荒れ狂う風雨と必死に闘いながら、閘門の堰板を差し込んでいる姿が再現され、閘門の開閉がいかに大変な作業だったかが、リアルに表現されている。

歩行者・自転車専用道路として

昭和に入ると周辺の地名が変更され、弐郷半領猿又閘門は葛飾区の「葛」と三郷市の「三」を取り、葛三橋に改められた。その後、葛三橋の名称は、下流側に新設された自動車専用道路橋に譲り、弐郷半領猿又閘門は「閘門橋」に改められた。

岩槻街道は都内と三郷方面を結ぶ幹線道路で交通量が多く、レンガ造りでは耐えられないとの判断から、歩行者・自転車専用道路として保存されたのである。弐郷半領という由緒ある地名が消えたのは残念だが、立派な歩道橋として保存された意義は大きい。ゆっくりと閘門橋を渡りながら眺めた水郷風景からは、水との闘いの歴史ドラマが映し出されてくるように感じられた。

【弐郷半領猿又閘門データ】
　橋長：12.7m　橋高：5.0m
　幅：3.9m　作業用歩道幅：5.0m
　東側アーチの幅：
　　南 3.6m、中 3.7m、北 3.6m

取材協力：葛飾区郷土と天文の博物館
掲載：2008年11月号

27 生活用水の供給、塩害防止、船の航行に今も活躍する：江戸川水閘門

東京都江戸川区

江戸川の変遷

　江戸川は、茨城県五霞町・千葉県野田市関宿で利根川から分かれ、茨城県、埼玉県、千葉県、東京都の境を南下して東京湾に注ぐ流路延長55km、流域面積約200 km²の一級河川である。

　江戸川はその昔、太日（あるいは太井）川と呼ばれ、渡良瀬川の下流であった。徳川家康は利根川東遷事業の一環として、関宿から金杉（野田市）間に新たな流路を開削し、太日川につなげた。

　関宿から金杉間の18kmは、6年（1635-1641）の歳月をかけて新たに台地を開削した完全な人工河川で、関宿以南の川筋は「江戸に物資を運ぶ川」ということから「江戸川」と呼ばれるようになった。これが現在の江戸川の原形で、当時の知恵と技術が結集されている。

　利根川東遷と江戸川の誕生は、江戸への物資輸送ルートを大きく変えた。東北方面や関東各地からの物資は、銚子から高瀬船で利根川を上って関宿をまわり、江戸川を下った。その後、利根運河が開削されると、江戸への物資は格段に早く運ばれるようになり、江戸川流域は物資の集散地として河岸が栄え、野田の醤油、流山のみりん等の産業も発展した。

度重なる洪水被害と江戸川の改修

　江戸川は、舟運やかんがい用水として多大な恵みを与えてくれたが、時として大洪水を引き起こし、流域に大きな被害をもたらした。明治43（1910）年、関東一円を襲った大洪水を契機に、「利根川改修計画」の一環として江戸川改修工事がスタートした。江戸川により多くの水を放流して、利根川全体の流量を増やし大幅に流下能力アップを図った。単に川幅を広げるだけでなく、利根川との分岐点に関宿水閘門を建設し、下流に江戸川放水路をそれぞれ建設することが、改修計画のポイントであった。

　明治44年からの江戸川改修計画により、江戸川放水路の開削、行徳越流堤（固定堰）の建設（その後、可動堰に改修）、河道拡幅、江戸川流頭部の開削などが、大正3（1914）年から昭和5（1930）年まで16年をかけて行われた。

　江戸川放水路は人工的に掘られた河川で、行徳可動堰から南東に流れる放水路は江戸川と改称され、もとの江戸川は旧江戸川と呼ばれている。

江戸川水閘門の建設

　大正12（1923）年の関東大震災の際、東京市は、復旧工事に必要な砂を江戸川から大量に掘ったため、江戸川の河床が著しく低下した。川の水が少ない時は河口から塩水が遡上し、飲料水や農業用水、工業用水に塩分が混じる問題が度々起こるようになった。一方、東京市では、上水道の需要拡大に対応するため、江戸川の水を生活用水や工業用として活用する必要に迫られた。この2つの目的を果すため、東京都江戸川区篠崎地先に江戸川水閘門が築

造された。

江戸川水閘門は水門と閘門から成り、水門は塩分の遡上を防止するとともに、流水を貯留し、水道水や工業用水を適正に取り入れるための施設で、閘門は船の航行のために設置されている。

水門5連は上流の用水を取り入れるため、潮の干満に合わせて毎日水門を操作して塩害を防止し、上流の水を水門の手前に溜めて、安定した水量を取水できるように調整する役割を果たし、洪水時には分流調整も行っている。

水門は鉄筋コンクリート製で、幅員10m、高さ5.02m、電動開閉による固定ローラー付の引揚鉄扉が上下するようになっている。隅角部など要所に花崗岩の切り石で補強、装飾を施してある。

水門に隣接する閘門は、上流と下流の落差を閘室で調節するパナマ運河方式で、50〜100ｔ級の船舶を15隻程度収容できる閘室を持つ。閘門も鉄筋コンクリート製で、上流側と下流側にそれぞれ引揚鉄扉が取り付けられている。閘室は長さ100m、幅16m。現在も朝から夕方まで運転しており、つり船、プレジャーボートの利用が多いという。

江戸川水閘門の建設は、内務省の直営事業として、全額東京市の負担で行われた。昭和11（1936）年6月着手、戦時中は中止された事業も多かったが、江戸川水閘門は、昭和18年3月に完成している。

豊かな自然に恵まれた江戸川河口

江戸川河口付近は江戸川と旧江戸川が分派し、3つの水域に分かれている。

関宿水閘門から江戸川水閘門・行徳可動堰までの淡水域、その下流の一部海水が混ざる汽水域、行徳可動堰から河口部までの海水域と3つの水域が形成され、多種多様な生き物が生息している。下流の干潟はトビハゼ生息の北限地域で、4月上旬には何十万匹ものアユの稚魚が大群で回遊し、旧江戸川の水閘門が開くのを待って遡上するという。

川面に浮かぶカモの群れ、鳥のさえずり、江戸川の歴史を刻んだ広大なオープンスペースは、貴重な自然の宝庫でもある。江戸川は首都圏の生活を支える水道水や工業用水、農業用水を供給し、豊かな水辺環境は市民のいこいの場になっている。

河口で塩害防止に活躍する水門は他にもあるが、江戸川水閘門は、60年以上の風雪に耐えた風格があり、行徳可動堰とともに江戸川河口のシンボル的存在である。

取材協力・資料・写真提供：国土交通省江戸川河川事務所、江戸川河口出張所
掲載：2006年3月号

写真-1　江戸川閘門基礎矢板打（昭和12年5月4日）。関東では鋼矢板（10m）を止水に使用したのは初めてであった。（資料提供：国土交通省江戸川河川事務所）

28 荒川放水路の要として東京下町を水害から守ってきた：旧岩淵水門

東京都北区

　荒川は、秩父の甲武信ヶ岳に源を発し、関東平野の中央部を蛇行して流れ、東京湾に注いでいる。流路延長173km、下流の河川空間の広さは約1,664ha（東京ドームの約354倍）もあり、広大なオープンスペースは、憩いの場としてさまざまに活用されている。

　この荒川の岩淵水門から下流22kmが人工的に開削された放水路であることを知る人は少ない。旧岩淵水門は、荒川放水路（現在の荒川）の要であり、20世紀の大プロジェクトの1つとして、東京都の歴史的構造物に選定されている。

明治43年の大水害がきっかけ

　荒川は有史以来、流域で洪水と氾濫を繰り返し、その名も「荒ぶる川」から名付けられたといわれる。かつて荒川の本流は現在の隅田川で、江戸開府から明治末期まで、おもな水害だけでも100回を超え、流域の低地は、たびたび大洪水に見舞われていた。

　とりわけ明治43（1910）年の大水害は、東京の下町をことごとく水没させ、帝都の機能を麻痺させた。8月初めから降り続いた豪雨によって至るところで堤防が決壊、埼玉南部から東京の浅草、下谷、本所、深川、向島にかけての下町一帯は、泥海と化した。死者369人、浸水流失家屋27万戸、被災者150万人、被害総額は1億2,000万円に達した。

　この水害被害の大きさは時の政府に大きな衝撃を与え、明治44（1911）年、荒川の改修計画が立てられ、早速、工事が開始された。

　北区岩淵町地先に新たに水門を造成して本流を仕切り、荒川の東側に東京湾まで続く幅500m、延長22kmの人工の河川（放水路）を切り開こうという壮大な計画で、国の直轄事業として進められた。

国家的な大プロジェクトとして

　放水路は当初、直線の最短距離で計画されたが、奥州街道の宿場町千住（江戸四宿の1つ）が分断されるため反対が強く、千住の東側を大きく迂回して建設されることになった。用地買収と移転は政府によって進められ、計画から1年後には工事着手というスピードぶりだった。

　巨大工事は下流から上流へと遡るかたちで進められ、アメリカやイギリスから購入した機関車、浚渫船、蒸気掘削機などが現場に導入された。蒸気掘削機は当時としては最新式のもので、幅500m、延長22kmの人工の放水路開削工事や岩淵水門の開閉に活躍した。建設工事に従事した人々は延べ310万人にも上り、馬も使われた。

　明治44年に荒川放水路工事を開始し、岩淵水門は大正13（1924）年完成、荒川放水路工事は昭和5（1930）年完成とおよそ20年の歳月を要した。その間には、関東大震災による地盤の陥没や堤防の修復も実施している。

パナマ運河の経験を生かして活躍した青山士（あきら）

工事の総指揮にあたった青山士（1878-1963）は、日本人としてただ1人、中米・パナマ運河の工事に参加、世界最先端の土木技術を学んできた気鋭の技術者である。彼は当時の常識をはるかに上回る安全重視の設計のもと基礎工事に着手、現場の責任者として活躍した。

岩淵水門は、旧荒川（現隅田川）に常に一定の水量を流し、その他の水量の大部分を放水路に流すための開閉自在な水門で、放水路建設工事のなかで最重要であるが、底無しの軟弱地盤のため、最難関の一つとされた。

青山はパナマ運河開削工事の経験を生かし、日本国内では実験段階にあった鉄筋コンクリート工法を導入。当時の常識を打ち破り、20mも河床を掘り下げて巨大な水門を建設した。9.09m幅のゲートに5つの水門を設け、5番ゲートだけは通船門として舟運に支障のない高さまで上げられる特殊な構造にしている。

工事完了後、荒川下流部での洪水被害は軽減した。また、工事中に起きた関東大震災の際、28カ所で堤防が崩れ、裂け目が入る事故が発生したが、岩淵水門はびくともせず、青山の先見性と技術者としての力量が高く評価された。

赤水門として歴史的建造物に指定

旧岩淵水門は、関東大震災や第二次世界大戦にも耐え、多くの水害や洪水から首都東京の生命・財産を守り続けてきたが、老朽化と地盤沈下のため、取り壊されることになった。しかしその後、土木建築物としての価値が高いと評価され、東京都の歴史的建造物に指定、保存された。

荒川放水路の象徴ともいえる旧岩淵水門は、金属製の水門部分が赤い錆び止め塗料で塗られていることから「赤水門」と呼ばれている。下流には新しく「青水門」（岩淵水門）が造られ、水門としての役割は青水門に引き継いでいる。

荒川放水路は荒川となり、青水門下流は隅田川と改称された。

赤水門の近くには「荒川知水資料館」があり、荒川や岩淵水門に関わる情報収集・学習・教育の拠点として一般公開されている。同館の前庭の荒川放水路完成記念碑には、「此ノ工事ノ完成ニアタリ多大ナル犠牲ト労力トヲ払ヒタル我等ノ仲間ヲ記憶センガタメニ…荒川改修工事ニ従ヘル者ニ依テ」とあり、最高責任者である青山士の名前は刻まれていない。

荒川放水路は参画したすべての人々の労役によって完成したとする青山の敬虔な人柄がしのばれる。

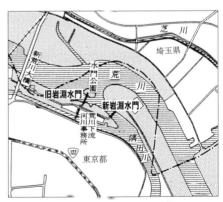

図-1　旧岩渕水門と岩渕水門位置図

資料・写真提供：北区飛鳥山博物館・荒川知水資料館
掲載：2004年3月号

29 木曽川下流にデ・レーケの遺産を訪ねる：木曽長良背割堤・ケレップ水制群・船頭平閘門
愛知県愛西市・岐阜県海津市（国指定重要文化財含む）

自然と一体化したデ・レーケの遺産

木曽川には、河口から約10〜25kmの間に広がる日本最大のケレップ水制群が見られる。木曽川と長良川を分かつ背割堤から、川の中心に向かってくしの歯のように延びるのがケレップ水制群だ。

木曽長良背割堤を訪ねた日、「木曽川文庫」から中村義秋氏（元建設省職員）が車を駆って案内してくださった。国指定重要文化財であり、いまも稼動している船頭平閘門の管理所にある木曽川文庫は、木曽川・長良川・揖斐川の木曽三川に関する治水、利水などの研究歴史資料を収集整理している。これら三川はそれぞれ源流は異なるが、濃尾平野を流れて下流部ではほとんど同一地点に集まって海に注ぐため、昔から「木曽三川」と、呼び習わされてきた。

車は水制が観察しやすい干潮の時刻を選んで背割堤の上を北上した。右手にはケレップ水制と入り江がいくつもいくつも繰り返し現れ、壮大なスケールの風景が展開されていく。

明治33年、木曽三川が完全に分離

これらは、明治期に30年にわたって在日し、日本の河川・港湾事業に偉大な足跡を残したオランダ人工師デ・レーケ[注]が、明治17（1884）年から同19年にかけて立案した「木曽川下流改修計画」の遺産である。背割堤は、明治20（1887）年から25年の歳月をかけて行われた同改修工事において、現在の木曽川河口から25km付近で合流していた木曽川と長良川を分離させるために造られた。両川を分けるにあたって、立田輪中（31参照）に木曽川新川を、高須輪中に長良川新川を開削、木曽川の東側を流れていた木曽川の派川・佐屋川を廃川にするなど、河道は大々的に整理された。

また、長良川と揖斐川の間に宝暦治水で設けられた、油島の堤防が完全に締め切られ、長良川と揖斐川を結んでいた大榑川も締め切られるなどした。こうして木曽三川が河口近くまで完全に分離され、ほぼ現在の姿が出来上がった。

網目状に入り乱れ水害が頻発

それまでの木曽三川は、下流部で網目の

写真-1　ケレップ水制群の自然はレクリエーションの舞台にもなる。

注）**ヨハネス・デ・レーケ（1842-1913）**
明治初頭、政府がオランダから招聘（しょうへい）した数名の水工技術者の一人。淀川、木曽川改修案の作成をはじめ、庄内川、吉野川、筑後川、多摩川ほか日本各地の河川や、長崎港、四日市港、三国港、東京港、横浜港など多くの港湾事業に足跡を残す。明治6年来日、同36年帰国。デ・レーケの日本語表記は、デ・レーケ、デレーケ、デ・レイケなど数種あるが、本書はデ・レーケで統一した。

ように入り乱れて流れていた。川で囲まれた網の目に当たるところは、堤防を周囲に巡らして人が住みつき輪中が発達した。川は輪中の間を縫うように流れるので、上流から運ばれる土砂が溜まりやすく、水害が頻発した。輪中地帯はいったん水に浸かると海水の影響から排水は困難を極める。水害は毎年のように起こり、流域の人々の苦難は想像に余りあるものだった。

明治以前に三川分流をめざした「宝暦治水」は、薩摩藩の過大な工事費負担と多数の割腹自害者、病死者を出すという膨大な犠牲を払って行われた。今でも郷土の人々の深い感謝の対象となっており、殉職した薩摩義士の供養祭が毎年欠かさず続けられている。しかし、この工事は水害の緩和には役立ったが、抜本的なものではなく、治水効果はさほど上がらなかったという。しかし、木曽川下流改修（明治改修）が行われ、

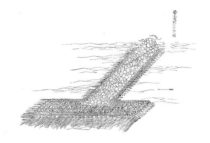

図-2 ケレップ水制[『土木工要録』から]

木曽三川が完全に分離してからは、洪水の死者は30分の1以下に、流失崩壊家屋は約50分の1に激減した。

分離後の舟運を守るため閘門を設置

分離されて水位差のある木曽川と長良川の間を船が航行するために明治35年、当初の計画にはなかった船頭平閘門が造られた。舟運の要衝・桑名などが三川分離による航路の遮断に際し、閘門建設を請願した。閘室の有効長36.58m、幅5.48m、低水深1.52mの閘門は、内務省技師、青木良三郎の設計である。従来の木製扉にかわる鋼製扉をもち、また閘門の両側にそれぞれ2組の合掌扉（扉は計8枚）を備える複閘式閘門として設計された。木曽川と長良川は水位が互いに変動する。水位が高い方へ、とがった合掌部が向くように設計し

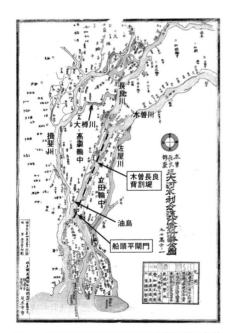

図-1 明治21年に市販された改修計画図に加筆

写真-2 今も現役の船頭平閘門

ないと扉が開いてしまう。そのため閘門の両側に2組ずつの扉が必要となったのである。レンガや鉄など近代的な材料を使い当時最新の工法で建設された、わが国最初期の複閘式閘門として近代閘門史上貴重であることから、平成12（2000）年、船頭平閘門は国の重要文化財に指定された。

総延長66kmに及ぶケレップ水制

　デ・レーケが淀川や木曽三川などに導入したケレップ水制（35参照）は、根固めの粗朶（雑木の枝を束ねたもの）は表面積が多いため微生物がすみつき、水がゆっくりと入れ替わり自然に浄化され、魚類などの格好のすみかをつくり出す。水制上部への植生や水中植物の生育場ともなる。

　また、水の当たりが柔らかいので、コンクリートなどの根固めよりも洗掘を受けにくいという特徴がある。デ・レーケは、三川分流工事にあたって、水流を川の中央に集めて航路を確保するとともに、洪水の原因ともなっていた上流からの土砂を速やかに海に流すために水制工に力を入れた。

　当時、木曽川、長良川、揖斐川を合わせて、ケレップ水制の施工区間は96kmにわたり、施工箇所は393カ所（総延長66km）。河川構造物に投じた工事費の約20％が水制工に費やされたという。今、ケレップ水制が一番よく昔の姿をとどめているのが木曽長良背割堤周辺の木曽川右岸である。

聖者のような仕事ぶりのデ・レーケ

　地元の悲願であった三川分流を目的とする木曽川下流改修計画は、西欧の近代技術を吸収した日本人技術者も参画したが、中心となって作成したのはデ・レーケだった。しかし、デ・レーケは竣工式などの式典に

写真-3　船頭平河川公園に立つデ・レーケ像
（昭和62年建立）

も呼ばれず、完成を記念して建てられた三川分流碑にも名を刻まれていない。デ・レーケは裏方に徹し、黙々と仕事に打ち込んだという。そうした彼の人柄や見識、業績は昔も今も多くの人々を惹きつけてやまない。デ・レーケの研究家上林好之氏もその一人であり、著作『日本の川を甦らせた技師デ・レイケ』では、彼が当時の国務大臣から美濃の農民に至るまで限りない人望を集めていたこと、彼のファーストネーム・ヨハネスに因み周囲から「洗礼者ヨハネ」と呼ばれて敬愛されていたことを伝えている。

　また先ほどの中村氏も、デ・レーケの技術者としてのプライドに心を打たれると語ってくださった。

【ケレップ水制データ】
施工区間：96km　施工箇所：393か所（総延長：66km）
【船頭平閘門データ】
有効長：36.58m　幅：5.48m　低水深：1.52m
明治32年10月起工、明治35年3月竣工

取材協力：国土交通省木曽川下流河川事務所
掲載：2004年4月号

30 「東洋一の大運河」とともに近代名古屋発展を支えた：松重閘門

愛知県名古屋市

都市計画運河・中川運河と松重閘門

　慶長15（1610）年、名古屋城の築城のころに福島正則により開削されたと伝わる堀川。まず築城用資材運搬に使われ、後に租米や生活必需品などの物資輸送路として、城下町名古屋の発展に大きな役割を果たした。

　一方、明治時代に入って急速に産業が発展した名古屋は、明治20年代に旧国鉄東海道本線・中央本線・関西本線が乗り入れ、鉄道交通の一大中心地となった。その後、明治後期に名古屋港が開港。港と鉄道を結ぶ運河建設計画が幾度か浮上しては消えた。大正9（1920）年に日本に初めて近代的都市計画法が施行されると、大正13（1924）年、中川、荒子川、山崎川、大江川を都市計画運河として開発することを決定。江戸時代から物流の中心となっていた堀川とあわせて「五大運河」とし、それらを連結して名古屋港から内陸へ放射状に広がる運河ネットワークを形成することを計画した。

　名古屋港と旧国鉄笹島貨物駅をつなぐ最重要幹線として、都市計画決定されたのが中川運河である。旧中川の河道を利用するもので、現在のJR名古屋駅付近から名古屋港へ南下する人工水路である。今のナゴヤ球場の北で幹線から分かれて東へ向かう東支線が、約2mの水位差がある堀川と合流する地点につくられたのが松重閘門だ。

「東洋一の大運河」誕生

　中川運河建設の特徴は、単に運河を開削するだけでなく、物揚場（船荷を陸揚げ

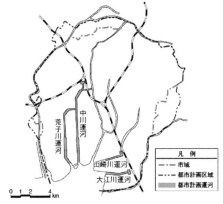

図-1　都市計画運河網図
［出典：「中川運河ガイドブック」名古屋市住宅都市局臨海開発推進室・名古屋港管理組合企画調整室発行］

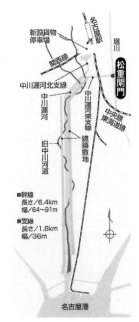

図-2　東洋一の大運河と呼ばれた中川運河概念図［「タウンリバー・中川運河」名古屋市土木局河川浄化対策室編をもとに作図］

写真-1　完成間近の中川運河

する場所)、倉庫敷地のほか、運河両側の幹線道路2本および連絡道路9本の新設、最大幅375mに及ぶ運河沿いの約100万m²の工場敷地造成などを、総延長約8.2km、最大幅員91mの運河と同時に整備したことだった。運河の掘削土は現在の10t積みダンプカーで41万台という膨大な量に及び、この土砂で沿川の低湿地を埋め、運河建設と同時に土地造成を進める大規模な工事だった。名古屋市における最初の都市計画を立案した石川榮耀(ひであき)(1893-1955)によれば、これは土地区画整理の一手法(運河土地式)として、運河開削と両岸の土地造成を同時に行うことのできる一石二鳥の方法だった。事業費の総額は約1,886万円。国家公務員の初任給をもとに現在価値に換算すると、およそ400～500億円に当たるという。

中川運河は大正15(1926)年起工。昭和4(1929)年には、国鉄(当時)が名古屋貨物取扱駅を運河北部の笹島に新設し、水陸交通の連携を図った。昭和5年、国鉄線路を横断するため工事が遅れていた東支線を除き竣工。松重閘門は、昭和7年に、東支線の完成と同時に開通した。

当時の新聞が「東洋一の大運河誕生」とセンセーショナルに報じるほど、中川運河の規模は大きく、また、当時はそれだけ物流において期待される運河の役割が大きかった。

鉄扉が上下に開閉するゲート

松重閘門は扉を引き上げて開閉するストニーゲートが採用された。チェーンでつり上げられていた鋼製の扉は約40tもあった。東西に2基ずつ立つ塔の高さは、水位の高い堀川側のものが約21.6m、中川側のものが約20.2mで扉の巻き上げ装置のある鉄橋を支持しており、かつて塔の中には扉を上下に動かすための釣り合い錘が下がっていた(現在は取り外されている)。開閉の動力としては電動機が用いられた。

今は埋められて公園の一部となっているが、東西2組の塔の間には幅約9m、長さ約91mの水路があった。閘室(こうしつ)と呼ばれるこの水路にいったん船を入れて東西の扉を閉め、地下の通水暗きょで給・排水をして、水位の高い堀川または水位の低い中川運河と水面の高さをそろえてから船が閘室を出ていく。

設計は、当時の名古屋市役所建築課技師の藤井信武が担当したのではないかといわれている。名古屋市役所に、当時の設計図面二十数葉が残されている。構造は鉄骨鉄筋コンクリート造だが、西欧風のデザインが施されており、エキゾチックな外観が「水

写真-2　完成間近の松重閘門 [写真(1、2とも)
提供:名古屋港管理組合]

上の貴婦人」と呼ばれ名古屋市民に愛されてきた。最上階には中世ヨーロッパの城を思わせる尖塔風の屋根をもつ見張り台がつけられており、機能一点張りでなく、まちのランドマークとしての意匠にも力を入れたことがうかがえる。

水上交通の栄光と衰退

戦後トラック輸送が盛んになるまでは、堀川、新堀川、中川運河は内陸輸送路の主役として、名古屋経済の動脈であり続けた。これらの運河なくして、名古屋の発展はありえなかったとさえいわれる。

中川運河沿いには、新しく造成された土地などに多くの工場や倉庫などが進出し、昭和10年代には運河を利用する船舶も急増した。昭和17（1942）年ころには、貨物を運ぶはしけ舟で暮らす人々が2,000世帯にも上り、昭和42年に廃止されるまで市は学齢期の子どものために水上児童寮を運営していたほどである。

中川運河の利用は戦中戦後の一時期落ち込んだものの、昭和30年前後から再び急激に伸び、東京オリンピック開催年の昭和39（1964）年に最盛期（通過船舶数は約7万5,000隻）を迎えたのち、40年代に入ると陸上輸送に押されて衰退していった。中川運河と堀川を結ぶ松重閘門を利用した多くのはしけ舟は30年代から徐々に減り始め、40年代にはほとんど姿を消したので、閘門は昭和43年から使われなくなり51年に廃止された。

堀川再生とともに生まれ変わる閘門

江戸時代から経済活動や交通に利用され、花見の名所など庶民の憩いの場でもあった堀川は、名古屋をつくった「母なる川」

写真-3　閘室は埋め立てられ周囲は公園になっている。

と呼ばれて親しまれてきた。近年は水質悪化などが進み、人々に顧みられなくなったため、名古屋市ではかつての活気や潤いを取り戻す堀川総合整備事業に取り組んでいる。そのなかで、中川運河との合流点にある松重閘門の塔のたたずまいや前面に広がる水面を活かし、船着き場や水上ステージなどを設けて、人々が憩い、集える場をつくろうという計画が進められている。

昭和51（1976）年にいったん解体されることが決まったものの、保存を求める市民の声の高まりにより解体を免れた松重閘門は、昭和61年に市指定有形文化財となり塔の周りに公園もできた。平成5（1993）年には、市の都市景観重要建築物等の指定も受けた。

そして今、近代名古屋発展と水上交通の盛衰を見守ってきた4本の塔は、堀川再生とともに未来に向けて再び新たな命を吹き込まれようとしている。

【松重閘門データ】
閘門　・有効長 90.9m　・有効幅 9.09m
塔　　鉄骨コンクリート製 4 基
　　　・高さ：21.6m（堀川側）、20.2m（中川側）
　　　ストーニー式鋼製扉使用
昭和 7 年開通

取材協力：名古屋港管理組合
掲載：2005 年 2 月号

31 当初の目的が果たせず用途を変えた：立田輪中悪水樋門

愛知県弥富市

木曽川河口の低地の暮らし

かつて木曽三川（木曽川、長良川、揖斐川）下流域のデルタ地帯に多数存在した輪中。土地を堤防で輪のように囲んだ独特な地形と、その中で暮らす住民の水防共同体が輪中である。「地上で日本一低い駅。海抜－0.93m」と書かれた看板のあるJR弥富駅から南へ直線距離で約1,400mのところに「輪中公園」がある。公園の一角に、明治35（1902）年7月に完成した立田輪中悪水樋門が保存されている。

木曽川下流部に位置していた旧立田輪中は、特に南部の地盤が低く排水に苦労した。長雨などで田が冠水すると水が引かず、水腐れを起こして収穫がほとんどない年もあったという。

同輪中は西を木曽川、東を木曽川から分岐し再び下流で木曽川に合流していた佐屋川に挟まれた南北に長い輪中だった。現在の愛西市に含まれる旧立田村、旧八開村のほぼ全域にあたる区域とその西側、現在は木曽川の河床に沈んだ区域を含み、南北約12km、東西は約3kmあった。

木曽川下流改修の遺産

輪中の中央部を北から南へ流れる鵜戸川は、江戸時代から輪中内の悪水（不要な水）を集めて、輪中の南西端の輪中堤に設けた多数の樋門から木曽川に自然排水していた。そもそも水勢の弱い輪中内の小河川から、水勢の激しい輪中外の大河川への排水は無理がある。木曽川に540mもの猿尾（水勢を弱める堤防）を突き出し本流の水圧を避けて排水したがなかなかうまくいかなかった。

明治20（1887）年、それまで下流でからみ合っていた木曽三川を人為的に分離する木曽川下流改修（明治改修。29参照）が始まった。同改修で、立田輪中の北で合流していた木曽川と長良川を分離するため、立田輪中の西側の多くの土地を削って、木曽川を拡幅。同時に、立田輪中の東を流れていた木曽川の派川佐屋川を締め切って、木曽川を本流一本にまとめることになった。このため立田輪中では、廃川となった佐屋川に排水できず、一方木曽川本流にできた頑丈な連続堤防には排水の口がなくなってしまった。

そこで前述の鵜戸川を延長する鵜戸川悪水路と、木曽川の派川、鍋田川にその水を落とす樋門築造の陳情が愛知県に出された。しかし県費の支出を断られ、農民たちは勧業銀行から7万5,000円を借入れて愛知県へ拠出し、その見返りに明治改修の付帯工事として立田輪中悪水樋門を完成させた。国家公務員給与をもとに今の貨幣価値

写真-1 立田輪中悪水樋門下流側

に換算すれば2～3億円となる自費を投じた不退転の事業だった。

立派な樋門が完成。だが‥‥

長さ25.4mの立田輪中悪水樋門は、下部が8門のアーチ状樋管を備えたレンガ積み、上部は8段の間知石（奥に行くに従い細くなっている四角錐台状の石）積み、最上部には欄干がつき、今見ても重厚さを放つ立派な造りだ。だが実際に運用してみると期待に反する結果に終わった。

同樋門は、木曽川の水位が下がる干潮時に、わずかな水位差を利用して、鍋田川に排水するものだ。完成後、樋門の木製門扉を開けて排水したが、それは一時的で鍋田川から逆流してくる水量の方が多かった。失敗の原因は、木曽川下流域の地盤沈下が年々進行し、立田輪中の田面と鍋田川の水位差が相対的に減少したこと、三川を分離したことにより、それまで長良川、揖斐川に流れ込んでいた木曽川の水位が上がったことなどにあった。

「排水」から「用水」へ

県は鍋田川への排水をあきらめ、この樋門を用水樋門として利用することにした。「逆潮用水樋門」と称し、満潮時の水位の高いときに、この樋門から鍋田川の水を引き入れ、鵜戸川を約20kmさかのぼらせて用水として使用するのである。当時は木曽川から鍋田川へ流入する水量が豊富で、比重の軽い上水はほとんど淡水だったという。立田輪中悪水樋門が用水に用いられるときは、連絡する水路の樋門を一切閉じて用水を鵜戸川上流へ遡行させた。鵜戸川は大小の樋門の操作によって、用水路となったり排水路となったりし、北へ流れたり南へ流れたりと不思議な様相を呈したという。

役割を終え、水との闘いの記念碑に

樋門を排水に利用できなくなった立田輪中では、さらに5万円以上の借金を重ね、新たな場所に排水樋門を築造したり、戦後の昭和25（1950）年には、木曽川へのポンプ排水が開始されたが性能は今ひとつ。昭和51年、平成2（1990）年と排水ポンプが増強され、人々はやっと排水の苦労から解放された。

写真-2　奥に樋門、右手に史蹟を示す碑がある輪中公園

立田輪中悪水樋門は、一時的には立田輪中だけでなく海部南部地域の広い範囲の用水確保に貢献した。しかし、時代とともに地盤沈下が進行し、鍋田川の塩分濃度が上がり取水できなくなっていった。昭和34（1959）年、ついに鍋田川が締め切られ、同樋門の役目は完全に終わった。翌年、弥富町（当時）がこの樋門の周囲を公園とし、現在は弥富市指定文化財「立田輪中人造堰樋門」として同公園内に残されている。

【立田輪中悪水樋門データ】
長さ：25.4m、水面からの高さ：8.2m、幅：9.5m
明治34年着工、明治35年完成

取材協力：弥富市歴史民俗資料館
掲載号：2008年3月

32 コンクリート工法普及への過渡期に造られた「人造石」による逆水留樋門：五六閘門

岐阜県瑞穂市

毎年のように洪水が発生した輪中地帯

濃尾平野の北西部、岐阜市と大垣市の間に位置し、東に長良川、西に揖斐川が迫る瑞穂市。そこを流れる五六川下流部の野白新田に五六閘門（牛牧閘門ともいう）がある。一般に「閘門」と呼ばれるのは高低差のある水面を船が往来するための水位調節施設だが、五六閘門は河川の逆流防止のゲートであり、本来は樋門と呼ばれるものである。

この辺りは、江戸時代には牛牧輪中、明治時代には五六輪中と呼ばれたところで、災害史上、名だたる洪水頻発地帯だった。

東高西低に傾く地盤活動により、濃尾平野西部は東部に比べてもともと洪水を受けやすい上に、長良川、揖斐川の間隔がこの辺りから狭くなっている。犀川、中川、五六川といった河川が江戸時代にはこの地域の南東部で合流して長良川に注いでおり、洪水時は長良川の水位がこれらの河川よりも高くなる。さらに北部扇状地末端からの湧水や上流の村々からの排水も流れ込み、周辺の水がすべてこの地域に集中する、といった悪条件が重なる場所であった。

江戸時代から、古地図（図-1）にあるように、比較的標高の高い北部扇状地を除いて、輪中堤をU字形に巡らせて洪水を防いできた。しかし、最も地盤が低い五六川下流地域は、増水した長良川の水が逆流し、毎年のように農地が水をかぶり満足に収穫できる年はほとんどなかったという。

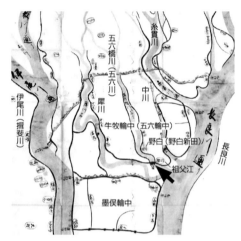

図-1　江戸後期の地図［岐阜県歴史資料館蔵資料番号 2.08-17-4］に加筆。太線が輪中堤を示す。矢印の部分に門扉とあるのが五六閘門の前身と見られる。

逆水留樋門築造を指導した川崎平右衛門

人々は、五六川両岸の築堤を再三幕府に願い出ていたが、周辺輪中の反対によって差し戻され続けていた。輪中地帯というのは、一方の輪中が堤防を高くすると、もう一方の輪中の水害の危険性が高まるといったように、利害対立を抱える場所なのである。

寛延2（1749）年、この地を治める本田代官所に着任した川崎平右衛門定孝は、現在の東京都府中市の生まれで、武蔵野新田開発や玉川上水改修で実績を挙げた人物。洪水頻発の惨状を見かね、村人に五六川の逆水留樋門の築造願いを幕府へ出させ、自ら周辺輪中の説得に動き、宝暦7（1757）年についに樋門を完成させた。その功績によって、後に、平右衛門は

地元で神として神社にまつられ、現在に至るまで、郷土の恩人として顕彰され続けている。

日本の近代化を支えた人造石工法で改築

この逆水留樋門は、完成後、木造で数回改築された後、明治40（1907）年の改築の際、恒久性のある「人造石工法」で建て替えられた。「人造石」というのは、今の愛知県碧南市（へきなん）で生まれた服部長七が、伝統的な左官技術であった「たたき」を発展させた技法で、わが国でコンクリート工法が普及する以前に、土木構造物に盛んに使われたもの。日本で初めて今日使われているポルトランドセメントの生産に成功したのは明治8（1875）年だが、高価格などによりなかなか使われなかった。土木構造物のコンクリート工法が普及するのは、明治後期になってからである。このため、大幅に安い費用でコンクリートに匹敵する堅固な構造物を建設することができた「人造石工法」が、明治政府の殖産興業政策の下で進められた、多くの近代的土木工事を支えたのである。人造石については「09 明治用水」参照。

岐阜県で希少な人造石構造物

五六閘門は、2連アーチの下流側に2組の観音開きの鉄扉（てっぴ）が取り付けられている。蝶番（ちょうつがい）を支点にして自由に開閉するこの鉄扉は、上流から水が流れている時は開いているが、下流側から水が逆流してくるとその水圧で自動的に閉まるようになっている。昭和51（1976）年9月12日の大水害の折、この扉が自動的に閉じ、逆流を防いだことが付近の住民により確認された。

現在では、近年の河川改修と排水機場の整備によって、五六閘門は必要とされな

写真-1　五六閘門の刻銘。石と石が接していないことが人造石の特徴

写真-2　五六閘門とびら。水圧で自動的に閉じる鉄扉

くなっている。しかし、今のところ岐阜県内で確認されている人造石の構造物は、この五六閘門と天王川伏越樋（ふせこしひ）（瑞穂市）のみだという。岐阜産業遺産調査研究会の高橋伊佐夫氏らは、「ぜひ五六閘門の歴史的な価値を知って欲しい」と保存の呼びかけを続けている。

【五六閘門データ】
・幅：12m　・高さ：9m（平時の水面からの高さ）
（高橋伊佐夫氏の採寸による）
明治40年完成（人造石で改築）

取材協力：高橋伊佐夫氏（岐阜産業遺産調査研究会、産業考古学会、中部産業遺産研究会）、岐阜県歴史資料館
掲載号：2005年10月

33 木曽三川改修の歴史を秘める：忠節の特殊堤

岐阜県岐阜市

木曽三川の明治改修と大正改修

木曽三川（木曽川、長良川、揖斐川）はそれぞれの源流は離れているが、中・下流域ではほぼ平行して流れ、ほぼ同一地点で伊勢湾に注ぐ。かつては、それぞれが接近、合流を繰り返し、三川とこれらをつなぐ支派川が網目のようにからみ合い、頻繁に氾濫を起こしていた。明治20（1887）年に始まった国家的プロジェクト「木曽川下流改修（明治改修・29参照）」により、明治33年に江戸期以来の悲願であった三川分流に成功。木曽三川の河道がほぼ現在の姿に改修され、洪水は激減した。

この明治改修により、下流部では統一的な計画による治水工事が行われたが、その改修区域より上流部では旧態のままの堤防が残され、破堤、溢水を繰り返していた。このため大正10（1921）年に、明治改修区域より上流の木曽三川の河道と、薮川（元根尾川）及び牧田川を対象とする「木曽川上流改修（大正改修）」が始まった。

大正改修で造られた忠節の特殊堤

大正改修のうち長良川については、主として在来堤防の拡築、派川古川、古々川の締め切り、川幅の拡大、河状整理、各付帯工事が行われた。この「大正改修」で岐阜市の市街地に接する長良川左岸に、昭和8（1933）年から同15年にかけて造られたのが「忠節の特殊堤」である。金華山の裾を洗うあたりの長良川は、長良橋より下流が昭和初頭まで古川、古々川、現

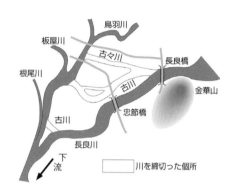

図-1 長良川の河道整理の概念図

長良川の3本の川に分かれていた。これらの河川に挟まれた場所に形成されていた輪中では、頻発する洪水に悩む人々が、河川の一本化や河道の整理をかねてより郡や県に願い出ていた。

古川、古々川の締切工事は昭和14（1939）年に完了。河道を現在の長良川一本にまとめるために、長良川本川の川幅の拡大、堤防の増強などを実施。長良川右岸の工事は、平均して約100m堤防を陸側へ下げ、堤防自体も大幅に拡大した。

一方、左岸側の忠節橋から上流金華山に至る延長約2,400mの区間は、破堤すれば氾濫区域は、現在の岐阜市中心街に当たる加納輪中の約4,000haを水没させる治水上重要な場所だった。このうち忠節橋から上流1,000m余りの区域は人口が集中する市街地で、堤防に沿って家屋が連続しているため陸側への堤防拡築が難しかった。また、川の流心が左岸側に寄っているため水深が深く、川側への堤防拡築もできない。

そこで採用されたのが「特殊堤」だった。

特殊堤とは

　一般に、堤防は土で造る。しかし、土の堤防は敷幅（底面の奥行）を大きくするため、市街地の土地買収、重要施設や多数の家屋の移転などが必要となることがある。それらがうまくいかない時には、やむを得ず土で造る代わりに、コンクリートや石材を使って小さい断面の堤防を造り、堤防の敷幅を狭くすることがある。このような一般的でない堤防を特殊堤という。この区域でも、用地折衝がまとまらず、さらに築堤土砂が付近の河川敷になく遠距離の運搬になるため、工費の面でも特殊堤が有利だった。忠節の特殊堤は、鉄筋コンクリートの基礎ぐいの上に、玉石入りコンクリートの護岸本体が築造され、川側は石の間をコンクリートで充填した練玉石張りである。

　堤防上部は観光都市としての景観に配慮して、川が見えるつくりとされた。「角落」構造が採用され、出水時に溢流のおそれがあるときは、両側の柱にある縦溝に畳をはめ込んで水があふれるのを防ぐしくみ。同時に歩道用の欄干（てすり）の機能もかねる。

かつての河原に「世界イベント村ぎふ」

　古川、古々川を締め切った後の河原に生まれた土地には、太平洋戦争後次々に学校が建ち、住宅街が整備され、昭和63（1988）年には「ぎふ中部未来博」の主会場となり、ついで、平成7（1995）年には建築家・安藤忠雄氏による長良川国際会議場が完成。現在はコンベンション施設、ホール、展示場、スポーツ施設などが集積する「世界イベント村ぎふ」として多くの人々に利用されている。忠節の特殊堤は、こうし

写真-1　川表から見た特殊堤

写真-2　古川、古々川締切り前の長良橋付近
［『岐阜市並びに養老公園名所絵葉書集』岐阜県図書館蔵より］

写真-3　現在の長良橋付近［写真提供：岐阜市］

た地図を描き換えさせるような河川改修の歴史を秘めている。

【忠節の特殊堤（護岸本体）データ】
・延長：約1,000m　・高さ：5.1m（計画高水位以上1.0m）
・上部手すり（角落構造）の高さ：1.5m
昭和8年着工、昭和15年完成

取材協力：国土交通省木曽川上流河川事務所
掲載：2008年1月

34 庄内川に現存する希少な人造石樋門：庄内用水元杁(もといり)

愛知県名古屋市守山区

尾張六大用水の一つ、庄内用水

庄内川は、岐阜県恵那市山岡町の夕立山に源を発し、名古屋市北部の枇杷島橋(びわじま)あたりから名古屋市を取り囲むように南下して伊勢湾に注ぐ、流路延長96km、流域面積1,010km²の一級河川である。

流域は庄内川によって運ばれた土砂により形成された肥沃な大地で、弥生時代から稲作が行われたことを示す遺跡も出土している。戦国時代には、各地の領主が稲作農業を支える用水の整備に力を入れた。庄内用水は元亀・天正年間（1570-1592）に開削されたと伝えられ、庄内川左岸の広大な地域をかんがいし、尾張六大用水の一つに挙げられるほどの重要な用水だった。用水の支川には大小の水路が網の目のようにはりめぐらされ、多くの田畑を潤した。

庄内川からの取水施設（定井(じょうい)）は、慶長19（1614）年、稲生村（名古屋市西区）に造られたのが最初で、その後、江戸から明治にかけて、取水施設や流路変更、木曽川の水を引く木津・新木津用水からの助水、新田干拓に伴う水路延長などが行われた。

明治10（1877）年に行われた黒川（現・堀川）の開削は、庄内用水の流路を大きく変えた。新木津用水（現・八田川）と庄内川の合流点付近で取水し、矢田川の下を伏越(ふせこし)（サイフォン）で越えて、庄内用水、黒川、御用水（名古屋城内で使う用水、1663年開削）に分流された後、稲生村の従来の水路に接続する現在のかたちが、この時に造られた。

最盛期の明治32（1899）年には約3,900haの田畑を潤したが、戦後の高度成長とともに77ha（昭和62年時）に減少した。現在は工業用水にも利用され、名古屋市内最大の用水である。

庄内用水は舟運にも利用された。犬山と名古屋を結ぶ交通の要衝で、庄内川から元杁樋門を通り、堀川を経て名古屋の中心部まで、さかんに船が行き来した。

図-1 庄内用水の経路とかんがい区域。水路総延長28km。かんがい区域：名古屋市西区、中村区、中川区、港区
「タウンリバー庄内用水」より

庄内用水元杁とは

庄内川流域の肥沃な大地では、農業に必要な水の確保と維持管理に多大な努力が積み重ねられ、取水施設も時代に合わせて優れた技術が投入された。

庄内用水元杁は川から取水するための取水口で、洪水の際にも壊れないよう堅い人造石を一部に使用しており、ほぼ100年の歳月を経た今も、完成当時の姿をそのままにとどめている。

写真-2 かつて舟運に使用されていたゲート操作部

写真-1 「庄内用水元杁 明治四十三年五月改築」の銘板がはめ込まれた人造石の目地

樋門は、幅約2.1m、高さ3.15m、長さ29.8m、切石積のアーチ型、門扉は堤内と堤外の両側に設置され、上部は観音開き、下部は上下の引戸になっており、樋門トンネル内部には、船頭が鎖を引いて船を進めるための通船鎖が残されている。

コンクリートに匹敵する堅さの人造石

川から取水するための樋門は、明治末期までは木製のため腐食しやすく、度々改築されていた。文明開化とともに輸入されたセメントは、高価で入手が困難なため、考案されたのが人造石（09参照）である。日本の伝統的な左官技術である「たたき」を改良したことから名付けられた人造石は、安い費用でコンクリートに匹敵する堅固な構造物を建設することができたため、その後の土木工事に一大転換をもたらした。

庄内川では明治41（1908）年、三間樋に初めて人造石が採用された。43年の元杁樋門改築では樋門自体は石積構造で一部に人造石を採用し、44年の矢田川伏越は樋管自体が人造石で造られた。

このうち、現存するのは庄内用水元杁だけである。これは産業考古学会などから市長あてに、明治時代の舟運や水利・土木技術を伝える貴重な遺産として、現状保存するよう陳情が出されたことによる。その後、平成27年12月、土木学会推奨土木遺産に認定された。

昭和63（1988）年に、従来の元杁樋門を残した形で新樋門が完成し、機能的には新樋門にその役割を譲っている。

現在、庄内用水沿いの道は散策路として整備され、庄内用水元杁は、守山区の史跡散策路「善光寺街道と水屋めぐり」のコースになっている。

取材協力・写真提供：名古屋市緑政土木局河川計画課、守山区役所地域力推進室
掲載：2009年6月号

35 淀川大改修の遺構から生まれた生きもののオアシス：淀川ケレップ水制（城北ワンド群）

大阪府大阪市旭区

豊かな自然が広がる城北ワンド群

　大阪市北東部（旭区）を流れる淀川の城北公園付近の河川敷には、無数の小さな池が入り組む独特な景観が広がっている。淀川改修工事の際に造られた「ケレップ水制」（29参照）に土砂が堆積して入り江状になったもので、城北ワンド群と呼ばれている。ワンド（本流脇のよどみ）は大小合わせて100以上、主なものは約40カ所に上る。普段は水の流れていないワンドは、増水時には水流の変化で川底が浄化されるため、川底の粗朶の枝や石の間は「生きもののゆりかご」になり、水際を好む草木が生い茂り、在来魚の産卵・繁殖に適した環境が保たれている。

　船の安全な航行を確保するために設置された日本最初のオランダ水制工は、百数十年という歳月を経て、多様な生きものの宝庫としての水環境を生み出した。淀川の自然が最もよく残る自然生態保全地区として、土木学会の「日本の近代土木遺産」に選定されている。

ワンドは淀川改修から生まれた

　淀川改修は、仁徳天皇の時代（430年頃）から記録が残り、その後、豊臣秀吉や河村瑞賢らにより、たびたび堤防の築造や河川の付替工事などが行われ、淀川はその都度、少しずつ姿を変えてきた。

　明治に入ると、内外貿易振興のため大阪河口に港をつくり、京都伏見まで蒸気船を通そうとの気運が高まった。新政府は明治5年から6年にかけて、河川技術に長けたオランダから技師を招聘。明治6年、ヨハネス・デ・レーケら3工師と共に粗朶工工師が来日、デ・レーケは淀川河川工事の一切を任された。

日本初の近代的淀川修築（低水）工事

　大阪から伏見まで蒸気船が運行するには水深約1.5mの水路が必要だが、当時、淀川下流部は洪水のたびに土砂が堆積し、水深1尺（30cm）にも満たない所があった。このため、粗朶沈床で低水路を整正し、水の流れを低水路に集め、流砂の停滞を少なくする必要があり、岸から川に向けてT字型の石積みを突き出すケレップ水制工事が行われた。淀川の両岸に140基を設置した結果、流れが停滞しなくなり、淀川低水路が完成すると、百石積の大きな船でも淀川を自由に航行できるようになった。

　ケレップ水制は、岸から川へ垂直に突き出した形をしている。木の小枝や下草を使っ

写真-1　粗朶沈床水制の組立作業［国土交通省淀川資料館所蔵］

て大きなマットをつくり（粗朶沈床工）、それを何重にも積み重ねて大きな石で川の底に沈めたもので、水制に囲まれた場所には土砂がたまり、水際を好む木や草が生え、現在のワンドの原形が出来た。ケレップ水制は、淀川の上流に向かって昭和初期まで造り続けられた。

有史以来の大放水路：沖野忠雄による淀川改良工事

その後、淀川では明治18（1885）年の淀川大洪水、明治22年、同29年と水害が頻発し、さらなる洪水防止のための大改修が必要になった。淀川改良工事（直轄改修）は明治30年に開始され、明治43年完成した。

淀川改良工事は、フランスへ留学して土木技術を学び内務省土木局に入った沖野忠雄技師（1854-1921）を中心に行われた。わが国の技術者によって計画、施工されたこと、淀川の特性と高度に開発された沿岸、流域の事情をふまえ、歴史的な対立を含む上・下流の水害を解決したことに大きな意義がある。多くの目的を同時に達成するための着想の卓抜さ、計画の精緻、規模の雄大さにおいて、比類のないものであった（『淀川百年史』）。

沖野忠雄は、多くの土木事業の中でも、とりわけ淀川の改修工事と大阪築港事業に心血を注いだ。欧州から掘削機や浚渫船を輸入して、機械による近代的な工事を実施して能率を高め、またコンクリートブロックの製造法を確立して工事に取り入れるなど、新しい技術の導入を積極的に行った。日本の近代治水港湾の先駆者といわれ、日本全国の河川改修に貢献した人物として、多くの人々から崇敬されている。

この豊かな環境をいつまでも

時代とともに舟運が衰退し、航路の必要性がなくなった淀川は、その後の高度成長とともに、治水目的のため川幅が広げられて、現在の形状になった。

その結果、多様な水環境が失われ、ワンドには水が滞留して水質が悪化した。外来植物のボタンウキクサや南米原産の水草が繁茂するようになり、魚類では外来種のブルーギルやオオクチバスが増え、国の天然記念物・イタセンパラは平成13年度の7,839匹をピークに年々減少し、平成18年度以降は、確認されていない（「イタセンパラ仔稚魚調査・城北地区」）。

写真-2　市民のいこいの場、城北公園

淀川では、イタセンパラをシンボルにして、瀬と淵のある、生き物にとってすみやすい河川環境を取り戻そうと、ワンドを増やす取り組みや淀川水系を守るためのさまざまな活動が行われている。

取材協力・資料・写真提供：国土交通省淀川資料館
掲載：2008年10月号

36 沿岸住民の悲願。治水の要：南郷洗堰

滋賀県大津市

古くから試みられた琵琶湖の治水

琵琶湖の唯一の自然流出河川、瀬田川は京都府に入ると宇治川と呼ばれ、京都盆地の南西部で桂川と木津川をあわせて淀川となり、大阪湾に注ぐ。琵琶湖は昔から大雨が降るたびに水害を引き起こしてきた。流入河川は約120本もあるのに、流れ出る河川は瀬田川1本しかないためである。かつての瀬田川は琵琶湖の出口から約5km下流の南郷付近で大日山がせり出して川幅が狭かった。その上、滋賀県大津市南部の田上山は奈良・平安時代から建築用材を切り出されて荒れ果て、そこから多量の土砂が流出し瀬田川の河床を上昇させていた。

琵琶湖の治水の歴史は古い。奈良時代の僧行基が大日山を切り取って川の疎通をよくし、琵琶湖の水位を下げる構想を打ち出したが、下流の氾濫を恐れて計画を断念したという。平清盛、豊臣秀吉、徳川家綱なども治水策を練り、清盛や秀吉は琵琶湖の水を日本海の敦賀湾に流す試みまでしたそうだ。

写真-2 かつての南郷洗堰　[写真：土木学会附属土木図書館蔵]

江戸時代には、沿岸住民はたえず幕府に瀬田川の浚渫を願い出たがなかなか聞き入れられなかった。南郷付近は唯一徒歩で渡れる地点であることや、彦根城、膳所城の堀の水位が下がるという軍事上の理由と、下流の淀川の氾濫を恐れたからという。江戸時代に認められたある程度規模の大きな浚渫は数回にすぎなかった。

淀川の総合的な治水のなかで実った悲願

明治に入っても湖岸の住民の願いはなかなか実らなかった。大越亨滋賀県知事は地元住民の意向を汲み、内務大臣へ必死の瀬田川改修上申を行ったが、下流地域での浚渫反対運動もあり、明治26（1893）年の部分的な工事しか許されなかった。幾世紀にもわたって持ち越された治水への悲願は、明治18年、29年と全国的規模で起こった大水害を契機に成立した、明治29年の旧河川法による国の直轄事業として始まった淀川改良工事（38参照）のなかでやっと実ることになる。

写真-1 洗堰の右岸側残存部から、明治34年に初めて切り取られた大日山を望む。

淀川改良工事は、デ・レーケの構想をもとに第4区（大阪、後に第5区と改称）土木監督署長・沖野忠雄が中心となって立案したもの。河川を局所的にとらえるのではなく、琵琶湖沿岸までを含めた上流から淀川河口までを総合的にとらえる、水系一貫の考え方が初めて導入された。このなかで、瀬田川の浚渫と旧瀬田川洗堰の設置が行われ、南郷にあるので南郷洗堰と呼ばれた。南郷洗堰は明治34（1901）年に着工、同37年に完成した。

琵琶湖・淀川の水位を調節する南郷洗堰

淀川改良工事では琵琶湖の出口から約5.45kmの間の川幅を約109mに広げるなど、瀬田川の拡幅と浚渫を行った。南郷洗堰は、拡幅と浚渫で従来の2倍の疎通能力をもつようになった瀬田川の流量を調節して、琵琶湖の洪水を防止し、また下流淀川の洪水をも防止するという極めて重要な役目をもつ。洗堰の操作によって湖面の在来水位を約91cm下げて水位上昇に余裕をもたせるという計画のもと、堰の操作により洪水や、減水時間を短縮して被害を防止する。

洪水時には、淀川はおもに宇治川、木津川、桂川（特に木津川）の増水に影響され水位が上昇する。琵琶湖は湖面が広く水位上昇が緩やかであるため、その間、堰を閉めて放流を抑える。琵琶湖の水位が最高になるころは淀川本川の水位がピークを過ぎているので、堰を開けて琵琶湖の水位を下げる。こうして洗堰の完成で琵琶湖と淀川の両方の水位を調節することができるようになった。

南郷洗堰は、堰柱、堰壁をレンガと花崗岩で構築したコンクリート造、河川を横断する堰堤長が約172.7m、幅約3.6mの水通しが32門あり、戦前期最大とされる洗堰

写真-3 人力による堰の開閉作業の模型

である。長さ約4.2m、24cm角の木材を、人力によるウインチ操作で上下させて開閉した。全閉時には1門につき角材を16段入れるので32門で計512本。堰の全開にまる1日、全閉にはまる2日を要した。

洗堰の完成で琵琶湖の洪水被害は著しく軽減されたけれども、開閉に長時間かかるために、きめ細かい水量調節ができないことが難点だった。完成から56年後の昭和36（1961）年、約120m下流に電力遠隔自動制御で約30分で開閉できる新しい瀬田川洗堰ができ、旧洗堰は役割を終えた。現在左岸に6門残存する堰の目の前には、琵琶湖・淀川の自然・治水・利水についての学習施設「水のめぐみ館"アクア琵琶"」がある。同館には南郷洗堰の一部分の実物大模型が展示され、労苦を強いた堰の開閉作業の様子が再現されている。

【南郷洗堰データ（撤去前）】
堰堤長：約172.7m
水通部：32門　・幅：約3.6m
堰柱（31本）・幅：約1.8m　・高さ：約5.9m
基礎：固い粘土層の上にコンクリート，
明治34年着工、明治37年完成

取材協力：国土交通省琵琶湖河川事務所
掲載：2004年12月号

37 地域の歴史資産として生きた保全を実現：三栖閘門・三栖洗堰

京都府京都市伏見区

秀吉以来の舟運維持のため造られた閘門

三栖閘門・三栖洗堰は、京都市伏見区内を流れる濠川と、淀川の上流・宇治川との合流点にある。文禄3（1594）年に秀吉が伏見城を築き城下町を整備した際、宇治川から取水した人工の派川が濠川で、伏見城の外堀の役を果たした。秀吉は築城に合わせて宇治川の流路変更や伏見港の築造も行った。

慶長16〜19（1611-14）年、京都の有力豪商の角倉了以が高瀬川を開削し伏見と洛中が結ばれると、大阪〜京都間の舟運の中継地・伏見港はなお一層繁栄。天保年間（1830-1844）、伏見港の船は三十石船や二十石船、あるいは高瀬舟、伏見船などを合わせて1,600隻を数えたという。明治期においても、琵琶湖疏水による鴨川運河の開通（1894年）で京都〜大阪間の重要な河港として発展した。

明治43（1910）年に淀川改良工事（38参照）が完成してから7年後、大正6年に台風豪雨による洪水で、淀川右岸は淀川河口まで二十数kmにわたって水没するという事態が起こった。

写真-2　現在の三栖洗堰。後方には三栖閘門を望む。

写真-1　竣功間もない三栖閘門と三栖洗堰（左）
［写真提供：国土交通省淀川資料館］

再改修の必要性を感じた政府は、大正7（1918）年から淀川改修増補工事に着手。この工事の中で、それまで舟運を維持するために無堤であった宇治川右岸の観月橋から三栖にかけて堤防を築き、濠川沿いの伏見港を堤内（堤防より市街地側）に引き入れた。このため、宇治川と内陸側の濠川が分断され水位差が生じたので、そこに船を通すために三栖閘門（昭和4年完成）を設けた。工期約3年を要した同閘門の建設は、淀川改修増補工事の中で最も大規模な工事であったとされる。船を入れる閘室は長さ73m、幅11mで、松重閘門（30参照）と同様、引き上げ式の鋼製ストーニーゲートを採用している。三栖洗堰（昭和3年完成）は宇治川の水位低下に濠川が影響されず、また、宇治川洪水の逆流を防ぐために設けられた。

三栖閘門は、完成当初は石炭などを積んだ船が年間2万隻以上通航したという。かつての和船に代わって、外輪蒸気船なども航行していた。その後、淀川舟運による貨物輸送は、陸上輸送が発達するとともに減

少し、昭和 37（1962）年に途絶。さらに洪水を防ぐための宇治川改修や天ヶ瀬ダムの完成（昭和 39 年）によって宇治川の水位が低下し、昭和 43 年、伏見港が埋め立てられ三栖閘門はその役割を終えた。

世界水フォーラム京都開催時に整備

平成 12（2000）年、施設の管理者である国土交通省近畿地方整備局淀川河川事務所は、完成から 70 年余りを経て老朽化した三栖閘門の維持管理計画を学識経験者や有識者、地元観光協会、京都府、京都市の関係者などの協力でまとめた。この計画に沿って、同事務所は閘門としての役目を終えた三栖閘門の堤防としての機能強化を図った上で、一時は水が抜かれていた閘室に濠川の流水を引き込み、船が進入できるようにした。また、宇治川側の後扉室は展望塔に改造し、門扉の巻上機械が載っていた作業ブリッジを展望台として一般に開放している。

さらに、旧操作室は、レトロな外観を復元して、三栖閘門資料館として公開した。これらの施設の周りの空間も、市民が自由に利用できる「伏見みなと広場」として整備した。整備は、世界水フォーラムの京都開催（平成 15 年 3 月）に合わせて行われた。

閘門の生きた活用を地元住民主導で

平成 10（1998）年から、濠川で定期運航されている観光船が、今、三栖閘門の船着場に立ち寄るようになっている。かつて淀川を往来していた歴史に名高い三十石船にちなんで「十石舟」と名付けられた小型の和船である。平成 6 年の伏見開港 400 年祭の折に、伏見観光協会や地元住民の手で三十石船を模して復元されたものだ。

図-1　三栖閘門、三栖洗堰位置図

十石舟は乗船場を出航した後、濠川の流れに沿って幕末の寺田屋騒動で知られる船宿寺田屋を後にして三栖閘門へ向かう。閘門内の桟橋へ降りた乗船客は、三栖閘門資料館や展望台などを見学した後、再び船に揺られ初めの乗船場へ戻っていく。

これらの観光和船の運行は、平成 14 年から「伏見夢工房」というまちづくり会社が行った。同社は平成 12 年に、伏見地区が中心市街地活性化法の京都市第 1 号に指定されたことを受けて、平成 14 年に地元の商店街や企業など 55 団体、京都市などが出資して設立。平成 24 年、10 年間のまちづくり活動の役割を終え、観光和船の運行ほか様々な事業を NPO 法人伏見観光協会へ引継ぎ解散した。

【三栖閘門データ】
塔：鉄筋コンクリート造・鋼製ストーニーゲート
　　高さ：16.6 m　長さ：3.0 m　幅：3.0 m
閘門 ・有効長：83.0m
　　・閘室長：73.0 m　・閘室幅：11.0 m
昭和 4 年 3 月竣工

取材協力：伏見夢工房（当時）、三栖閘門資料館
掲載：2005 年 4 月号

38 明治期の淀川大改修を今に伝える遺産：
毛馬洗堰と毛馬第一閘門

大阪府大阪市（国指定重要文化財）

淀川改修の歴史が刻まれている毛馬

与謝蕪村が生まれた毛馬。今、生誕地は新淀川の河川敷に埋もれ、記念碑だけが新淀川と旧淀川（大川）の分派する辺りに立っている。毛馬で大川と分かれ、まっすぐに大阪湾に注ぐ現在の淀川は明治期に人工的に掘られた放水路である。

毛馬の洗堰と第一閘門（11年後に第二閘門ができたためこう呼ばれる）は旧淀川（大川）と新淀川の分岐点で大阪市北区にある。いずれも淀川の放水路（現在の淀川）の開削に伴って明治期に生まれ、昭和49（1974）年に通水した新しい毛馬水門と毛馬閘門（同51年供用開始）の誕生とともにその役割を終えている。かつては水に洗われていた要所に石材を使ったレンガ積みの洗堰や第一閘門の躯体は、今はしっとりとした古色を帯びて、周囲の緑に溶け込んでいる。洗堰、第一閘門のかたわらには、「淀川改修紀功碑」や淀川改良工事の功労者「沖野忠雄像」が立つ。

お雇い外国人による淀川近代改修の曙

明治以前の淀川は、記録によれば4～5年に一度は洪水に見舞われていたようだ。洪水で上流からの土砂が溜まった淀川下流の平時の水深は40cm余りしかなかったという。にもかかわらず、上下流を利害の異なる諸藩が治める幕藩時代には、小手先だけの河川改修に終始するほかはなかった。重要な舟運路確保のため、堆砂の浚渫が繰り返された。

明治になると、デ・レーケ（29参照）ら、政府が治水先進国オランダから招いたお雇い外国人たちによって淀川の近代改修が始まる。明治6（1873）年に来日したデ・レーケは30年もの間日本にとどまり、日本の治水に力を注いだ。デ・レーケの足跡が残る

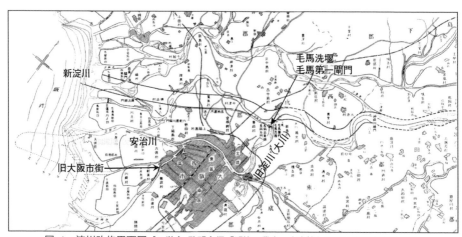

図-1　淀川改修平面図［工学会・啓明会編『明治工業史　土木篇』昭和4年工学会刊所収、土木学会附属土木図書館蔵］に加筆

写真-1　毛馬の洗堰残存部

河川は数多いが、なかでも、淀川水系とデ・レーケの関わりは切り離せない。

大阪港築港から始まった淀川改修への道

明治維新後、大阪港はいち早く外国船に開港したが、度重なる洪水の土砂が堆積して遠浅となり、港の機能を果たせなくなっていた。繁栄を新興の神戸港に奪われつつあった衰勢挽回策として、安治川河口に一大築港を成そうとの気運が高まり、その設計にデ・レーケらオランダ工師があてられた。デ・レーケが明治20（1887）年に内務省土木局長に提出した「大阪築港並ニ淀川洪水通路改修計画」は、淀川の抜本的改修なくして大阪港築港はあり得ないという内容だった。淀川の洪水を新放水路を設けて築港箇所から離さなければ、堆砂により港湾の機能が維持できないというのである。

当初、大阪港築港事業に付随して考えられた淀川改修だったが、明治18（1885）年、22年、29年の大水害を契機に、築港より洪水防除を優先すべきであるという世論が沸騰した。18年の水害では大阪市の大部分が泥海と化し、被災人口は約27万6,000人に上った。世論を受けて腰を上げた政府が、まず工事を容易にするために必要であるとして行ったのが明治29年の旧河川法の制定である。続いて国会を通過した淀川改修案により、同年度に「淀川改良工事」が始まった。

デ・レーケの構想を踏襲した沖野忠雄案

世論の盛り上がりを背景に、デ・レーケとは別に国から淀川治水策の調査・計画を命じられていた当時の第四区土木監督所所長の沖野忠雄（1854-1921）は、明治27（1894）年、「淀川洪水防御工事計画意見書」を内務大臣井上馨に提出した。同計画は若干の修正を経た後、国直轄事業「淀川改良工事」として承認。明治29年6月、内務大臣板垣退助より工事が告示され、沖野の指揮監督のもとで実施されることになった。

この事業には、局所的な河川工事ではなく、河川を上流から河口まで総合的にとらえる近代的な河川改修の考え方が、わが国で初めて盛り込まれた。①琵琶湖から流れ出る瀬田川の疎通力を増すための浚渫や、琵琶湖の水位調節を行うための南郷洗堰の設置、②桂川、宇治川、木津川が合流して淀川となる合流部の河道整理および宇治川と宇治川南部にあった巨椋池（現在は埋め立てられ存在しない）の分離、③淀川本川枚方地点における計画高水流量を毎秒5,560m³とし、八幡〜佐太間の淀川中流部を川幅550m以上、平均水深4.5〜5.0mとすることなどを含む、上下流の総合的な改修であった。

なかでも最も重要な工事が、④毛馬付近で旧淀川（大川）を締切り、旧中津川沿いに放水路として新たな淀川本流（新淀川）を開削することだった。放水路を開削して淀川の洪水を速やかに海へ流し、大阪市街と旧淀川河口の港へは入れないという構想はデ・レーケ案を踏襲したもの。淀川本流で

写真-2 右は毛馬洗堰、中央は毛馬第一閘門 [『大阪府写真帖』大正3年大阪府刊より。国会図書館蔵]

はなく派流となった大川は大阪中心部へ至る運河として残され、新淀川との分派点に明治43 (1910) 年、毛馬洗堰が造られた。毛馬洗堰は角落とし板の着脱によって大阪市内に流入する大川の水量を調節し、大量の土砂や洪水が大阪市の中心部へ流入することを防ぐ施設だ。今は写真-1のように3門を残すのみだが幅3.64mの水通しは当初10門あった。

一方、新淀川とそれより水位が低い大川との間を船が通過するため、水位差を調整する毛馬第一閘門が明治40年に造られた。従来の淀川上流から大川を経由し大阪市内、大阪港を結ぶ舟運路を守るためである。

これら洗堰、第一閘門は国の重要文化財に指定されている。淀川を根本から変えた画期的な治水事業の代表的遺構として、近代河川史上、高い価値がある。

大型建設機械導入の工事は日本初

淀川改良工事は、浚渫土量529万m³ (150万坪) に達する大土木工事であり、掘削機、土運列車、浚渫船など大型土工機械が使用された、わが国初の土木工事であった。当時わが国では掘削機械、浚渫船などは製造されておらず、これらを海外から購入するために、政府は土木技師や機械技師らを明治29年11月から1年間欧米各国へ派遣。欧米先進国の土木工事の状況

写真-3 掘削機 (ラダーエキスカベータ) [『淀川百年史』より。国土交通省淀川資料館蔵]

を視察させ、機械を買い付けさせた。仏国製の掘削機 (ラダーエキスカベータ) や土運車両、ドイツ製の浚渫船や土運船、英国製の機関車などを輸入して利用した。

反面、人力に頼るところも多かった。淀川沿岸の農民たちは、男は「トロ押し」、女は「千本づき」という堤防締め固めに活躍した。千本づきは新しく土を盛った堤防上に2～3列縦隊に並び、木製の杵で土を突き、さらに足で踏み固める工法であった。

【毛馬第一閘門データ】
レンガ造　・全長：105.80m　・閘室長：75.38m
・閘室幅：11.35m　・鋼合掌扉2組
竣工：明治40年
【毛馬洗堰データ (創建時)】
レンガ造、石張水切
・全長：53.30m　・水通10門 (うち現在は3門が残存)
データは「土木学会選奨土木遺産解説シート」から
竣功：明治43年
取材協力：国土交通省淀川河川事務所
掲載：2004年2月号

3.9 「グレートオオサカ」と呼ばれた時代・中之島界隈の河川を浄化：旧堂島川可動堰（水晶橋）

大阪府大阪市

縦横に走る人工河川が支えた繁栄

古くは仁徳朝や桓武朝のころの河川開削、豊臣時代の「東横堀川」の開削、江戸初期の「道頓堀川」開削など、大阪には多くの人工河川が造られた。特に、豊臣、徳川時代には縦横に堀川が開削され、全市街が船場として機能するような街づくりが行われた。これが大阪を「天下の台所」として繁栄させる基盤となった。

繁栄はその後も続き、大正末期から昭和初頭の大阪は東京をしのぐ大都会で、「大大阪」「グレートオオサカ」などと呼ばれた。繁栄を支えた堀川は、戦後のモータリゼーションの流れや地盤沈下による高潮被害などのために埋め立てられ、多くは道路や公共用地などに変わったが、今も「水都・大阪」の面影を色濃く残すのは中之島界隈であろう。

写真-1 セーヌ川のシテ島になぞらえられた中之島に面して建設中の旧堂島川可動堰（写真右下）[『大阪市産業大観』昭和4年刊より]

改修で洪水は遠のくも水位低下に悩む

淀川河口に開けた大阪市は、古くから淀川の氾濫によって度重なる水害を被ってきた。明治18（1885）年の記録的な大水害を機に淀川の改修が急務となり、明治29年に河川法が成立したのち淀川改良工事（38参照）に着工。洪水を大量に早く安全に流すための新放水路（新淀川・現在の淀川）が明治43（1910）年に完成した。

新放水路により淀川が、ほぼまっすぐに大阪湾まで流下するようになると洪水の危険性は遠のいたものの、旧淀川（大川）から枝分かれしていた各枝川（堀川）は水位低下による水質汚濁や船の航行困難に悩むことになった。人口増加や生産工業の増加による排水の増大がこれに追い討ちをかけ、枝川の水質はさらに悪化した。しかもこれらの枝川は河川下流部の感潮区域にも当たるため、一旦海へ流下した浮遊物、汚水、泥水が満ち潮で逆流し、沈殿、滞留した。

枝川（堀川）導水計画で建設された可動堰

河川浄化を目指して大正5（1916）年から浚渫や護岸工事を中心とする枝川改良工事などが行われた。しかし、枝川筋の汚濁を改善するには至らず、大正15年、新たに「枝川導水計画」が起工され、堂島川や土佐堀川など6か所に可動堰が設けられた。

これらの堰は潮の干満を利用し、満潮時にゲートを閉めて堰の上流に川水を溜め、退潮時に下流側の水位が下がったところでゲートを開いて他の枝川の流れを速め、塵

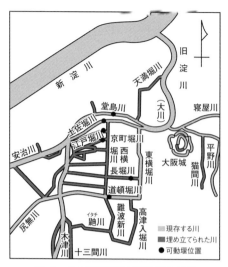

図-1　かつての堀川と可動堰の位置

写真-2　中之島側に付属する船通しの閘門

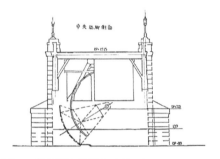

図-2　堂島川可動堰中央橋脚側面図［『土木建築工事画報』（第3巻第1号、1927年）土木学会附属土木図書館蔵より］

芥その他の汚濁水を下流へ押し流す。堰の操作は毎月干満の差が大きい旧暦の1日、15日の前後3日間ずつ夜間に行われた。同計画で最初に着工されたのが旧堂島川可動堰である。可動堰は堂島川、土佐堀川のほか、江戸堀川、京町堀川、長堀川、道頓堀川に昭和11（1936）年までに順次造られ、合計6カ所の堰を連動操作することによって枝川の浄化を行った。

シテ島に例えられた景観に合わせ

旧堂島川可動堰が建設された大正15（1926）年から昭和4（1929）年は、大阪市で現在見ることができる橋梁景観がほぼ出来上がった「第一次大阪都市計画事業」の施工時期と重なる。この事業で昭和16年までに新設または改築された橋梁は157橋にも及び、事業誌によれば、「水都大阪における橋梁は市内交通の整備と、都市美の構成との二重の重要なる役割を有す」とされ、橋梁のデザインが非常に重視された。

特に大阪市の中心地・中之島は、パリにおけるセーヌ川のシテ島に例えられたほどで、ここに架けられた橋は全国規模のデザインコンペを行った大江橋や淀屋橋など、意匠には粋が凝らされた。同時期に建設された旧堂島川可動堰も、中之島に位置するため意匠への配慮が徹底された。装飾的な照明灯や橋面の白っぽい御影石仕上げなどにも美観へのこだわりがある。

可動堰であってもそれとは分からず、単なるアーチ橋にしか見えないようにするために、設計者岡部三郎は水門にはテンターゲート（ラジアルゲートともいう）を採用し、ゲート開放時は完全に橋下に隠れるように設計した。上図のような支点を中心に回転するテンターゲートには、開閉を容易にするためにゲートの重量と釣り合うカウンターウェイトが装着され、ゲートの開閉は1〜2分でできた。

水門3、閘門（後述）下流側1のテンターゲートの操作は電動で行われ、各ゲートを操作する操作室は橋を彩る装飾灯の台座の中に隠すという意匠上の工夫も徹底している。当時は船の往来も盛んだったため、堰を閉鎖中でも船の航行を妨げないよう、堂島川の左岸、中之島側に幅約12m、長さ約60mの閘門が設置されていた。

注目された可動堰の運転効果

可動堰の運転効果は、水質改善を期待する市民にも注目された。例えば、堂島、土佐堀、道頓堀の3カ所の可動堰が完成した昭和7（1932）年の調査や、京町堀、江戸堀、長堀の可動堰が完成し、計6カ所の可動堰を運転するようになった昭和11年の調査によると、複数の可動堰の連動操作によって流速が設置前の数倍にもなり、枝川の水質がかなり改善されたという。大きな流速が生じたために、河底が洗掘されて護岸が損傷され、新たな補強工事の必要が生じたほどだった。戦争の影響でしばらく運転を休止していたが、昭和27年から30年にかけて堂島川可動堰をはじめ4つの可動堰の運転を再開。その後、江戸堀、京町堀など堀川が埋め立てられていき、昭和53年には東横堀川水門が新設され、この水門と残った2つの可動堰を連動操作して、東横堀川と道頓堀川の浄化を進めた。

役割を終え市民の憩いと安らぎの場へ

戦前から行われていた可動堰による水質浄化に加えて、道頓堀川には、昭和54（1979）年には見た目も美しく水中溶存酸素を増やして水質浄化に効果がある噴水装置が、同63年には水を浄化しながら光と水で景観演出をするエアカーテンが設置された。

写真-3、4　旧堂島川可動堰の細部デザイン。これら橋面上の灯柱台に堰の操作機械を隠した。

一方、東横堀川には水のろ過装置が設置されるなど、水質浄化への努力は続いた。こうしたなか、旧堂島川可動堰は昭和57（1982）年に老朽箇所の補修とともに橋上を憩いと安らぎの広場として利用できるように改修され、翌年からはライトアップも行われるようになった。さらに平成12年には、道頓堀川に超近代的な外観の道頓堀川水門が新設され、東横堀川水門も更新された。

これらの施設に浄化機能を譲って使われなくなった旧堂島川可動堰は、平成14年にゲート部分が取り外され、現在では可動堰の機能は失われて、中之島を彩る橋の一つ「水晶橋」となっている。また、道頓堀川には水面近くに遊歩道が設けられ、人々は水とのふれあいを楽しんでいる。今は水質浄化に加え、水と親しむ「親水」も重視される時代である。

【旧堂島川可動堰データ（創建時）】
・全長：90.3m　・幅員（高欄内幅）：9.4m
・堰扉：高さ4.2m、幅：15.1m
・閘門　・幅員：12.1m　・延長：60.6m
大正15年起工、昭和4年竣工

取材協力：大阪市建設局下水道河川部（図-1は大阪市提供の各種パンフレットなどをもとに作成）
掲載：2010年8月号

40 明治後期に完成した当時世界最大級の断面をもつ河川トンネル：湊川隧道（みなとがわすいどう）

兵庫県神戸市

天井川の弊害を解消

六甲山地の南斜面を流れる新湊川は流域面積約 30km²、延長 10.3km の兵庫県が管理する 2 級河川だ。新神戸駅北西約 2km に位置する再度山（ふたたびさん）北麓付近に発して神戸市内を南下、かつては石井川と天王谷川との合流点から南東方向へ、湊川公園をかすめて新開地を通り、市街地の中心部を貫いて流下していた。源流の六甲山地は風化花崗岩によるもろい地質で土砂排出量が多い。しかも明治時代には「一草一木の見るべきものなく（中略）一小砂漠なりき」（神戸又新日報）と報じられるほどの荒廃地だった。旧湊川はそのころ川底の高さが約 6m もの天井川を形成。現在の JR 神戸駅を中心とする区域と同兵庫駅を中心とする区域を分断する障害だった。

また国際港・神戸港が河口に位置しており、流出土砂による機能低下が懸念されていた。さらに天井川・旧湊川は明治期に 5 回も大水害を起こし、なかでも明治 29（1896）年 8 月には、堤防が 100m にわたって決壊する大水害が起こった。この洪水をきっかけに、明治初期から懸案だった旧湊川の流路の付け替えが具体化する。

一民間企業が行った河川改修

流路変更案はいくつかあったが、最終的に石井川と天王谷川の合流点下流で流れを変え、会下山（えげやま）の下をトンネルで通し、長田付近で既存の苅藻川（かるもがわ）に接続する案を採用。工事の特徴は、公共事業でなく一民間企業によって行われたこと、明治中期としては画期的な都市基盤整備という観点を含んでいたことである。この改修を実施したのは「湊川改修株式会社」。発起人は大倉喜八郎、藤田伝三郎、小曽根喜一郎ら、東京、大阪、神戸を代表する財界のリーダーで、工事を請け負った大倉土木組（大成建設の前身）ほか現代まで続く企業の創業者などだった。彼らが招いた技術者は、大阪市の水道事業に携わっていた瀧川釛二（とうじ）（1868-1909。バルトンの弟子）であった。

付け替えが民間資本で行われたのは、湊川が国直轄河川でなかったためと、旧河川敷の土地開発という営利目的もあったためとされる。旧河川敷を宅地として整備して売却、河口は埋め立てて埠頭を整備。それらの収益で工事費を賄う計画だった。付け替え後、旧河川敷だった現在の湊川公園付近から南東に伸びる細長い土地は、「湊川新開地」と呼ばれる大劇場や寄席、活動写真館などが集る神戸随一の繁華街に成長。戦後神戸の中心が三宮に移るまで賑わった。

圧倒的なレンガの大空間

湊川隧道は、湊川の戦（1336 年）で楠木正成が陣を張った会下山直下に掘られた 603.5m のトンネルだ。明治 31（1898）年 8 月に東口（上流側）を起工、同年 10 月に西口（下流側）を起工し、翌年 9 月に導坑（全断面掘削に先立って掘る小さな坑道）が貫通、34 年 3 月に竣工した。当時の鉄道や道路のトンネルが内空幅 4m 程度であっ

湊川隧道

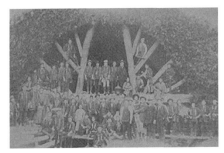

写真-1　竣工時の様子。木製の支保工が見える。
　　　　［『大倉土木社史』より］

たのに比べると、湊川隧道は内空幅7.3m、内空高7.6mという大断面。19世紀末に出版されたトンネル技術書（H. S. Drinker著）に掲載された1,567例のトンネルと比較したところ、幅、高さが湊川隧道を上回るものは1例しかなかった。同書には空欄もあるため断定はできないが、1900年前後においては世界最大級の断面であろうといわれている。

また、日本における鉄道、道路などを含めた近代トンネルの歴史において、河川トンネルとしては第一号で現存最古であるとされる。側壁とアーチ部はレンガを約70cm厚に施し、その外側には地盤とレンガを一体化させトンネルを安定させるために、栗石（くりいし）などの裏込めがびっしりと施されている。トンネル基底部は土砂と流水による磨耗を防ぐため、2～3段積まれたレンガの上に、花崗岩の切石が敷き詰められている。石材は横断方向に25列あり、1個当り340kg、270kg、100kgの3種類が推計約3万個使われた。レンガ（重さ約3.1kg）は推計450万個も使われており、重さから推定して10トントラックで1,400台分に相当するという。これらの資材はすべて人の手によって運ばれ、積み上げられていった。

大震災でバイパスに役割譲り保存公開へ

平成7年、湊川隧道は阪神・淡路大震災で被災。下流側坑門と斜面の崩壊、トンネル内のレンガ剥離、亀裂、アーチ部の垂れ下がりなどが起こった。復旧には、新トンネルの掘削案や旧トンネルの拡幅案などを比較検討した結果、両坑口を再建し下流側97.2mは旧トンネルを拡幅、これより上流側は旧トンネルに平行してバイパスとなる新湊川トンネルを掘削することになった。災害復旧工事の終盤、学識者、民間、行政からなる「会下山トンネル保存検討委員会」によって、旧トンネルは地域の歴史遺産として保存すべきであるとする提言が出された。管理者である兵庫県は提言に沿って、旧トンネル見学のためのアプローチトンネルを新設するなど保存・活用のための施設整備を行った。保存へと人々を駆り立てるその魅力とは、先人の汗の結晶である膨大な手作業を前にしての感動、隧道内に入って初めて体感できる圧倒的なスケール感、そして語るべき歴史的価値の存在などと言えよう。

写真-2　旧トンネルの坑門をイメージして再現した新湊川トンネル西口（下流側）

【湊川隧道データ】
・延長：603.5m　・内空幅：7.3m　・内空高：7.6m
明治34年3月竣工

取材協力：湊川隧道保存友の会
掲載：2010年10月号

41 土砂の堆積を防ぎ、筑後川の航路を確保してきた：デ・レーケ導流堤

福岡県大川市・柳川市、佐賀県佐賀市（筑後川河口）

　筑後川下流の河口から早津江川分流までの約6km、ほぼ中央にまるで背骨のように延びるデ・レーケ導流堤。姿を現すのは干潮時だけで満潮時は水面下に沈む。

　明治時代の重要な運輸手段であった船の航路を確保するために造られたもので、完成から100年以上経った今も、その役割を果たしている。毎日多くの船が行き交い、貨物船も河口から10km上流にある港まで行き着くことができる。

　導流堤とは、河川と海の合流点や河口部で、流れを導いて流勢を調整し、土砂の堆積と河道の深掘れを防ぐために設けられた海中の堤のことをいう。ヨハネス・デ・レーケが設計した筑後川の歴史遺産であり、土木学会選奨土木遺産に選定されている。

筑後川の舟運確保のために

　「筑紫次郎」の別名をもつ筑後川は、利根川、吉野川とともに日本三大河川の一つ。大分県九重連山より流れる玖珠川と、熊本県の阿蘇外輪山を源とする大山川が日田盆地で合流して三隈川となり、日田を過ぎると筑後川と呼ばれる。

　その後、いくつかの支流を合流しながら、肥沃な筑後・佐賀両平野を東から西へと貫流し、早津江川を分派して有明海に注ぐ。幹線流路延長148km、流域面積2,860km^2、流域人口約100万人、九州最大の一級河川である。

　筑後川は古くから、筑後地方の大動脈としてさまざまな物資の運輸を担ってきた。明治・大正時代までは、上流の日田から有明海まで、材木や農作物などが輸送され、流域の町々にとって、経済・産業の屋台骨であった。しかしこの大河は、多大な恵みを与えてくれる「母なる川」ではあるが、一方で氾濫をくり返す脅威の暴れ川でもあった。

　筑後川が早津江川を分派する付近から有明海の河口にかけての約6km間は、潮の干満の差が約6mと大きく、川から吐き出されるおびただしい土砂と、海から押し上げられる泥土によってガタ（潟）土が堆積しやすく、舟運を妨げることが多かった。

筑後川の改修と導流堤の建設

　明治6（1873）年、明治政府の招聘で来日したヨハネス・デ・レーケは、明治16年、長崎桂技師とともに筑後川改修のため久留米に派遣され、翌年、改修計画の原案を作成した。

　デ・レーケ導流堤は、その原案をもとに、日本人技術者の手で明治20年、建設に着工、明治23年に完成した。航路となる河口に土砂がたまるのを防ぎ、船が安全に航行できるよう航路を保つための施設で、筑後川本川河口から早津江分流まで、河道のほぼ中央に設置された。全長約6km、今もなお、自然の川の流れだけで水深を維持できるようになっている。

基礎固めは粗朶沈床工法で

　デ・レーケ導流堤を見るには、干潮時に筑後川最下流にある新田大橋の上から見

るとよいと教えられ、大川市の筑後川交流館「はなむね」高潮防災センターから現地に向かう。新田大橋から見た導流堤は、かまぼこ型のこんもりとした小石を石畳のように積んで、はるか上流まで延びている。両サイドは低く、やや疎らな空石積みになっている。有明粘土の超軟弱地盤上に導流堤を築くため、粗朶沈床の上を基礎岩石で押さえたと考えられている。粗朶沈床は、細い木の枝を敷き並べた枠の上に井桁状に粗朶を組んで、間に玉石などを詰めたものを敷き、上を岩石で覆うもので、水の当たりはやわらかいが、流れに対する抵抗が強いという。

写真-1　新田大橋真下に見るデ・レーケ導流堤の石積み

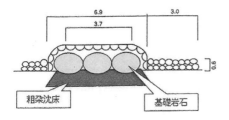

図-1　デ・レーケ導流堤 断面図
粗朶沈床の上を基礎岩石で押さえることによって、軟弱地盤に対応できたと考えられている。（「筑後川河川事務所調査資料」より）

航路は左岸に、土砂は右岸に

デ・レーケ導流堤の建設によって、左岸側は土砂が流されて航路が維持されている。一方、導流堤より右岸側は粘土質のガタ土や上流からの砂が堆積し、十分な水深は確保されないため、漁船などの船溜まりになっている。

なぜ、河道の中央に沈み堤防を設置することで、航路が維持されるのか？　国土交通省筑後川河川事務所によれば、左岸が深く掘れるのは、導流堤で水を引き込んでいるためであり、川幅を狭くすることによって流速を速くし、ガタ土の堆積を防止している。また、右岸側は、もともとガタ土が堆積しやすい傾向にあることが原因と考えられるという。

筑後川下流域のユニークな海の空間

デ・レーケ導流堤の上流には、現存する国内唯一の昇開式可動橋「筑後川昇開橋（国・登録有形文化財）」がある。旧国鉄佐賀線の鉄橋として使われ、鉄道廃止後はその役目を終えたが、地元の強い要望で、1996年、遊歩道として整備された。佐賀市諸富町と福岡県大川市をつなぎ、1日8回、筑後川を渡ることができる。昇開橋一帯は公園として整備され、導流堤や船の行き交う様子が眺められ、筑後川下流のユニークな観光空間になっている。

取材協力・資料提供：国土交通省筑後川河川事務所
掲載：2005年12月号

追加取材：2015年12月

§4

川を治めるにはまず山を
近代砂防の始まり

42 利根川水系における明治の大プロジェクト：榛名山麓巨石堰堤群

群馬県渋川市・榛東村・吉岡町・高崎市

土砂災害が頻発する火山性地質

群馬県のほぼ中央部に位置する榛名山は、5～6世紀の大噴火による噴出物で覆われた崩れやすい地質である。悪沢、自害沢などという沢の名があることにもそれは表れている。加えて、天明3（1783）年の浅間山の大噴火により、利根川の河床が上昇していた。さらに、荒廃した榛名山の東南斜面を水源とする渓流から流出する土砂が、利根川本流の河床上昇に影響を及ぼすと見られていた。そこで明治15（1882）年、土砂流出の多い荒廃渓流に対し、内務省直轄で「榛名山砂防工事」が始められ、明治27年に一応の完成を見た。この工事は、明治6（1873）年に設置された内務省が、明治8年から同32年にかけて、ムルデル（21参照）らオランダ技師団の指導の下に行った「利根川低水工事」の一環であった。利根川では、主に航路維持のために実施する低水工事が、明治29（1896）年制定の旧河川法施行後も続けられ、同33年に洪水防除の高水工事に切り替わるまで行われた。

写真-1 悪沢8号堰堤。高さ3.6m、長さ11.8m

写真-2 通運丸〔「東京両国通運会社川蒸気往復盛栄真景之図」千葉県立関宿城博物館蔵より〕

利根川舟運の隆盛期に行われた低水工事

初代内務卿大久保利通が明治11（1878）年に「内陸運河網構想」を提唱するなど、当時は日本の河川舟運の隆盛期だった。利根川筋では、明治10年に内国通運会社（日本通運の前身）が外輪蒸汽船「通運丸」を投入。栃木県小山市などの内陸部に航路を広げたほか、多くの同業者が現れ蒸気船全盛時代を迎えていた。榛名山付近では、利根川支流烏川で栄えた倉賀野河岸（高崎市）や、利根川上流部の渋川市や水上町、吾妻川の原町などにも河岸が点在していた。安政6（1859）年の横浜港開港後、日本を代表する輸出品・絹の搬送で利根川舟運は活況を呈しており、航路確保は急務であった。明治17（1884）年に前橋まで鉄道が開通すると、貨物輸送が鉄道に移行し倉賀野河岸などは衰退した。しかし利根川全体で見ると、舟運は鉄道を補完する形で明治、大正期を通じて命脈を保った。

9 渓流に 528 カ所もの膨大な工事量

明治 36（1903）年に、砂防事業が国から群馬県へ引き継がれたときの引継書「榛名山砂防工事ヶ所明細書」が群馬県立文書館に保存されている。この記録によれば、施工区域は悪沢、滝の沢、自害沢、十二沢（別名八幡沢）、唐沢、夕日河原、栗の木沢、中河原、ガラメキ沢の 9 沢。現在の渋川市、吉岡町、榛東村、高崎市にわたる広い範囲に、明治 15（1882）年から同 27 年にかけて巨石堰堤 120 カ所、欠止石垣 181 カ所、積苗工 217 カ所など、合計 528 カ所という膨大な工事を実施した。大きいものは優に 1 t を超える自然石を積み上げている。しかも神楽桟（縄を巻き取る牽引機。図-1）や二又など古来の木製道具を使い、人力のみでやり遂げている。

図-1　神楽桟［国土交通省利根川水系砂防事務所パンフレットより］

「引継書」を基に数次にわたる現地調査

国土交通省利根川水系砂防事務所では前掲の引継書を基に、昭和 61（1986）年から数次にわたり、同砂防工事の現地調査を行い、引継書の内容を精査した。堰堤を実測しそれを図面に起こす地道な作業もしている。同事務所 OB で、平成 20 年「榛名山における明治の巨石堰堤群」と題する論文をまとめた塚田純一氏は言う。「ラフな手書き図面から工事場所を特定するのは、至難の業でした。巨石堰堤は 120 カ所のうち 41 カ所を確認しましたが、数年後に再訪すると山林に埋もれて発見できなかったものもある。崩壊したものもあるでしょうが、役割を果たし終え山腹に融合したとも考えられます。積苗工などは完全に活着し山地に同化することが使命ですから。後世の現況だけを見て事業規模を過小評価することなく、先人の業績の大きさを正しく知ってほしいのです」。

この意味で堰堤の規模は現況でなく、新設時や過去の修復時に取られた記録のうち最大寸法を採用すべきだとしている。こうした考え方で集計されたものを見ると、石積堰堤のうち最大の長さをもつのは 33.5m の自害沢 7 号堰堤（現存）。また、高さは 7.2m の滝の沢 7 号堰堤が最大。長さは 5～10m のものが 58 基と最も多く、高さは 3～5m のものが最も多い。

これらの堰堤はデ・レーケゆかりの「オランダ堰堤」と呼ばれることがある。デ・レーケの直接の関与を示す資料は今のところ見つかっていないが、不動川砂防施設（47 参照）の現場でデ・レーケの指導を受けた 2 人の日本人技術者がかかわったという説もある。一方、現地調査からは、水叩き（水の落下を受ける構造物）や両袖に石垣のあるものなど付帯設備が整った堰堤の残存率が高いことなど、現代にも生かせる分析結果が得られたという。

堰堤の番号は前掲論文『榛名山における明治の巨石堰堤群』による。規模は明治 36（1903）年の引継ぎ時の実測値。
工期：明治 15 年～明治 27 年（断続的に同 35 年まで）

取材協力：塚田純一氏（国土交通省利根川水系砂防事務所 OB）
掲載：2008 年 9 月号

43　埼玉県砂防発祥の地：七重川砂防堰堤群

埼玉県ときがわ町

埼玉県砂防発祥の地

　埼玉県は山地面積約3分の1、平地面積約3分の2からなる内陸県で、山地はほぼ西部に位置している。西北部の山地・丘陵の河川は勾配が急峻で、縦横の浸食が激しく、地層が脆弱で流出土砂が多大である。

　七重川砂防堰堤は、このような急こう配の川に自然石を積み上げて造られた階段状の堰堤で、「百段の滝」とも呼ばれている。山奥深く、大きな石の隙間に小さな石を積んで造られた巨石空石積堰堤は、周辺の自然にとけ込み、百年以上経った今も崩れることなく、土石流の危険からこの地域の人命と財産を守っている。

　大正5（1916）年、県が最初に着手した砂防事業であることから、「埼玉県砂防発祥の地」とされている。

大正から昭和にかけての大砂防事業

　荒川水系都幾川は、山頂に"星と緑の創造センター"がある堂平山（876m）を水源とし、埼玉県のほぼ中央を西から東へ流れ、下流で越辺川に合流する全長約30kmの一級河川である。上流部一帯は急傾斜地が多く、大雨のたびに大量の土砂が削られ、下流に流出していた。

　特に関東全域を襲った明治43（1910）年の大豪雨は、県西部に甚大な土砂災害をもたらし、これを契機に、大正4年、国は都幾川・吉田川・赤平川の3渓流を県内初の砂防指定地とした。その翌年、都幾川支川の七重川で県内最初の砂防事業に着手した。

　都幾川上流での砂防工事は、大椚砂防工営所を開設して実施された。工事は都幾川の支川から始められ、その後、本川にも及んでいった。昭和期になると砂防工法は次第に多彩となり、コンクリートも使われるようになった。都幾川の本支川に造られた工作物の数は、昭和49年3月現在で315ヵ所に上り、そのうち七重川では大正期に9ヵ所、昭和期に48ヵ所、合計57ヵ所が造られた（大椚砂防工営所「既設作物調」昭和49年『都幾川村史』）。

　七重川と都幾川の合流点は海抜約200m。さらに上流の約400m周辺まで連続した堰堤が造られたが、上流部は急勾配であるため落差工が多い。

石積みの技術は、岐阜県の職人から学ぶ

　七重川の砂防堰堤のうち、古いものはすべて空石積みで、岐阜県安八町や墨俣町の石積み職人から技術指導を受けた。岩田重作氏（1901年生れ）は彼らから技術指導を受けた一人で、27歳で石積みの親方となり、70人近い作業員を使い、大野から椚平の砂防ダムのうち、200ヵ所程度を造った。

　石だけの空石積はどのように積み上げられていくのだろうか。当時は重機やトラックもなく、すべては人力で行われた。石材は現地調達で、河原に転がっている石（規定は1個の重さが130kg以上）を使用した。形や材質にこだわらず、どんな不定形な石でも、

うまく積み上げる技術が必要とされた。

　石運びにはモッコを使い、大きな石は4人から8人が力を合わせて運んだ。近場で入手できない時は、さらに上流で採取し、半割にした丸太を枕木のように並べ、ソリを使って運び下ろした。石積みにあたっては、まず板樋（木製の樋）で流れを迂回させ、河床を掘る床掘（とこほり）という作業を行い、その後、下から順に石を積み上げていく。その際、1段積むごとに裏側（上流側）に砂利を敷き、高低差をなくしてから積んでいった。

　形の揃わない石をどう並べていくか。石には7つの顔があるといわれ、どの面を表に出すかは、親方の指示によって行われた。不揃いの石を積み上げるために、1つの石に隣り合う石の数は6個を基準とした。これをムツマキといい、1個が抜け落ちても崩れることがないという。

　こうした作業はすべてシャベルやツルハシなどの簡単な道具だけで行われた。特に多用されたのは大小2本の鉄の棒で、カナテコ（長さ110cm位の鉄棒）は大きな石を動かすのに使い、クジリ（長さ70cm位の鉄棒）は石を詰めたりするのに使った。現場にはフイゴ（金属の加工等のために炉に風を送り火力を強くする道具）が用意され、補修もその場で行ったという。

写真-2　不定形の石が見事に積まれている。水の圧力で河床が掘られないよう、底には石畳状に石が敷き詰められている。

　「工場日誌」によれば、工事は大正5年11月2日に開始され、翌年3月31日に竣工（のづら）した。最初は野面石、礫採集、床掘から割石へと続き、翌年1月4日からは石積み。2月21日から床固工護岸工、渓間張石工、積苗工法等を施工した。

　この間、休業日は12月31日と1月1〜3、5日のみで土日も休みなしに続けられた。重機もトラックもない時代、寒風にさらされ、冷たい水を浴びながら、山奥で11月から翌年3月まで、重い石をきっちりと積み上げた人々の労苦は、はかり知れないものがある。

　かつて埼玉県内の高校では、七重川砂防堰堤を調査してまとめ、文化祭で紹介したことがある。このような地域の歴史遺産を紹介する取り組みが各地で行われ、さらに先人達の努力に対する敬意につながっていくことを期待したい。

取材協力：埼玉県県土整備部河川砂防課、東松山県土整備事務所、ときがわ町建設課、大久根茂氏（郷土史研究家）
掲載：2010年3月号

写真-1　石積みに使用された道具類。下の大小2本の棒は、大がカナテコ、小がクジリ。[写真提供：大久根茂氏]

44 信濃川源流の崩壊に挑んだ国家的大プロジェクト：
牛伏砂防と牛伏川階段工

長野県松本市（国指定重要文化財）

牛伏川階段工は、フランスのデュランス川最上流・サニエル渓谷にある階段工を参考に造られたことから、フランス式階段工とも呼ばれている。明治新政府が国家的事業として最初に取り組んだ砂防事業の一つで、明治18（1885）年から30有余年の歳月をかけて、牛伏川上流の荒廃した地に、あまたの砂防施設を造り、約92万本の苗を植え、最後に取り組んだのが牛伏川階段工であった。

牛伏川階段工は、単に砂防機能を果たすだけでなく、階段状に流れ落ちる景観が美しく、周辺一帯に溶け込んでいることから、平成24（2012）年、国の重要文化財に登録された。砂防施設が重文に指定されたのは、白岩堰堤（富山県）に次いで2例目であり、意匠的、技術的、歴史的、学術的に高く評価されている。

牛伏川氾濫の歴史

牛伏川[注]は、松本市の東南部・前鉢伏山に連なる横峰（1,581m）を源とする流域面積11.3km^2、流路延長約9kmの一級河川で、扇状地を北に流れて田川と合流、奈良井川、犀川、千曲川、信濃川と名を変え、新潟県で日本海に注いでいる。

注）牛伏川の地名は、西暦756年、唐からもたらされた大般若経600巻を善光寺に奉納する途中2頭の牛が倒れ、その牛を祀ったことに由来し、近くに古刹・牛伏寺（ごふくじ）がある。このため、地元ではごふくがわ、ごふくじがわとも呼ばれている。

水源域には地獄谷、日影沢、泥沢、杉の沢、悪沢、合清水沢、中ノ沢があり、さらに多数の細流が流入している。脆弱な地質に加えて急峻な地形であることから、土砂災害の多い地域であった。

かつて牛伏川の水源一帯は、樹齢100年以上の樹木が繁る鬱蒼たる大森林だったが、戦国時代以降の乱伐につぐ乱伐によって、「大欠」と呼ばれる崩壊地の下方に6本の杉を残すのみとなった。乱伐によって放置された枝葉は山火事を引き起こし、焼けただれた表土は豪雨のたびに削り取られて赤肌となり、土石流となって下流の人家や田畑を流失させた。大氾濫は記録に残るものだけで、およそ200年間に十数回に上るという。家が崩壊してさまよう者、集落あげて移住した記録もあり、崩落の土石流は遠く新潟の港を埋めたと語り継がれている。

近代砂防のさきがけ

明治18年、新政府が発足し内務省土木局が最初に取り組んだ事業の一つが信濃川治水事業であった。内務省は、新潟港口の埋没は、信濃川の水源地・牛伏川の荒廃や河川・渓流からの土砂流出が原因であるとして、最初の砂防工事に取り組んだ。このため、牛伏砂防は日本近代砂防の嚆矢とされている。

内務省の直轄工事は土木技監・古市公威（1854-19341）が計画、沖野忠雄（1854-1921）が施行の総指揮にあたった（『牛伏川砂防工事沿革史』）。砂防工事は明治

18年から5年にわたって実施され、第1号から5号までの空石積堰堤（からいしづみ）が造られた。

明治30年に砂防法が公布され、水源地が荒廃し山腹崩壊のおそれがある所には、国庫負担による砂防工事を奨励、翌31年から事業は長野県に引き継がれた。

急峻な谷底での命がけの作業

内務省の石堰堤が中流の緩勾配部に造られたのを受け、工事は上流崩壊地へと進められた。横断堰堤工事、河床および河岸安定工事、山地崩壊防止工事が行われた。東京ドーム約21個分の広大な谷の7つの沢に、大小合わせて100基以上の石堰堤、谷止工を築いた。総延長8.5km、総面積は1,426.97m^2 にも及ぶ水路張石には膨大な量の石が使用された。斜面に階段状に苗を植える積苗工の面積は約992 m^2、植栽されたニセアカシア、ヤマハンノキ等は、大正7（1918）年までの30年間に約92万本にも上る。

材料は地元の石が使われたが、遠く鉢伏山、諏訪山からも運び出され、横峰の山頂から鉄索で地獄谷の山頂に下ろし、その先の数キロは、作業員が背負って運んだ。石

写真-1　地獄谷の咽頭部最大の石堰堤　明治36年撮影　[写真提供：長野県松本建設事務所]

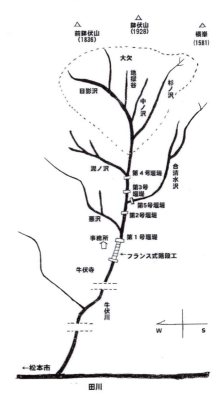

図-1　牛伏川略図　[『牛伏川砂防工事沿革史』の略図をもとに作成]

積張の工事現場はいずれも急峻な地形で、せっかく築いた堰堤も降雨降雪のために押し流されて地中に埋没し、永年の苦労が水泡に帰すことも多かった。特に大欠での作業は崩壊が最もひどく、雨後や氷結融けの際は砂礫や石塊がひんぱんに落下した。

「登るに足場なく、攀（よじのぼ）るに手がかりなく、…岩塊転落の絶え間なき谷底に石積工事を実施」と危険な作業だった。

なかでも地獄谷は、いったん落ちると行方知れずになるほどの陰惨な谷で、直接の作業は不可能なので、各谷間の手前に数個の横断堰堤を設けて土砂止めとし、上の斜面から土塊を切り取って谷底に落とし、埋め立てて山腹工事を進めた。

これらはすべて命がけの仕事で、暴風雨に遭えば、たちまち全山鳴動して、山仕事に慣れた作業員でも魂がふるえ、留まることができないほどだったという。

現地ではおよそ150人の作業員が午前6時から日没まで働いた。農繁期には人が集まらず、遠く越中（富山県）や能登（石川県）からも雇い入れた。"越中人夫"は経験豊かな者が多く50人ほどが常駐、その指導のもと、農閑期には100人ほどの地元の人が働いた。

西欧の土木技術と日本の石積み技術との合作 - フランス式階段工

内務省第1号石積堰堤の上流部は、ようやく土砂の流出もおさまり、完成の域に達していたが、下流では砂礫と氷雪が混じる激烈な水流によって河床低下が進み、根石が階上にあるような極めて危険な状態であることが判明、急こう配の落差を緩和させる検討が重ねられた。

大正5（1916）年、この設計を指導したのは、内務省の池田圓男技師（1871-1931）。欧州に留学した経験から、フランスのデュランス川・サニエル渓谷にある階段水路を参考に、長野県に設計図を提示した。設計図には、高低差23m、水路張石延長141mの所に、高さ約1mの19段の段差を設け、その終点に根固木工沈床を設け、石積は胴詰混凝土で強固にし、大小異なる石を組み合わせていかに水勢を和らげ、スムーズな流れをつくるかが、綿密に記載されていた。その設計をもとに、現場で空石積を仕上げることのできる職人の施工技術があって完成したことから、当時の日本の技術の確かさがうかがえる。

先人の汗と努力の結晶を後世に伝えたい

大正7年、フランス式階段工の完成によって30年の長きにわたった牛伏川砂防工事は完了した。当時造られた施設の多くは現存し、山地を守る役目を果たし、日本の近代砂防工事の歴史を象徴する山地、渓流となっている。はげ山には緑豊かな自然が回復し、階段状に流れ落ちる水音は、音楽のようにリズミカルに響く。第1号堰堤の上・下流部は、砂防学習ゾーンとして、子ども達が自然にふれあう場として活用されている。

しかし、老齢期を迎えたニセアカシアは倒木するものも多く、石積みを根底から壊すものもあり、広大な牛伏砂防を守る課題は多いという。地元で保全活動に取り組む「牛伏鉢伏友の会」では、「少しでも多くの人々が現地を訪れ、牛伏川階段工をはじめとする先人の偉業を後世に伝える活動に取り組み、一緒に汗を流して欲しい」と話している。

写真-2　牛伏川階段工の上流部　延長141m（落差約23m）の斜面に19段の階段状の「空石三面張水路」が造られている。1段の高さはおよそ1m程度、これによって勾配は26/100から6/100程度に緩和された。

取材協力・写真・資料提供：長野県建設部松本建設事務所、牛伏鉢伏友の会
掲載：2010年7月号

追加取材：2013年10月

45 濃尾平野の安定と緑の回復を目ざした
近代砂防の草分け：羽根谷砂防堰堤

岐阜県海津市南濃町（国登録有形文化財）

岐阜県初の国・登録有形文化財

濃尾平野の南西端にある岐阜県海津市南濃町。養老山地の土砂流出防止のために造られた羽根谷砂防堰堤は、明治初期の空石積砂防堰堤として、全体の規模、石の大きさともにわが国最大級。100年を経た今でも構造に狂いがなく、下流域の土砂災害防止に役立っている。

当時の技術の高さを伝え、国の砂防史を象徴する貴重な土木遺産として、平成9（1997）年9月、岐阜県では初めて国の登録有形文化財に登録された。

写真-1 第一堰堤の右岸に建つ石碑。工事着工：明治20年4月、完成：明治21年12月。中央に登録有形文化財の銘文が埋め込まれている。

江戸時代の舟運と砂防

JR東海道線大垣駅から国道258号線を南下して南濃町に入ると、右側に「さぼう遊学館」を中心にした羽根谷だんだん公園がある。国登録有形文化財・羽根谷堰堤（第一）を中心に、砂防についての理解を深めるため、平成6年に造られた施設である。

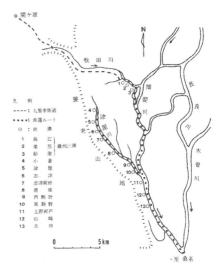

図-1 濃州三湊と舟運ルート（19世紀初め）
［木村正信「沖積扇状地の砂防工法に関する基礎的研究」より］

ここの展示資料を見ながら、永年にわたり、沖積扇状地の砂防工法を研究して来られた木村正信氏（岐阜大学准教授（当時））と船頭平閘門管理所・木曽川文庫の中村稔氏にお話を伺った。

木村先生によると、「もともと養老の砂防は、揖斐川の舟運を確保する目的もありました。濃尾平野の南西部は、木曽川、長良川、揖斐川などが網目状に入り組むデルタ地帯で、たくさんの輪中が点在し、その間を縫って船で物資を運んでいました。名古屋の熱田から桑名へ出て、船で揖斐川をさかのぼり、濃州三湊と呼ばれる船附、烏江、栗笠まで運び、そこから関ヶ原を経由して米原までは"九里半街道"を通り、米原から

は琵琶湖を湖上輸送で大津まで運んでいました。鉄道が開通する明治末期まで、西美濃地方の物資輸送の大半は舟運に頼っていたのです」。

羽根谷のある南濃町は岐阜県の南西端に位置し、養老断層を境に西側は隆起して養老山地となり、東側は沈降して木曽川、長良川、揖斐川が流れている。養老山地の急峻な東側斜面には、大小42あまりの渓流があり、羽根谷はその一つ。河床勾配が急なため、大雨の時には山裾や両岸を削り取った土砂や石が流出し、時には、土砂が揖斐川の半分以上を埋めて、舟運をストップさせてしまうこともあり、沿川の田畑、家屋に甚大な被害をもたらしてきた。このため江戸時代から土砂や石を取り除く川浚え工事（定洲浚え）等が行われてきたが、砂防工事に関する記録はあまり残されていない。

川を治めるには、まず山を治めよ

明治時代に入ると、この地方の根本的な治水対策として、木曽三川分流が叫ばれてくる。明治6（1872）年、オランダ人技術者の一人として招かれたヨハネス・デ・レーケは、日本各地で数々の河川改修、治水工事を指導し、近代的な水源砂防工で大きな成果をあげていた。

デ・レーケは明治11（1878）年、木曽川の現地調査を行うために初めて南濃町に入り、翌12年から国営の羽根谷砂防工事が開始された。

当時の養老山地は、燃料用、輪中地帯の堤防工事用などに大量の木材が伐り出され、禿山になっていた。デ・レーケは綿密な実地踏査を行い、周辺の山々が無計画な伐採で禿山になり、山の荒廃が洪水の原因となっていることを見抜き、山林保護及び植林、土砂の流出を防ぐための砂防工事の実施を地元に提案した。

中村稔氏は「デ・レーケは、雨漏りによる水害を防ぐには、まず屋根から直さなければ駄目だと。木を植え、山崩れを防ぐ植栽・緑化の指導が中心でした。淀川や木津川なども同様でした」と語る。

デ・レーケは、山腹斜面の植栽に重きをおき、柴工床固、柵止連束藁工など17種の工法リストを案出し、現地の状況に合わせた工法を選んで工事を実施した。一連の植栽工事は、小規模ながら江戸時代から行われていた日本古来の伝統技術でもあり、地元の人達の協力も得られたという。

写真-2　羽根谷だんだん公園内にある作業風景を再現した治山治水の像

写真-3　第一堰堤の下流にある巨石積砂防堰堤。巨石の大きさ：60cm×60cm（平均）。工事：明治年代。文化財登録：平成10年1月

西洋の新工法と日本の築城技術の調和

さらに土砂の流出を阻止するため、巨石積砂防堰堤（第一）を築造した（口絵）。この堰堤は空石積構造（内部は土砂、砂礫）で、堤高約12m、堤長は約52mもあり、明治初期の空石積堰堤としては最大級の規模を誇る。激しく流れる土砂流を阻止するため人頭大から等身大の巨大な石を空積みで仕上げており、建造されてから100年以上経った今日でもゆるぎなく、当時の技術水準の高さを示している。

「羽根谷築堤記」には、およそ次のように記されている。

「奥条村、共有山渓あり、羽根谷という……大洪水、ひとたび押し寄せるとたちまち氾濫を起こし、流亡の害、無き年はなし。……明治11年1月、内務省は吏を遣わして工をおこす。土砂の流下する場所には苗樹を植え、水が激しくあたる所には石堤を築いてこれを防ぐ。明治24年3月に至りて竣工す。その工費3万9,789円88銭なり。今や植樹は繁茂し築石堅牢にして流亡のおそれなし」。（現代語に意訳）

木村先生は「空石積みの技術は日本の築城技術、石垣を積む技術で、優秀な石工さんは静岡から来たそうです。彼らは石の目を読み、そこにノミをあてて石を割ることができた。特に間知積みといって石を加工して積むことのできる技術者は、今ではほとんどいません」と話す。明治初期までは、デ・レーケの求めに応えられる技術を持った石工が存在していたことが、このような大工事を可能にしたのである。

デ・レーケは明治19年、木曽三川の調査結果をまとめた。これを基に砂防と三川分流を目指す木曽川改修計画が立てられ、翌20年開始、同45年に完成した（29参照）。

写真-4　羽根谷だんだん公園中流部の堰堤（昭和24年竣工）。正面の山は山腹工事により緑が回復している。

その後、明治の末期にはオーストリアの砂防技術が導入され、急峻な山地河川の土砂を砂防堰堤でコントロールする方法が中心となり、昭和に入るとコンクリート構造による大型砂防堰堤が造られるようになった。

羽根谷には明治時代に巨石積堰堤2基、山腹工8カ所、大正時代に山腹工13カ所が施工された。その他、養老山地には盤若谷などを含めて、大小いくつもの堰堤が造られ、土砂の流出は減少した。伊勢湾台風のような大災害時にも、この地で土砂災害は起こらなかったという。

遊んで学べる砂防資料館「さぼう遊学館」

先人達の血のにじむような努力の結果、羽根谷周辺は水田と果樹園の広がる豊かな地域になった。昭和62（1987）年には幅広い河川敷を活用して羽根谷だんだん公園が完成した。日本で最初の遊んで学べる砂防資料館「さぼう遊学館」を中心に、「砂防」を理解し、体験する場として活用されている。

取材協力・写真・資料提供：岐阜県県土整備部砂防課、さぼう遊学館、
木村正信氏（岐阜大学名誉教授・農学博士）、
中村稔氏（船頭平閘門管理所木曽川文庫）
掲載：2008年6月号

46 百年ぶりに発掘された長野県最古の砂防堰堤：大崖砂防堰堤

長野県南木曽町

昭和57（1982）年5月、長野県南木曽町男樽川の支流で百年ぶりに発掘された大崖堰堤。ヨハネス・デ・レーケの指導により築造されたもので、土砂の流出を防止し、大崖周辺の土砂を固定し、緑を回復させることに大いに役立っている。

長野県では最も古く、当時の工法を知る貴重な遺構であることから、昭和62年に木曽三川治水百年事業の一環として、全国初の砂防公園として整備された。

大崖の崩壊と土砂災害

南木曽町は長野県の南部西端に位置し、町の中央を木曽川が流れ、木曽川に沿って国道19号とJR中央西線が走っている。南木曽町の妻籠から馬籠峠を経て馬籠へ下る中山道は、木曽谷の2つの宿場を結び、かつては江戸と京都を結ぶ交通の要衝であった。妻籠宿は文化庁の町並み保存第1号に指定され、馬籠宿は島崎藤村のふるさとである。

この妻籠宿と馬籠宿のほぼ中間の山中に、通称、大崖と呼ばれる沢がある。大崖はかつて「大嶂」と書き、寛政5（1793）年に山崩れが始まり、その後、大雨が降ると多量の土砂が流出して、一帯は禿げ山になっていた。

村人達は土石流に追われて住み慣れた土地を逃げ出すほどの災害であったが（『妻籠の歴史・大崖』）、当時は土石流を防止する土木技術もなく、自然の猛威に手をこまねくのみであった。

デ・レーケの指導による砂防堰堤

明治に入り、各地で近代的な土木工事が始められた。明治11（1878）年、時の政府の要請を受けて現地を視察したオランダ人技師ヨハネス・デ・レーケ（1842-1913）は、現地のあまりのひどさに驚き、当時の内務省に砂防工事の必要性と予算増額を強く要請したと伝えられている。デ・レーケは、この地方の山林伐採がほとんど無制限で行われ、それが山地の荒廃を引き起こしているとして、①山林の伐採禁止、②樹木の植栽、③砂防工事の実施を進言、実際に現地に入って工事の指導も行った。

記録に残されていた砂防工事

明治天皇は、明治13（1880）年6月から7月にかけて、山梨、長野、愛知、三重、京都、兵庫の各県を御巡幸された。その際、大崖の砂防工事をご覧になったことが記録に残されていた。

『明治十三年御巡幸誌』に次のように記されている。「6月28日。右の方、蘭川を隔てて洞谷がある。天明13年6月始めて崩壊し、その後は雨ごとに土砂が夥しく流出したので、内務省山林局は6月初旬より作業員約1,500人を入れて、谷底より峠まで一里を越える絶壁に石垣をたたみ、砂防工事を実施した。明治天皇はその様子をご覧になり、印刷局に写真をとらせた」。

また『信濃御巡幸録』には、明治天皇に工事現場をご覧にいれようと、急きょ作業員を動員したことが記されている。

「遥か向うを仰ぎ見ると、大きな禿山がある。多くの人が蟻のように群衆して豆粒のように見える。(中略) 幸い、この度、鳳輦（飾りの付いた特別の御車）で現場をお通りになるので、この土木工事をご覧に入れようと、20日頃より大急ぎで近傍の人夫を駆り集め、幾段となく石護岸（石を畳み砂を防ぐ法）を築くことに着手した。今日は殊更人を増やしたようで2,000人近くも集まっている」。(文語体、旧かなの文書を意訳)

明治天皇の御一行は約400人の大行列であり、天覧の場所は崩壊地の全貌が見渡せる場所で、かなりの大工事だったと察せられる。

記録どおりに姿を現した砂防堰堤

その後、周辺の土砂崩れも止まり、禿山には樹木が繁茂して緑深い森となり、砂防工事がどこで行われたのか見当もつかなくなっていた。

昭和57（1982）年5月中旬、当時の建設省多治見工事事務所では、砂防百年事業の一つとして、これらの記録をもとに現地を発掘することにした。建設省多治見工事事務所所長の松下忠洋さん（当時）や南木曽町役場の職員が精力的に調査した結果、県道中津川・妻籠線から200m入った大崖沢で、わずかに露出した石積みが発見された。

その後、ブルドーザーで掘り起こしたところ、実に100年ぶりに、崩壊部分もなく、ほぼ完全な状態で発掘された。調査に参加した南木曽町役場職員の話によれば「このあたりの林の中をあちこち探しまわり、半ば諦めかけていたのですが、たまたま沢で石垣のような石積みが数個露出しているのを見つけたのがきっかけでした。これは発掘した一部で他にもまだ埋まっていると思いますよ」とのこと。

発掘された場所は、3〜5mの表層土に覆われていた。明治時代の工事の後、大きな土石流によって埋没したのだという。見つかった堰堤は高さ5mほどの台形で、今も川底に溜まっている土砂を固定して、下流にある妻籠宿を守っている。

大崖砂防公園として整備

昭和62（1987）年、建設省多治見工事事務所開設50周年と木曽三川治水100周年記念事業の一環として、南木曽町と共同で、この堰堤を中心に日本初の砂防公園が設置され、一般公開された。

写真-1　公園内に設置された記念碑と案内板。発掘された状況を示す図解も表示されている。

発掘された堰堤は、明治初期の工法を知る上で貴重なものであり、先人達の苦難の歴史が刻み込まれているようだ。過去の記録をひもといて発見に尽力した人達がいたからこそ見つかった貴重な土木遺構であり、今後もこうした地道な努力が続けられることを期待したい。

取材協力・資料提供：南木曽町役場、国土交通省中部地方建設局多治見砂防国道事務所
掲載：2006年9月号

47 直轄近代砂防に先立つ試験施工：不動川砂防施設

京都府木津川市

一面に広がる「崩れ禿山」

　明治初頭の淀川流域にはわが国で最も広大な禿山地帯があったという。三重県に発し奈良・京都の県境付近を流れる淀川支流木津川の流域は、特に荒廃を極めていた。木津川の「津」は港を意味し、この川から奈良、京都の都へ大量の建築用材が流送されたことを物語る。さらに戦火などの影響で早期に禿山と化したと見られている。

　その木津川流域で最も激甚な荒廃地だと種々の文献に記されているのが、京都府の最南部に位置する山城（現木津川市山城町）地域だ。なかでも不動川流域は特に激しかったとされる。元禄15（1702）年の文書には、不動川上流にある綺田村と平尾村の入会山は7割が禿げ山、3割が草山で、「山城第一ノ禿山ニテ御座候故土砂留リ不申候」と書かれている。明治期になってもそれは変わらず、木津川の砂防に携わった京都府の土木技師・市川義方（1826 - 不詳）は著書『水理真寶』の中で「山

写真-1　明治期の不動川上流域にある三上山。今は緑が豊かだ。［写真提供：国土交通省木津川上流河川事務所］

写真-2　不動川の下をくぐるJR奈良線。棚倉駅付近

城国棚倉村の奥に崩れ禿げ山があり雪が積もったか白布で包んだかのように白い」と地肌がむき出しになった山々を描写している。

「水1升に5合の土砂」で天井川に

　不動川流域はおもに花崗岩でできた、標高100～350mの低い山地を形成する。花崗岩は深層風化によりマサ土と呼ばれる非常に崩れやすい表土となる。天明8（1788）年の文書では、大雨のたびに表土がはがれ落ちて激しく流れるありさまを「大雨度毎ニ、水壱升ノ内土砂五合モ交リ流レ」と描写している。貞享元（1684）年の「平尾村絵図」には、すでに不動川は川床が耕地面から約18mも高い天井川として記録されている。天井川により洪水が頻発し、木津川筋では記録に残る水害だけでも、元禄12（1699）年から明治に至るまでの約170年間に23回、7～8年に一度の割合で発生。昭和28（1953）年にも、死者・行方不明者330人以上、被災家屋5,600戸余りを出す「南山城大水害」が起きている。

効果が上がらなかった江戸時代の対策

淀川流域の流砂被害については幕府も看過したわけではない。寛文6（1666）年、水源地の山林伐採を制限・禁止した「諸国山川掟（しょこくさんせんおきて）」を公布したり、土砂留（どしゃどめ）奉行を置いて伐採監視を行うなど治山につとめた。不動川流域の綺田、平尾の両村でも春と秋の年2回、「松・雑木植え込み」や、谷筋に丸太を縦横に組んで土砂を留める「鎧留（よろいどめ）」などの土砂留普請（ふしん）を行っている。しかし藩政時代の施策はそのほとんどの費用を村が負担しなければならず、奉行所の検分も物見遊山に堕するなど形骸化し、実効性は上がらなかったという。幕末に至ると幕府の弱体化につれて政情不安や農村不況にみまわれ、里人はわれ先の乱伐をほしいままにし、山林は荒れるにまかされた。

デ・レーケによる近代砂防工事の開始

明治政府が大阪港整備をはじめ、港湾・河川改修を委嘱するため、明治初頭に招いた10人のオランダ人工師のなかの一人が、明治6（1873）年に来日したヨハネス・デ・レーケ（29参照）である。デ・レーケは他のオランダ人工師が帰国した後も、30年もの間日本にとどまり、日本の河川や港湾の近代的な改修に尽くした。彼の治水観の特徴は、河川を上～下流一体としてとらえることと、治山重視であった。

デ・レーケは来日翌年の明治7年7月、淀川改修の一環として不動川流域を踏査し、その荒廃ぶりに驚く。そして同年10月、大阪築港や淀川改修には水源砂防の強化が重要だという意見書を政府へ提出した。これが受け入れられ、デ・レーケは翌8年不動川支流の相谷（あいだに）で、石堰堤、柴工護岸、連束わら網工、柵留（しがらどめ）連束柴工、植木植付

図-1　左から連束わら網工、柵留連束わら工、積苗工の図解。デ・レーケが指導した職員はこれらのような「工法図解」を複写して学んだといわれる。[国土交通省淀川資料館蔵]

など16種の工法を選び試験的な砂防工事を行い、これを教材にして砂防職員に現地指導したとされる。ここで学んだ職員のうち2人が、「榛名山麓巨石堰堤群（42参照）」の施工に加わったという説もある。

いわゆる「デ・レーケ砂防」と呼ばれるこれらの工法は、一部はデ・レーケ創案によるとしても、大部分は日本古来の土砂留工法を西欧の合理性と近代的土木技術で改良、集大成したもの。幕政時代の技術が見直され、西欧の知見が導入されて工法の改良、進歩が行われたといえる。デ・レーケはこれらを『砂防工略図解』などにまとめており、これらは砂防職員の教科書になったという。デ・レーケの不動川での試験施工の後、国直轄の砂防工事が行われることになり、明治11（1878）年、不動川沿いの棚倉村と木津川上流伊賀川右岸に砂防工営所が開設された。

日本人技術者・市川義方の活躍

明治初期に緑を回復させる山腹工として最も多く施工されたのはデ・レーケ考案による連束わら網工と京都府の土木職員・市川義方（つみなえこう）考案による積苗工（荒廃斜面の土を階段状に切り取り、水平面をワラなどで保

水し苗木を植える）であったという。しかし、明治30年代までにはわら網工は施工されなくなり、主として緑化成績が良い積苗工だけが施工されるようになった。今は緑に覆われ、かつての面影はない木津川流域だが、緑化成功の要因としては市川が明治7(1874)年に考案し、今も全国的に施工されている積苗工の普及が最も高く評価されている。デ・レーケも積苗工の効果に着目し、施工を推奨した。また、デ・レーケが指導した堰堤群のそばに市川が明治8(1875)年から同9年に施工した、土堰堤を主構造とし天端（堤頂部）と下流法面のみを石積にする堰堤が残っている。前述の南山城水害では、デ・レーケの堰堤の一つが半壊したのに対して、こちらは崩壊を免れており、日本人技師の技術力は高く評価されている。

近代砂防発祥の地「不動川砂防歴史公園」

　この地域一帯は、デ・レーケによって近代的な砂防工事の端緒が開かれた記念すべき地であり、国直轄の砂防工営所が全国に先駆けて置かれた場所でもある。また、現在も使われている山腹工の多くが当時施工された工法にルーツを持つ。いわば、不動川相谷周辺は近代砂防発祥の地。こうした歴史を後世に語り継ぐため、京都府は不動川支流相谷上流域の延長433.3mを、昭和57(1982)年度から62年度にかけて環境整備し、デ・レーケの指導によって築かれた堰堤群も保存された。

　明治初期に不動川の谷間に造られた砂防堰堤は小さいものを含めると数百基に及ぶという。現在までに45基が確認され、そのうち補修整備された堰堤は相谷本流に7基、その支流に1基である。本流の第一堰堤から第五堰堤までは、流路80mほどの間に連続して設けられている。平成9年、これら8基の堰堤は京都府の有形文化財に指定された。土木施設としては京都府では初めてのこと。そして今「不動川砂防歴史公園」と名づけられたこの公園は、デ・レーケの堰堤群と山腹工によってよみがえった緑の山々に囲まれ、自然環境と土木遺産が見事に調和した「水と緑の憩いの場」として地域の人々に愛されている。

写真-3　市川義方による石積堰堤（幅約60m、高さ約23.7m）中央放水路は後年の補修による。

写真-4　デ・レーケが指導した第一堰堤（幅約5.5m、高さ約1.6m、堤頂幅約1.4m）

【不動川砂防施設データ】
寸法は各堰堤の口絵、本文中の写真キャプションに表記。

取材協力：木津川市教育委員会文化財保護課、山城図書館
掲載：2011年2月号

48 日本人技師による淀川上流に残る2つの鎧型堰堤：草津川オランダ堰堤と天神川鎧堰堤

滋賀県大津市

1本の木もないといわれた田上山系

　淀川の水源地帯、琵琶湖南部に広がる田上山系は、明治初期には一面樹木がないむき出しの山肌が続いていた。奈良時代以前は杉やヒノキの美林であったことは古文書などで明らかという。しかし風化しやすい花崗岩地帯であるうえに、神社仏閣の建築用材が伐採され、たびたび戦火による延焼にあい、江戸時代には薪炭製造に利用されつくすなどして江戸中期にはすでに荒れ果てていたという。山林の荒廃は土石流などを招き、河床を上昇させ水害を頻発させた。

　淀川流域で江戸幕府は「諸国山川掟」（1666年）などを公布して伐採の制限、禁止や植林奨励などを行い、土砂留支配役などをおいて山地の荒廃を食い止めようとしたが、うまくいかなかった。当時の役人による巡視の甘さや、肥料、燃料などの供給地として山林に依存する農民の暮らし自体が変わらなかったからである。

写真-1　明治末期の田上山。ほとんど樹木がなく、山肌をさらしている。[写真提供：国土交通省琵琶湖河川事務所]

近代砂防の始まり

　明治6（1873）年に明治政府の招きで来日したオランダ人土木技術者、ヨハネス・デ・レーケらは淀川上流を検分し、山林の惨状を目の当たりにする。そして当時課題となっていた大阪港改修のためには河口処理だけでは不十分であり、淀川全体の治水対策が必要で、そのためにはまず上流の治山が重要と明治政府へ進言した。この進言を受けて明治政府は、明治11（1878）年から淀川上流の瀬田川流域や木津川流域などで直轄砂防工事を開始している。

　これに先立つ明治8（1875）年には、治水における治山事業を重視したデ・レーケが、石堰堤や山腹工を含む十数種の砂防工法を、木津川支流不動川の相谷に試験施工し、日本の砂防職員に学ばせた（47参照）。しかし、田上山などで山腹工として普及したのは、京都府の土木技師市川義方が考案した「積苗工」などだった。積苗工は山の斜面を階段状に切り取り、水平面にワラなどを敷き込み埋め戻して保水性を高め苗木を植える方法で、現在までその高い効果が認められている。

　こうした近代砂防発祥地の一つである田上山周辺には、多くの砂防史跡が残っている。なかでも、全国的にも貴重な「鎧型」堰堤が2つ、約130年を経て今もなお現役の土木施設として活躍している。

草津川のオランダ堰堤

琵琶湖東岸の南端で琵琶湖に注ぐ草津川は、花崗岩地帯の田上山系北部を流れ、土砂生産量が大きく、国道や東海道本線の上を流れる天井川だった。現在は放水路ができ平地河川となっている。この草津川上流、上桐生キャンプ場内にオランダ堰堤がある。日本人技術者田邊義三郎（1858-1889）が設計したとされている。完成年は明治22（1889）年とされる。

高さ7m、幅34mで、35cm×55cm×120cm程度の花崗岩の切り石を、横目地を水平に通した布積みにし、下流面の切り石は20段のごぼう積み（切り石の長辺を流れと平行にする積み方）である。下流面は段高約30cm、段幅約15〜25cmの階段状になっており、上流からの越流水が階段に当たって弱められ、堰堤の足元が洗掘されにくい。さらにこの下流面はアーチ型になっており、水流を中央へ集めることで、両袖部が削られにくい。写真-3の断面図のような構造をもち、内部は「粘土によるハガネ」と称して赤土と石灰を混ぜてたたき固められていると推定され、貯砂だけでなく貯水も可能となっている。これらの構造により、背後に膨大な土砂を堆積させ、100年以上びく

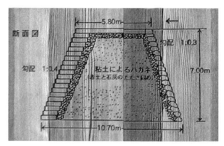

写真-3　オランダ堰堤断面図［堰堤の案内板］

ともせず今もその役割を果たせるものと考えられている。階段状の外観が鎧に似ているところから、後述する天神川鎧堰堤とともに「鎧型」堰堤と呼ばれている。同型式の堰堤は、江戸中〜後期に造られた福山藩（広島県）砂留が知られるが、両者の直接的な関係は不明のようだ。

設計者の田邊義三郎は、安政5（1858）年に山口県で生まれ、15歳でドイツへ私費留学し、帰国後、各地の内務省土木監督署巡視長を歴任した人物。明治17（1884）年にはデ・レーケとともに琵琶湖疏水計画（11参照）の調査へ赴いたこともある。この堰堤をデ・レーケが直接指導したかどうか確証はないそうだが、オランダ堰堤と呼ばれるゆえんは、30年もの間日本各地の治山治水、港湾整備などに尽くしたデ・レーケに

写真-2　堰堤上部。ごぼう積み、階段状、アーチ状の法面の様子が分かる。

写真-4　オランダ堰堤の傍らに立つデ・レーケの像。直接の指導は確認されていない。

ちなんでのことという。オランダ堰堤は、田上山砂防工事の記念碑的存在であるとして、昭和63（1988）年に大津市の史跡に指定された。

天神川の鎧堰堤

もう一つの「鎧型」堰堤は、天神川上流の若女谷にあり、その名も「鎧堰堤」である。天神川は琵琶湖から流れ出る瀬田川に合流する大戸川の支流で、田上山系のふところを縫うように流れている。堰堤へは、天神川に沿う東海自然歩道を歩き、いくつもの谷筋が集まってきている迎不動というところから若女谷に分け入り、渓流に転がる石を伝い、山道を登ってやっとたどり着く。

同堰堤は、現地で切り出した32cm×35cm×120cm程度の切り石で、下流面は段高60〜65cm、段幅40〜45cmの11段の階段状に積み上げられている。切り石の長辺を流れに平行に積むごぼう積みにして、その下の石を流れと直角にし、段高1段に対して2つの石を縦横交互に積む珍しい積み方だ。同じ「鎧積み」でもオランダ堰堤とは趣が異なる。高さは6.8m、堤長9.0mと比較的小規模ながら、推定3万4,000m^3の土砂をせき止め、1世紀以上もびくともしていない。これは設置場所の選定がきわめて適切であったからだと、現代の技術者たちは感心する。設計はやはり田邊義三郎、竣工は明治22（1889）年とされる。

山腹工の発達もあり、徐々に緑を回復

これら2つの堰堤は内部に粘土などをたたき固めて水が漏れない構造とし、貯砂だけでなく、貯水もできるようになっていた。水抜きのある現在の砂防堰堤とは異なる。当時は貯水が山中に湿気を与え、樹木の生育

写真-5　背後に膨大な土砂を溜めている天神川鎧堰堤

を助けると考えられていたからという。田上山は、これら砂防堰堤だけでなく、「積苗工」などの山腹保護技術の発達もあって、徐々に緑を回復していった。

こうして昭和49（1974）年には砂防100年を祝う式典が行われ、田上枝町の田上公園内に記念碑が設置された。緑の再生と保護の長い道のりを思い、今や国際語といわれる「SABO」の意義と歴史をかみしめたいものだ。

【オランダ堰堤データ】
・幅：34 m
・高さ：7 m
・堤頂幅：5.8 m

【鎧堰堤データ】
・幅：9 m
・高さ：6.8 m
・堤頂幅：4 m

取材協力：国土交通省琵琶湖河川事務所
掲載：2008年5月号

49 鈴鹿山系の近代砂防の歴史を伝える記念碑：朝明川砂防堰堤群

三重県菰野町

地質的に土砂流出の好発する地域

鈴鹿山脈の釈迦ヶ岳（1,092m）と御在所山（1,212m）との間に水源をもち、湯治場「湯の山温泉」で知られる三重県北部の菰野町を東流する朝明川。最上流部は風化が激しい花崗岩地帯で、かつては草木もまばらな荒廃地が多く、古くからの土砂流出地であった。朝明川だけでなく一帯が花崗岩の土砂発生源に覆われている鈴鹿山系の砂防工事は、全国的にも歴史が古い。明治30（1897）年に砂防法が制定されると、同法に基づいて明治32年鈴鹿山系が広範囲にわたって砂防指定地に編入され、国庫補助による砂防事業が着手された。着工初年度に朝明川流域だけでも7地域に工事が行われたことから、重点区域であったことがうかがわれる。

山林の過度な伐採などに起因する山地の荒廃や土砂流出への対策（砂防）は、江戸期から各地で行われてきた。江戸時代の菰野藩でも山代官を置き、サクラ、カエデ、マツ、スギ、ヒノキを五守木と称して伐採を禁じて取り締まり、災害備蓄林として御用林を設けて管理するなどした。こうした治山治水は、明治初期までは伐採の禁止や植栽の奨励など山腹保護が主体だった。明治初期にオランダ人技術者デ・レーケらが来日し、ヨーロッパ流の砂防工法が導入されると、山腹工事に加えて、新しい工法として渓流に多くの堰堤を造る工事が併用され始めた。そして大正時代には山腹工事よりむしろ渓流工事が主流となる。堰堤の構造は明治期の空石積（内部は土砂や礫）から大正中期以降の練石積（内部は粗石コンクリート）へ変化した。

優れた石組技術と「なわだるみ」

朝明川最上流の支流猫谷の入口にある、猫谷第一堰堤（口絵49）は現地に産する径70〜80cmの自然石を組み合わせた空石積堰堤だ。空石積とは、石と石を上手く組み合わせモルタルなどで固めない組み方で、城の石垣などで知られる。空石積は透水性がよく、水の浄化機能もあるため自然環境に優しい工法。谷の自然勾配の地形によく合わせ、水流の中心をゆるく窪ませて組まれている。土砂の流出を防ぐ一方、あたりの景観を損なうことなく、谷の自然美に調和している。同堰堤から少し上流に、同じく空石積の猫谷第二堰堤（写真-1）が、比較的幅が狭く傾斜の急な谷筋に設けられている。

これらはいずれも、現地の花崗岩を石工が細工した上で積み上げたもの。幾多の大洪水にも耐え、今なお安定して当初の姿をとどめていることは、高度な石組技術の存在

写真-1　猫谷第二堰堤。幅6〜7m、高さ9m

を示している。朝明川沿いは昔から石の産地として知られ、石の急所を押さえ石の顔を見る、優れた石工を輩出した。また、この2つの堰堤は、堤体の中央部を縄跳びの縄のようにゆるく窪ませてあることから「なわだるみ堰堤」とも呼ばれている。築造年代は明治後期から大正にかけてと推測されているが、はっきりした記録は残っていない。

大正期の2つの堰堤

前記2つの堰堤の下流、朝明川本流にあるのが、一の瀬練石積堰堤（写真-2）と一の瀬空石積堰堤（写真-3）だ。朝明川の砂防事業は明治期から開始され、流域に多数の堰堤が築造されているが、これらはその中でも下流寄りにある。いずれも大正11（1922）年に造られたという記録がある。一の瀬練石積堰堤は、三重県初の練石積堰堤とされる。練石積とは、石を積み上げる時に石と石の間をコンクリートなどで固める工法だ。堰の中央正面には「大正十壱年度砂防工事」と刻まれた扁額状の石がはめられている。堰の根元は強固な花崗岩より成る岩盤を切り込み据えられていて、大洪水時の転石による被災破損の痕もない。

一の瀬空石積堰堤は一の瀬練石積堰堤の上流約130mの地点に設けられている。1～2mほどの巨石を用いた空石積堰堤で極めて力強い外観。現地付近の巨大な転石を集め、それぞれの個性ある石の顔を前面に出して、個々の石の形に対応しつつ見事な谷積（石の角を立てて斜めに噛み合わせる積み方）状にするなど施工精度も高く、当時の石工の技術の高さを示している。

緑豊かな地に生まれ変わって

近年、歴史的な砂防施設に各地で関心が寄せられている。国土交通省、文化庁は平成15（2003）年、「歴史的砂防施設の保存活用ガイドライン」を作成した。それに先立つこと13年、朝明砂防学習ゾーンが平成2（1990）年にオープン。朝明渓谷の砂防事業の変遷をミニチュアで紹介する施設だ。かつて昭和55（1980）年5月には、第31回全国植樹祭の会場（現在の三重県民の森）に朝明川中流部の山麓が選ばれた。明治初期には荒廃地が多かった渓谷の緑化が成功したことの証左であろう。

写真-2 一の瀬練石積堰堤。幅40m、高さ3.6m

写真-3 一の瀬空石積堰堤。幅35m、高さ5m［写真提供：菰野町教育委員会］

【朝明川砂防堰堤群データ】
猫谷第一堰堤、猫谷第二堰堤　築造年不詳
一の瀬練石積堰堤、一の瀬空石積堰堤
　築造；大正11（1922）年
4件とも国登録有形文化財

取材協力：菰野町教育委員会
掲載：2007年9月

50　100年以上、土砂災害から地域を守ってきた：デ・レーケの堰堤（大谷川堰堤）

徳島県美馬市（国登録有形文化財）

　「四国三郎」ともいわれる吉野川は、人々に多くの恵みを与える反面、氾濫を繰り返す「あばれ川」でもあった。吉野川の支流にある大谷川堰堤は、ヨハネス・デ・レーケの調査に基づき築造されたもので、日本各地に残るデ・レーケ指導の砂防ダムの中で最大級の規模を誇る。

　地元の人びとの地道な保存活動が評価され、平成14年2月14日、国登録有形文化財「大谷川堰堤」として登録された。地元では「デ・レーケの堰堤」として親しまれている。

吉野川の氾濫と土砂災害

　吉野川は、四国の中央をほぼ東西に貫流して紀伊水道に注ぐ流域面積3,750km²、長さ194kmの一級河川。その流域は四国4県にまたがり、利根川の坂東太郎、筑後川の筑紫次郎と並んで四国三郎と呼ばれ、日本でも有数の大河川である。

　江戸時代には阿波地方の藍や煙草、生糸などを運ぶ舟運の大動脈だったが、台風銀座と呼ばれるほど雨の多い地域でもあり、たびたび氾濫を繰り返し、洪水による被害も甚大であった。特に徳島県北部にそびえる讃岐山地は浸食されやすい地質で、大量の土砂が流出し、崖崩れ、地滑り、土石流などの土砂災害が度々発生していた。

ヨハネス・デ・レーケの調査と提案

　ヨハネス・デ・レーケは、明治17（1884）年6月12日〜7月4日まで約3週間をかけて吉野川の洪水対策のため流域調査を行い、詳細な報告書『吉野川検査復命書』をまとめた。

　とりわけ平野部が狭い左岸、讃岐山脈側の崩壊防止に力を入れるよう力説し、水源諸山の改良と吉野川支流のうち、土砂災害の甚大な大谷川など8カ所に砂防ダムを建設する必要性を提案した。

美しいカーブの大谷川堰堤

　大谷川は長さ約6km、徳島県美馬市脇町内の大滝山に水源を持つ。山を抜けると表流水がなくなる涸れ川だが、いったん大雨に見舞われると、急勾配から土砂まじりの水が町の中心部を直撃する。

　大谷川堰堤は、報告書提出から2年後の明治19年から2年をかけて内務省第1期直轄工事として施工された。吉野川支川に数基建造されたが、現在残っているのはこの1基のみである。

　大谷川堰堤は、大谷川が吉野川と合流する地点から約1km上流にある。堤長97m（現在は補強工事により60m）、幅12m、高さ3.8m、上流に向かって緩やかに弓形に張り出して美しい曲線を描いており、河道の中心方向に水流が集まるように工夫されている。河床に粘土を搗き固め、下流側は松の丸太を並べて基礎とし、表面は山から切り出したままの自然の巨石で覆い、水勢をそぐため、当初は2段の堰堤が造られたが、その後、3段に改修された。

　土と木と石を使用し、人力だけで構築され

写真-1 ヨハネス・デ・レーケの碑。デ・レーケの功績が分かりやすく紹介されている。

たダムだが、100年以上経った今でも巧妙に組み合わされた石に緩みはなく、しっかりとその機能を果たしている。明治28（1895）年、大正元（1912）年、昭和29（1954）年、51（1976）年の大洪水をはじめ、年に何回かの洪水時にも、上流からの土石流の破壊力に耐えてビクともしなかったという。

デ・レーケのダムを守ろう

しかし歳月を重ねるうちに由来を知る人も減り、雑草が生い茂るままとなっていた。近くに住む製麺業の金平正さんは、この状況を見かねて、平成5年7月、有志に呼びかけ「デ・レーケ砂防ダムを守る会」を発足させた。会長を務める金平さんは、次のように語っている。

「私の子どもの頃、この堰堤は横堤（よこぜき）と呼ばれ、私の父は『この堰堤はデ・レーケという外国人が造ったもので、大水を防いでくれている。全国でも珍しく、今にきっと値打ちが出るよ』と言っていました。しかし、多くの人はこの由来を知らず、堰堤の周りには草や木が生い茂り、ゴミが散らばる状況が続いていたのです」。

その後、守る会の会員は70名以上に増え、平成5年9月には脇町と協力して日本・オランダ両国の国旗を掲揚、周囲にオランダ大使館から贈られたチューリップ1,000株を植えた。デ・レーケの活動を顕彰し、日本とオランダの友好を祈念する式典も行われた。

デ・レーケの堰堤を中心とした親水公園に

こうした活動の結果、国の「砂防学習ゾーンモデル事業」の親水公園として整備され、平成14年2月には「大谷川堰堤」として国の登録有形文化財に登録された。活動の輪はさらに広がり、「守る会」に加え、シルバーボランティアなどが年1回、堰堤周辺の草取り作業や河川敷に季節の花を植栽、デ・レーケ日曜市等を開催している。11月には地元の小学校が砂防学習授業の一環としてチューリップの球根を植え、春には、1万本のチューリップが咲く。さらに大谷川の両岸にサクラの苗木を植え、将来は花見を楽しみたいと夢をふくらませている。

日本の治水に生涯を捧げたデ・レーケの功績は、大谷川堰堤を中心とした砂防公園の中で、次世代にまで語り継がれようとしている。

写真-2 オランダ風につくられている親水公園内のあずまや

取材協力：美馬市商工観光課
掲載：2006年7月号

§5
明るい暮らしと電力への期待
水力発電

51　大正時代からの水力発電施設として今も現役：
大河原発電所・大河原取水堰堤

京都府南山城村

　わが国に初めて電灯が灯ったのは今からおよそ120年前。大河原発電所は急速な電灯の需要をまかなうために、大正8（1919）年12月、京都府の最南端、奈良県・三重県との県境に近い南山城村に建設され、日本では最も早い時期に水力発電による電灯用の明かりを供給した。

　直線距離で1.0kmほど上流の大河原堰堤で取水し、トンネルを通して水槽に導いて発電、今も現役で周辺地域に送電している。発電所・堰堤・取水口のシステム全体が当時の姿で残され、2013年土木学会の「選奨土木遺産」に選定されている。また、大正ロマンを感じさせる建物は『日本建築総覧―各地に遺る明治大正昭和の建物（1860-1945）』の中から、1982年、日本建築学会が特に重要な建物として選んだ「全国の建物約2000棟」のひとつに選ばれている。

水力発電で最初に電灯を灯した京都電燈

　わが国の電気事業は明治中期以降本格化し、相次いで電灯会社が開業した。明治19（1886）年7月の東京電燈会社を皮切りに、神戸電燈、大阪電燈と続き、京都電燈は明治22年7月開業、全国で4番目の早さであった。

　これは当時、地方長官の中で新進気鋭といわれた北垣国道が第3代京都府知事に就任（明治14年2月）、京都を救うものは水力開発以外にないと、琵琶湖疏水（11参照）の建設を推進したことと関係が深い。

　疏水工事認可請願のため東京出張中に、東京・銀座の店頭でアーク灯のデモンストレーションを見た北垣知事は、電灯の将来性に着目して電気事業を推進、明治21年4月6日、京都電燈会社が設立された（初代社長・田中源太郎）。

　北垣知事は疏水事業のなかでも水力発電を重視した。明治24年に竣工した蹴上発電所は、水力発電所としては日本初のもので、2,000馬力の発電能力を有し、その設備と規模は当時世界随一のものだった。

　京都電燈は蹴上発電所から京都市内まで送電線路を完成させ、明治25年12月より毎日午後5時より9時間、90馬力の発電機による送電を開始した。これがわが国で水力発電を電灯用に供給した最初であった（『京都電灯五十年史』）。

急増する電力需要に応えて

　その後、電気事業は技術の進歩と相まって飛躍的に発展し、高圧電線で数十キロの遠距離に送電できるようになり、供給区域も一都市だけでなく、府や県の市町村にまで及ぶようになった。特に水力発電は火力に比べてコストが低く、明治の末頃には電灯は生活に欠かせない必需品となり、需要の激増で殺到する申込みに供給が追いつかなくなってきた。

　明治44年の京都電燈の供給能力は水力・火力合わせて7,400kWだったが、数年先を見越してさらに2,000kW以上の準備電力を確保する必要があった。

京都電燈は近距離に有利な水利地点を探し求めた結果、京都府大河原村の木津川水力電気の水利権を譲り受け、明治45（1912）年5月、木津川沿岸発電用水路開鑿工事の権利を譲渡された。「大河原村大字北大河原小字泉ケ谷に木津川堰堤（現・大河原堰堤）を設けて引水し、発電後は木津川に放水する、発電力は3,000kW」という計画に対し、大河原村会は「旧慣行により、木津川筋の舟筏（木材運搬用のいかだ）の通航に支障がないこと、魚路を確保すること」を条件に、計画を承認した。

大正7年7月、大河原発電所及び関連工事に着手、翌8年11月4日に竣工、同年12月に運転を開始。主に山城・京都方面を対象に送電された。

発電所は木津川が湾曲している部分を利用し、湾曲部の端に延長10.7km、天端幅5m、高さ14mの堰堤が造られた。せき止められた水は、取水口から延長985mのトンネルを経て水槽に流れ込んでいる。

「発祥致福」－幸福はこの地から始まる

建設当時の模様は、運開70周年を記念して開催された「大河原発電所・古希を祝う会」の小冊子にまとめられている。

建設中のトンネルには日の丸が掲げられ、水槽への出口上部には京都電燈社社長自筆の「発祥致福」の文字が刻み込まれた。発祥致福には、「物事の幸福はこの地から始まる」との意味が込められているという。当時、この地に電灯が灯り、明るい暮ら

写真-2　トンネル出口上部に刻まれている「発祥致福」の文字
[写真提供：関西電力㈱奈良支社]

写真-1　発電所の上にある水槽から滑り落ちた水が右下の発電所に入る

写真-3　水車ケーシング運搬。遠くスイスから大河原駅に到着したEW社製水車。大河原駅から現地まで引込線で運搬したという。[写真提供：関西電力㈱奈良支社]

写真-4 大正8年当時の発電機と運転員。運開後の記念撮影であろうか。新しい仕事に従事している人たちの誇らしげな表情が読みとれる。[写真提供：関西電力㈱奈良支社]

が幸福をもたらすことを夢見て、村中総出で建設に協力したことがうかがわれる。遠くスイスから水車が到着した際には、大勢の人々が盛装して水車に上り、記念写真を撮っている。

決しゃ板を備えた大河原堰堤

大河原堰堤は、発電所から10kmほど上流にあり、堰堤の道路側には魚道と舟筏の通路を確保するための施設が造られた。かつて木津川上流の木材や薪炭は、筏を利用していたが、今は陸上輸送が主となり、

写真-5 大河原堰堤と魚道、筏流し。中央部分に出力増強のための決しゃ板が付いている。はしご状の部分は魚道、その手前はかつて筏を流したところ。

舟筏を流した通路のみが往時の面影を残している。なお魚道は現在もアユが遡上する時期には開放されている。

昭和19（1944）年10月、軍需産業の電力需要をまかない、出力増強をはかるため、決しゃ板が設置された。決しゃ板は、横180cm、縦120cm（25cm×4段、最下段20cmの5段重ね）、厚さ5cmの木製で、台風などの洪水時には水の力で板が流出する構造になっており、現在も流出するたびに新しく取り替えられているという。

＊

京都電燈はその後の電力再編成により関西電力となった。大河原発電所はかつては地元に根付いた発電所として親しまれてきたが、昭和61（1986）年には無人化され、集中制御されている。昭和44年、上流に洪水調節用の高山ダム（水資源機構）が完成。地域発展のための安定電源として重要な役割を担っている。

【大河原発電所データ】
・立軸単輪単流渦巻フランシス水車（2台）スイスEW製
・水路式　・最大出力：3,200kW
・使用水量：18.6m³/s　・有効落差：22.3m
・発電所形式：地上　・水車深度：6.8m
・発電機床面積：407.6m²
・主機基礎構造：2床

取材協力：関西電力㈱奈良支社
掲載：2008年2月号

52 大容量水力発電所の草分けとして今も現役：宇治発電所

京都府宇治市

日本最初の商業用水力発電所として蹴上発電所が建設されたのを契機に、琵琶湖を水源とする淀川水系でも水力発電所開発の機運が高まった。宇治発電所は宇治の景勝地に建設され、大正2（1913）年7月、出力2万7,630kWで竣工した（大正5年に3万1,000kWに増強）。

関西地方の電気事業の発展に大きく寄与し、およそ100年にわたり、京阪神地方に安定した電力を供給し続けている。

関西地方の電気事業に大きな影響を与えた宇治川電気

明治30年代後半から急増する電力需要に応えるため、水力発電を手がける多くの電気事業会社が設立された。

宇治発電所の建設を推進したのは京都市在住の高本文平を代表とするグループで、宇治水電の名義で淀川上流に発電用水路の開削を出願したことが発端である。高木文平は、琵琶湖疏水の設計者・田邉朔郎とともに米国コロラド州アスペンの水力発電所を視察し、これを参考に蹴上発電所を建設したメンバーとして知られ、明治39（1906）年10月、自ら発起人となって宇治川電気を設立した（11参照）。

当初、淀川水系の開発をめぐって3つの案があったが、内務省の調整により水力発電に一本化して許可された。設立時の資本金は1,250万円、当時日本最大の電力会社・東京電燈の資本金715万円を上まわる大規模な会社であった。

なお、琵琶湖から流れ出る瀬田川は、京都府では宇治川と呼ばれ、大阪府では淀川と呼称が変わる。

琵琶湖から水を引いて宇治川で発電

宇治川電気は、琵琶湖を水源とする瀬田川の水を宇治まで導水して発電する目的で宇治発電所を建設した。当時、関西地方では蹴上発電所の4,800kWが最大だったから、その6～7倍の2万7,630kWの出力をもつ宇治発電所は、大容量水力発電所の草分けであった。

建設工事での最大の難問は、琵琶湖から宇治川ベリまで高低差約60mの山中を通り、どのように水を導くかにあった。瀬田川の南郷洗堰から、総延長11kmに及ぶ導水路（大半がトンネル）の掘削は、一部機械が使われたが、大部分は人が手掘りで掘削し、その作業は困難をきわめたという。

写真-1 竣工時の宇治発電所、当時は鉄管も見えたが、今は森に囲まれている。[写真提供：関西電力㈱京都支社]

対岸の土産店の主人は「現場から逃げ出してきた人も多かった」と話してくれた。

着工から竣工までに6年8カ月を要したこの導水路は、その後、100年近い歳月を経ても崩れることもなく、適宜補修しながら使われている。南郷洗堰から導水された水は、山の中腹にある調整池に入り、5本の鉄管を通して5台の水車をまわし、3万2,500kW（更新後）の電力を発電。発電に使われた水（毎秒約60m³）は宇治川に放流されている。

水車は横軸の複流フランシス水車で、背中合わせに2つの出口があり、両方から水が出るタイプ。建設当初、6台あったが、5台で3万2,500kW出力できる設備に更新した結果、1台を新入社員の技術研修用訓練機に充当している。

関西電力に入社して発変電に携わる人達は、最初にここで水力発電の基礎教育を受けるという。

宇治川電気は関西屈指の電気事業会社に発展、昭和26（1951）年5月、関西電力に引継がれた。その後も発電機の改造（出力増強）や水車の取替えなど最新技術による更新が行われてきた。昭和60年5月に天ケ瀬発電所が宇治発電所を遠隔監視制御することになり、現在は無人化されている。

天候に左右されず安定的に電気を供給

宇治発電所で使われた水は「観流橋」から宇治川に放流しており、近くの工事竣工記念碑には、工事に従事した人々の名が刻まれている。

宇治川の対岸は世界遺産・平等院の真向いにあたり、発電所の北西には世界遺産・宇治上神社などもある京都有数の観光地である。このため建設当初から景観を損わな

写真-2 トンネル内作業風景 ［写真提供：関西電力㈱京都支社］

いよう、発電所の前に盛土をして、発電所が見えないように配慮してある。現在も一般の人は立入り禁止。発電に使われた水が宇治川に放流される様子は観流橋付近でしか見ることができない。

水力発電は、降水量に左右されやすいのが難点だが、宇治発電所は琵琶湖という天然のダムから取水しているため、年間を通じて一定の水量が確保でき、京阪神地方に安定的に電力を供給する恵まれた発電所である。

発電所の対岸にある塔の島公園は、平等院や宇治上神社などを訪れる人々が絶えない。ここはまた『源氏物語—宇治十帖』の舞台でもある。大きな発電能力を秘めながら、そのたたずまいを隠しているところなどは、まことに京都ならではの土木遺産といえよう。

【宇治発電所データ】
・水路式　　・出力：32,500kW
・使用水量：最大61.22m³/s
・有効落差：61.953m
・発電機床面積：1241.5m²
・水車・発電機：5台（フランシス水車）
・訓練機：1台

取材協力・資料・写真提供：関西電力㈱京都支社
掲載：2009年1月号

53 滋賀県最古の発電所として今も現役：大戸川（だいどがわ）発電所

滋賀県大津市

　明治30（1897）年1月1日、京都市営の蹴上（けあげ）発電所から大津へ電気が送られ、湖国に初めて電気が灯ったことをきっかけに、滋賀県でも水力発電開発の気運が高まった。京都電燈によって牧（現大戸川）発電所が建設され、明治44年1月、出力1,600kWで運転を開始した。

　およそ100年にわたり、滋賀県の電気事業の発展に大きく寄与し、今でも安定した電力を供給し続けている。

写真-1　建設工事中の牧発電所（明治43年頃）
［写真提供：関西電力㈱滋賀支社］

牛を使って機材を運搬

　大戸川は、滋賀県甲賀市信楽町（しがらき）多羅尾付近に源を発し、北北西へ流れて信楽盆地を縦断、大津市南部を流下し、琵琶湖の下流で瀬田川に注ぐ流域面積190km²、流路延長38kmの一級河川、滋賀県では6番目に大きな川である。

　流域は奈良や京都にも近く、古来より交通の要衝として、近畿の歴史や文化と深く関わってきた。「大戸（だいど）」という名は、大きな渓谷、滝の入口など、流れの始まりに関わるとされる。

　明治40年、当時の大津市長・田村善七は豊富な大戸川の水利に目をつけ、大戸川沿いの上田上村（かみたなかみ）（現・大津市）で水力発電事業を始めたが資金難等により京都電燈（社長・大沢善助）に権利を譲渡、発電所は京都電燈によって建設された。

　発電所の建設に伴い、上流の狭い道は建設用の運搬道路として拡張された。地元の古老の話によると、近隣の農家では飼育

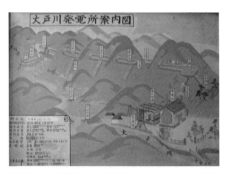

写真-2　発電所内に掲示されている古い案内図。沈砂池は5つ、水槽から水圧鉄管、発電所までの経路がわかる。［写真提供：関西電力㈱滋賀支社］

していた農耕用の牛を機材等の運搬に提供したほか、労役も提供したそうである。

　村の外れから発電所に至る道は悪く、水冷式の変圧器や水車ケーシングの輸送には大変苦労したといわれ、今でも岩盤に丸太を差し込んだという穴が残っている。重量物の運搬は1日2間（約3.6m）しか進まなかったこともあり、人と牛による作業は、想像を絶するほど困難であった。

当時の最高技術を駆使して

　牧発電所は、当時の最高技術であるGE社製アルミニウム避雷器を日本で初めて採用したこと、ここから京都今熊野へ至る送電線路に20基の鉄塔を建設したことで話題になった。この送電線は箱根水力発電の箱根～横浜間の送電線に次ぐ規模だった。地元の上田上村はこの発電所によって大正3（1914）年から電灯が灯り、近隣各地からの見学者で賑わった。

　牧発電所は京都電燈の筆頭発電所としてドル箱的存在だったが、発電所完成後は京都からの受電を中止して、牧発電所から大津市をはじめ、栗太、野洲など滋賀県の各市町村に供給するようになった。その後、琵琶湖を取り囲むように21の水力発電所が建設され、現在、13発電所が稼動中である。

　発電所は昭和26（1951）年5月、関西電力に引継がれ、大戸川発電所と改称された。平成11年12月からは甲賀制御所の遠隔監視制御となり、平成19（2007）年11月に滋賀給電制御所に監視制御を統合され、現在に至っている。

赤レンガの建物は地域の名所

　水車はこれまで2回取り替えられたが、発電機は当時のものは一部改修、代々のメンテナンス技術者の熱心な手入れによって維持されてきた。

　赤レンガの発電所本館と水路は建設当時のままで、大戸川沿い4kmにわたって大自然の景観に同化し、梅や桜の季節には見事な風情を醸し出している。

　関西電力では地元の小学生を対象に、「出前教室」や「大戸川発電所見学」を実施し、地域との交流を深めている。

写真-3　GE製の発電機（右）とフランシス水車

写真-4　水槽から発電所への水圧鉄管、頂上まで回廊式の巡回路（石積み）が造られた。

　地元の発電所として地域の名所にもなっており、今後もできるだけ長く保存し、環境に優しいクリーンエネルギーとして使い続けたいという。

【大戸川発電所データ】
（建設当時）
・水路式
・最大出力：1,600kW
・最大使用水量：2.783m^3/s
・有効落差：74.21m
・水路：4,168.13m
・発電機：800kVA（2台）明治42年GE製
・水車：1,080kW（2台）フランシス水車
・送電設備：電圧16,500V（2回線）

取材協力・資料・写真提供：関西電力㈱滋賀支社・滋賀電力所
掲載：2009年4月号

54 当時・東洋一の下滝（現鬼怒川）発電所と日本初の発電専用コンクリートダム：黒部ダム

栃木県日光市

東京市電への送電が目的

栃木県内の電気事業は、明治中期以降、本格化する。政財界の有力者・利光鶴松（鬼怒川水力電気社長）は、東京市電に送電することを目的に下滝発電所を建設。明治44（1911）年2月に起工、大正3（1915）年5月に完成した。

総出力43,500kW、当時、東洋一の規模を誇った。関東大震災（1923年）の際、各地の発電所からの送電が不能になり、下滝発電所がいち早く送電して、東京のまちを暗黒から救ったといわれる。ちなみに東京市（現・東京都23区）の路面電車・東京市電は、1911年から東京市電気局が運行。最盛期には41系統、総延長218km、1日約175万人が利用した。現在は都電・荒川線のみが残る。

鬼怒川水力発電のさきがけ-下滝発電所

鬼怒川は、栃木県と群馬県の県境にある日光連峰（奥鬼怒）に源を発し、数々の支川を合わせて茨城県守谷市で利根川と合流する全長176.7kmの一級河川。源流部は豊かな水に恵まれているが、峡谷を流れる急流はしばしば洪水を起こし、その名も「鬼が怒ったように流れる暴れ川」に由来する。

下滝発電所は、スイス・エッシャウイス社製のペルトン水車を使用し、電気関係はドイツ・アルゲマイネ社製で、同発電所から東京変電所・東京府北豊島郡尾久村（現・東京都荒川区）までは125km、わが国最大距離の送電であった。

昭和38（1963）年に改造のため閉所されるまでの50年余り、栃木県の誇る高落差大容量発電所として運転された。改造と同時に鬼怒川発電所と名を変え、最大出力1万2,700kWの発電所に生まれ変わった。また、発電機械を運ぶために架けられた黒鉄橋（明治43年）は、その後日光市に寄付され、鬼怒川温泉街の繁栄に大きく貢献した。

日本で最初の発電専用コンクリートダム黒部ダム

黒部ダムは、下滝発電所の取水用堰堤として栗山村黒部地区（現・日光市黒部）の鬼怒川と土呂部川との合流地点に建設された。同地点からトンネルに導水、逆川調整池を経由して、下滝発電所で発電を行った。

発電用ダムとしては、わが国初の重力式コンクリートダムで、黒四ダム（富山県関西電力黒部第4発電所：1963年竣工）より歴史が古い。

表面は0.09〜0.2m²に加工した石材を畳積みにした粗石張玉石コンクリート造り、ゆるやかなアーチ形で、イギリス人の協力を得て築造された。石を張ったのは、景観上の配慮と鬼怒川の洪水で運ばれた砂利が流れ込む際、ダムの表面が磨耗するのを防ぐためで、全て人の手で行われた。

建設資材の運搬は牛馬で

黒部ダムは鬼怒川の水を栗山村黒部で堰き止めるもので、当時の栗山は山を越え、

写真-1 建設当初の黒部ダム。堤高28.7m、堤頂長150.0m、洪水吐ゲート22門［写真提供：東京電力栃木支社］

谷を渡り、やっと人馬が通れるほどの道しかなく、文字通りの秘境であった。工事用資材の運搬は、今市から大笹峠（1,100m）までは牛馬を使い、大笹峠から青柳平までは索道（空中にワイヤーロープを延ばし物資をぶら下げて運ぶ）を布設して資材を運搬した。大笹峠を越える急峻な道は、人も牛馬も大変な苦行を強いられたという。

難航をきわめた土木工事

一連の施設の建設は、鬼怒川水力発電により進められ、黒部ダムと黒部方面導水路は早川組、発電所本館と発電所側導水路は大丸組が請け負った。建設作業員は近隣各県から募集し、数千人が黒部、逆川、鬼怒川の各飯場に、数百人が民家に分宿した。工事を請負った早川組と大丸組には奨励金をかけて競争させ、早期完成をあおったため、しばしば紛争が起こり、軍隊が出動して鎮圧したこともあったという。

当時はきわめて過酷な労働条件下にあり、土木工事は難航をきわめた。犠牲者は分かっているだけで59名を超え、この他、数百人の犠牲者があったとされる。その後、今市〜下滝間に下野軌道（現・東武鉄道鬼怒川線）が敷設され、寒村だった鬼怒川温泉は大きく発展した。

石張りを残して改良

黒部ダムは大正時代から重要な役割を果たしてきたが、洪水吐ゲートや開閉装置など各所の老朽化が進み、また、洪水吐ゲートが22門と多く、出水時の操作が煩雑なことから、大規模な改良工事が行われた（1987-1988年度）。

堤高を33.9mとし、洪水吐ゲートを大型化し8門に減らした。ゆるやかな曲線を描く堰堤と、石張りの部分には当時の面影を残すように配慮してある。

栃木県内の水力発電所は22カ所あり、栃木県内の電力需要をまかなう重要な役割を担っている。

```
♪下滝発電所建設当時の歌♪
見たか聞いたか鬼怒川工事
東洋一の大工事
基礎はセメントで練りかため
送る電気は百万灯　送る先には変電所
くだいてわけるが電気局
くだいてわけるが電気局　ドーン　ドン
```

【黒部ダムデータ】
堤高：33.9m　堤頂長：150.0m
有効貯水容量：116万m³
コンクリート重力式ダム
砂利摩耗を防ぐため、表面は石張り（中はコンクリート）

取材協力：東京電力栃木北支社
掲載：2007年11月号

55　堤高日本一のバットレスダム：丸沼ダム

群馬県片品村（国指定重要文化財）

発電用ダムの重文指定は全国初

　バットレスダムは、大正から昭和初期に建設された世界的にも珍しい形式のダムで、全国で8カ所建設され、現存するのは6基のみ。

　丸沼ダムの他に、笹流（1923年：北海道・水道用）、恩原（1928年：岡山・発電用）、真川（1929年：富山・発電用）、真立（1929年：富山・発電用）、三滝（1937年：鳥取・発電用）がある。

　丸沼ダムはその中で、堤高日本一の大規模なバットレスダムであること、建設後80年以上、建設当時の形状を維持し、現在も使用されていることから、鉄筋コンクリート造りの河川構造物の一つの技術的到達点を示すものとして、平成15（2003）年12月、国の重要文化財に指定された。

世界的にも珍しいバットレスダム

　群馬県片品村にある丸沼ダムは、昭和3（1928）年、水力発電用ダムとして当時の上毛電力株式会社によって計画され、昭和6年に竣工した。高山の厳寒地という悪条件の下、建設後80年以上にわたり今も現役で、下流の一ノ瀬発電所に送水している。

　現存するバットレス構造のダムの中で、堤高、湛水面積、総貯水容量ともバットレスダムとしては国内最大である。

　バットレスダムは、主にコンクリートを主要材料として、止水壁にかかる水圧をバットレス（扶壁）で支えるもので、基礎岩盤の強固な地点で採用されコンクリートの使用量が少なくて済む。

　バットレス方式を採用したのは、現在と比較して人件費の安かった当時、少しでも高価なコンクリート材料を低減したい（重力式に比べて35〜50％減）との経済的理由から、構造的には複雑で手間はかかるが、採用されたとされる。しかし複雑な構造形状のため型枠工事に手間がかかり、施工コストが割高になることなどから、国内では昭和12（1937）年以降、バットレスダムは造られていない。

丸沼ダムの建設

　群馬県では明治時代後半から民間会社によって次々に発電所が造られた。製紙業界の先覚者・大川平三郎は、早くから利根川水源地の大森林と水力発電の開発に着目、大正14（1925）年に上毛電力株式会社を設立した。同15年に伏田発電所、翌昭和2（1927）年に幡谷・千島両発電所の運転を開始した。続いて昭和3年には菅沼・丸沼・大尻沼貯水池など一連の工事を着工、昭和6年6月に完成させた（有効貯水量1,150万 m^3）。

　菅沼、丸沼、大尻沼は、日光白根山の噴火によって流出した溶岩流によって、川が堰き止められてできた自然の沼だったが、この地点の水を有効に利用して、発電用貯水池として活用した。貯水された水は、連絡水路により下流の大尻沼に導水し、さらに一ノ瀬発電所に送水され、最大1万

写真-1 丸沼ダムの設置場所

700kWの発電を行っている。

当時の事業報告書によれば、伏田・幡谷・千鳥各発電所は良好な成績をおさめたので、渇水時に発電所の出力を増加するため、菅沼、丸沼の貯水工事に着工したとある。付帯工事としての道路が竣工し、この自動車道開通によって、山間僻陬（へきすう）の地は面目を一新し、「水路6500間、落差3千尺、出力3万キロワットノ優秀ナル水利地点ハ（中略）未開発ノママ放置スルニ忍ビズ」と、渇水時の電力販売の道を開拓すれば、社業がますます発展することを信じて疑わないと述べている〔「上毛電力第6回事業報告書」昭和3年〕。

上毛電力の電力は、大部分が首都へ供給されたが、地元にも供給され、昭和元

写真-2 建設中の丸沼ダム〔写真提供：東京電力ホールディングス〕

近年は、片品村東小川ペンション村で組織する「丸沼を愛する会」によって新たに遊歩道が整備され、大尻沼側からドラム缶の筏でダム背面の全景を見ることができる。

（1926）年末の時点で片品村一帯の323灯に明かりが灯されたほか、11カ所の電力装置に19.3kWの電力が供給された。

その後、上毛電力は、電力事業の国家管理によって発足した日本発送電に引き継がれ、昭和25年5月、電力事業の再編によって東京電力に引き継がれた。

設計者物部長穂

丸沼ダムの基本設計は、土木構造物への耐震設計で有名な内務省土木試験所長の物部長穂（もののべながほ）（1888-1941）が行った。物部長穂は、日本の水理学、土木耐震学の草分け的存在であり、水理学や土木耐震学を学問として体系づけたことで知られている。

丸沼ダムは、地震国であることを踏まえ、世界に先駆けて耐震設計が施工され、先進的な技術開発に挑戦した代表例ともいわれ、昭和初期の日本の土木設計技術の高さを示している。現在の丸沼ダムは、何度かの改修を経ているが、いずれの工事も当初の設計意図と構造形式を尊重し、外観や基本的な構造躯体は、往時の技術水準を現在に伝えている。

平成15年、国の重要文化財に指定を受けて以来、施設見学等の要請が多く、一般の人も見学できるよう、道路案内標識、駐車場、説明板等が整備された。

【丸沼ダムデータ】
・堤高：32.1m　・堤頂長：88.2m
・堤体積：13,540m³
・総貯水容量：13,600,000m³
・有効貯水容量：11,500,000m³
・発電所名：一ノ瀬発電所
・認可出力：10,700kW

取材協力・写真提供：東京電力ホールディングス㈱
資料提供：東京電力史料館
掲載：2005年10月号

56 わずか50kWで出発。わが国の長距離送電の先駆：岩津発電所と取水堰堤

愛知県岡崎市

中部地方初の事業用水力発電所

明治30（1897）年に創設された岩津発電所は、中部電力管内では現役最古で最小の電気事業用発電所だ。わずか50kWで出発した小規模な発電所ながら、地方の中小電灯会社による長距離送電事業の先駆となったことで、全国各地の電気事業に与えた影響は大きかった。

中部地方に電灯が灯ったのは明治22（1889）年の名古屋を皮切りに、豊橋、岐阜、浜松などが続き、岡崎は8番目である。しかし、水力のみで営業していたのは豊橋電燈の発電所（出力15kW）くらいで、それも成功とは程遠く、あとは火力か、火力・水力併用だった。明治29年に設立された岡崎電燈（現中部電力の前身のひとつ）が翌年完成させた岩津発電所は中部地方で初めて事業として成功した水力発電所である。

明治25年箱根湯本でわが国2番目の事業用水力発電所（25kW）を完成させた電気技師大岡正は、その後、浜松、豊橋、熱海などで水力発電に取り組んだが成功せず、「山師」などと冷笑されていた。再挑戦を願った大岡は、開発適地と協力者を探して愛知県下を歩き、明治28年、岡崎の有力者杉浦銀蔵、田中功平、近藤重三郎らに出会い、発電所建設に乗り出した。

龍神伝説に翻弄。開業式には「電気踊り」

関係者らが立地点を求めて探索していたところ、矢作川水系巴川支流郡界川筋の現岡崎市日影に二畳ヶ滝という大きな滝が

写真-1 二畳ヶ滝

あると聞き、現地を調べ、水量・落差ともに十分であることがわかり、その滝の上流約900mに取水堰堤を設け、滝の下流約500mに建設したのが岩津発電所だ。当時、地元には滝つぼに龍神がすむという伝説があり、滝を侵すと水害などの大災難が降りかかると信じられていた。これを理由にした地元の強固な建設反対運動を、関係者が滝つぼに入って見せるなどして鎮静化を図った。「奇術ではあるまいし水から火の出る法はない」という人々のあざけりや、前例のない長距離送電への不安など、様々な苦難を乗り越えて完成にこぎつけた。

こうして岡崎に初めて電灯をともした岩津発電所の試運転の日には、導水堤に見物人が山をなし、露店が5～6軒並んだという。明治30年7月8日の開業式には、頭上の花笠に電気が灯る奇抜な「電気踊り」が催されたといわれている。

水力開発初期の特徴を示す堰堤

堤体を流れ落ちる水が石張りの表面に砕けて美しい。堤高4.55m、堤頂長27.95mの粗石張り玉石コンクリート堰堤は、当時

岩津発電所と取水堰堤

写真-2　渇水期の岩津堰堤。表面は石張り［写真提供：中部電力㈱］

写真-3　完成当時の岩津発電所［写真提供：中部電力㈱］

高価だったセメントの節約と強度のために内部に玉石が混入されている。堤頂から下流の水たたきにかけては、セメントの節約と磨耗対策を兼ねた石張りであること、堤の勾配が直線状であることなど、明治期の水力開発における初期の堰堤に見られる特徴を示している。堰堤から発電所まで郡界川の左岸に引かれた約1,404m（完成当時）の導水路（開渠が主で一部トンネル）も石造である。

長距離送電の先駆

明治24年に開業した日本初の営業用水力発電所・蹴上発電所（11参照）の成功に刺激され、日清戦争後の好況を背景に箱根、日光、豊橋、前橋、桐生、仙台、福島など地方にも水力発電による電灯会社の開業が相次いだ。しかし、それらは送電電圧100V内外で送電距離も短いものばかり。日本における長距離送電の始まりは、明治32年の広発電所（広島県：26km）と沼上発電所（福島県：22km）の特別高圧（11,000V）送電の成功だとされる。しかし、それより早い明治30年に完成した岩津発電所は2,000Vの高圧線で約16kmを送電しており、長距離送電の先駆となった。その成功に全国各地から視察が相次ぎ、その後も地方における中小電灯会社の事業モデルとして、各地の電気事業に大きな影響を与えたという。地方での電気事業の経営には100〜200kWの規模で充分であり、10,000Vを超えるような特別高圧送電と異なり、変電所が不要なため経済的だったからである（「岡崎電灯事始め」より）。

発電設備は更新されたが今も現役

アメリカ・ペルトン社製ペルトン水車1台と、三吉電機工場製2,400V交流発電機1台が据えられ、出力50kWで運転を開始した。国産発電機の採用は当時珍しかった。ペルトン水車はノズルから噴出する水を羽根車のバケットに当て、その衝動により回転させる水車だ。わずか50kWの出力だったが、電灯くらいしか用途がなかった当時は約1,300軒の電気を賄えた。その後は建屋の再建・改修と水車・発電機改修などを経て、現在は出力140kWで運用し、平均的な家庭約300軒分の1年間の電気使用量を賄っている。

【岩津発電所データ（完成当時）】
・発電所形式：水路式
・使用水車：1台、ペルトン型（米ペルトン社製）
・発電機：1台 2,400V交流（三吉電機工場製）
・最大出力：50kW（後年140kW）
・水圧鉄管長：約93m
・明治30年完成

取材協力・資料提供：中部電力㈱
資料提供：石田正治氏
掲載：2009年9月号

57　日本初の立軸式発電所と余水吐：長篠発電所と同余水吐

愛知県新城市

若き技術者・今西卓に託された計画

　愛知県東部、新城市の中央部を南北に流れる豊川。宇連川との合流点は「長篠の古戦場」で知られる。豊川が山間部から三河平野へ出る直前の崖上に木造平屋建ての長篠発電所がある。明治45（1912）年に完成した中部電力株式会社の現役発電所だ。かつて寒狭川と呼ばれたこの辺りの豊川は河川浸食の後に残った硬い岩盤が荒々しく露出している。流域は花崗岩層のため保水力がなく、河川水の増減の幅が大きいうえに、河川勾配が緩く落差が稼げないため水力発電には本来不向きな場所である。

　明治末期、豊橋の電力需要は急増し発電所建設が急務だった。京都帝国大学電気工学科を明治41（1908）年に卒業し、愛知県で2番目に設立（明治27年）された豊橋電気（現中部電力の前身の一つ）へ入社したばかりの今西卓（1883-1933）に開発計画が託された。彼は豊橋へ送電するため、寒狭川に「ナイヤガラ型」と呼ばれる日本初の立軸式発電所を計画した。山間地の高落差を得られる地点は開発され尽しているが「ナイヤガラ型」ならば不利な地点でも建設が可能だ、と今西は力説した。

ナイヤガラ型発電所とは

　ナイヤガラ型とは、明治28（1895）年に完成した、立軸式の発電機と水車を採用したナイヤガラ発電所（米国）にルーツがある。今西は明治45年に電気関係の雑誌に発表した論文のなかで、ナイヤガラ型の利点を次のように挙げている。

　①発電機と水車を上下につなぐことで落差を最大限利用できる。②川の増水時には落差は減るが流量が増え、渇水時には水量は減るが落差が増えるので発電量が落ちなくて済む。③機械は主に地下に収めるので横置きの場合より建物面積を節約できる。

　長篠発電所の場合、実質的な落差は発電所の建物がある崖の高さ約20mしかない。しかも、洪水時には平常時に比べ水面が約14mも上昇する。こうした条件下で発電機の水没を防ぐためには、従来のように発

写真-1　完成当時の発電機（詳細はデータ欄）
　［写真提供：中部電力㈱］

写真-2　導水路の開渠部分。余水は左手の川へ落ちる。［写真提供：中部電力㈱］

電機と水車を横に並べると利用できる落差は非常に少なくなってしまう。しかし発電機と水車を垂直につなぐと有効落差は約20mまるまる確保できる。

自然の地形を巧みに利用

取水・導水施設の設計においても、自然の地形を巧みに利用している。発電所の上流約950m地点の川の両岸から岩が迫り出した場所に、周囲の岩を利用して取水堰を設けた。ここから発電所まで川の左岸に沿って造られている導水路は、起点から約146mは開渠、その先は岩盤をくりぬいた約730mのトンネルとなる。この導水路の開渠部は余水吐の機能がある。余水を自然石と人造石で構成された側壁全体から越流させ、川の本流に戻すように設計されており、側壁全体から溢れ落ちる水は天然の瀑布のような美しさだ。

立軸を支えた日本初のベアリング機構

発電所は平屋建てだが地下を含めると3層になっている。建物1階には発電機、その下の層には発電機と水車を連結する主軸と軸受、地下2層には水車が設置された。「ナイヤガラ型」発電設備の最重要部分は、総重量約10tにもなる発電機の回転子と、水車の羽根車の自重に加えて水車にかかる水圧を支えるスラスト軸受（軸と同一方向にかかる荷重を支える）である。発電機と水車を上下に置くために必要となったこの軸受には、径1インチ3/4の鋼球17個を油中で回転させるボールベアリングを日本で初めて採用した。製造したドイツのフォイト社は過去に5台を製作していたがアジアへの納入は初めてだったため、運転結果には多大な関心を寄せていたというが結果は良好だった。

写真-3 現在の主軸と軸受。大改修されたが当初の雰囲気は残る。

長篠発電所から全国に普及

日本初の立軸式水力発電所・長篠発電所は出力500kW（後年800kW）と小規模ながら画期的な技術によるものであったため、全国から多数の見学者が訪れたという。20代にして計画から完成までを指揮した今西は水力発電の権威となった。後には実業の世界に転じて東三河の事業王と呼ばれた。長篠発電所が先鞭をつけた立軸式の発電所は、河川の中流域はもちろん、山間部の高落差の場所でもさらに落差を増やせるため全国に普及した。なかには上麻生発電所（64参照）のように、発電機と水車の高低差が22mに及ぶものまで現れた。

【長篠発電所データ（完成当時）】
・発電所形式：水路式
・発電機：1台（シーメンス・シュッケルト社製）
・水車：1台（フォイト社製フランシス型760馬力）
・水車立軸：直径15cm、長さ9m
・最大出力：500kW（後年800kW）
・有効落差：約20m
・明治45年完成

取材協力：中部電力㈱、㈱シーテック岡崎支社
掲載：2010年4月号

58　名古屋電燈が社運をかけて建設し今も現役。長良川本流初の大型発電所：長良川水力発電所

岐阜県美濃市

建設前史・長良川に着目した小林重正

木曽川、長良川、揖斐川の木曽三川では、長良川支流に明治32（1899）年、出力25kWの最初の営業用発電所ができた後、岐阜県内には県内資本による60～300kWの小規模な水力発電所が次々と造られた。明治40年代には長距離送電が進歩し、県外の大資本が大型発電所の建設をめざして木曽三川に進出してきた。その一つが長良川水力発電所（現中部電力長良川発電所）を建設した名古屋電燈（中部電力の前身の一つ）であり、木曽川に八百津発電所（59参照）を計画したライバル・名古屋電力であった。

木曽川などに比べ地形的に不利で適地が少ない長良川に大規模発電所が造られたのは、小林重正（1856-1935）と野口遵（1873-1944）の功績による。小林は岐阜の旧岩村藩士で事業家をめざして岐阜市に移り住み、後年、下呂温泉の発展などにも業績を残した人物だ。明治28年、日本初の営業用水力発電所・蹴上発電所（京都）を見学し、水力発電の将来性を確信した小林は、自費で木曽三川の流域を調査。地形的にもっとも有利だとして、長良川の右岸、現郡上市美並町木尾で取水し水路を引き、現美濃市立花に発電所を建設する計画を立案。野口らに測量や設計を依頼した。

そして明治29（1896）年に岐阜水力電気を設立し、同30年の12月に水利権を獲得したが、日清戦争後の反動不況などで事業開始に手間取るうち、明治37年に電気

写真-1　70年使われたかつての技術水準を示す円筒形ケーシングのフランシス水車（右）と発電機が屋外に保存展示されている。それぞれ独フォイト社、シーメンス社製

事業許可が取り消され、水利権も消滅した。

消滅した水利権の再取得へ動いた野口遵

野口は日本初とされるカーバイド（炭化物）製造を行い、日本窒素肥料（現チッソ）を創業した人物である。当時はドイツのシーメンス・シュッケルト電気東京支社の今でいうセールスエンジニアだった。

野口は明治39（1906）年、小林が失った水利権の再取得をめざし、小林を代理人としてシーメンス社名で発電用水路の新設願いを再提出。当初木曽川に開発計画をもっていた名古屋電燈に計画を持ち込み、開発地を長良川へ切り替えるよう説得した。水利権はライバル名古屋電力も申請していたが、小林たちの書類提出がわずかに早く、同年小林側に許可が下りた。そして、シーメンス社から発電設備一切を購入することを条件に、水利権は名古屋電燈に無償で譲渡された。長良川水力発電所の発電設備は、こうした経緯ですべてドイツ製が採用された。

企業間の熾烈な競争のなかで

　明治22（1889）年に開業した名古屋電燈は、日清・日露戦争の影響による石炭高騰に苦しんだ。火力発電所しか持たなかったため、自社の供給区域・名古屋市内に、水力発電による単価の安い電気で進出してきた東海電気との価格競争にさらされた。明治39年に設立されたガス灯の名古屋瓦斯も脅威であった。当時のガス灯はマントル使用で、カーボンフィラメントを使用していた電灯より明るく、動力用としてもガスエンジンは電気モーターより経済的だった。しかし、名古屋瓦斯は営業当初は好調だったが、電灯が炭素からタングステンフィラメントに変わると電力の優位性が確実となり、大正年間に灯火用の競争から漸次撤退した。そして最大のライバルは名古屋電燈より資本が大きい名古屋電力で、木曽川に長良川水力発電所よりはるかに出力が大きい、八百津発電所を計画していた。

第十回関西府県連合共進会へ向けて

　長良川の名古屋電燈と木曽川の名古屋電力。両者が同時期に着工した2つの発電所が直面する課題は、2年後に名古屋市で開催予定の「第十回関西府県連合共進会」会場を照明することだった。明治36（1903）年、明治政府の一連の殖産興業策の一つ、第五回内国勧業博覧会で本邦初の本格的なイルミネーションが実施され、以後、各地の博覧会でイルミネーションと夜間開場は不可欠となっていた。

　『名古屋電燈株式会社史』によれば、主催者・愛知県の深野一三知事は共進会開催までに送電が開始できるか、再三視察に訪れた。一時は、竣工時期が曖昧な電灯より実績のあるガス灯にすべきという動き

写真-2　長良川水力発電所の模型が展示された機械館［写真-2, 3とも『第十回関西府県連合共進会記念写真帖』国立国会図書館蔵より］

写真-3　共進会のイルミネーション

もあった。加藤重三郎名古屋市長とは、もし共進会前夜までに場内の電灯すべてに点灯できなかった場合は、電気工事費（6万円あまり）を請負側が負担するという誓約書まで交わした。

　共進会開始前の送電は至上命令となり、明治42（1909）年後半に入ってからは昼夜兼行で工事を急ぎ、明治43年、共進会開催の前月に竣工、開催日2日前に逓信省技師による竣工検査が終わるという綱渡りだった。ようやく間に合った送電で共進会会場の電灯2万5,834灯が輝いた。ガス灯はわずかに961基だった。

　一方、滑り出しは順調だった名古屋電力はその後の景気後退と株式市場の低迷、さらには難工事で資金不足に陥り、明治43年10月、名古屋電燈に合併吸収され、

八百津発電所を完成させたのはサバイバルレースに勝った名古屋電燈であった。

好立地の水路式、33kV で約 52km を送電

小林重正が最初に立てた計画を踏襲した長良川水力発電所は、自然の地形を巧みに利用したダムを持たない流れ込み式で、今も当時と変わらず、上流の郡上市美並町木尾の取水口から美濃市立花の発電所水槽までの約 4km の区間を導水している。1年を通して水に恵まれ渇水期でも大幅に水量が変化せず、発電効率が大変良いという。小林の立地選定の確かさがうかがえる。

33kV という高電圧で約 52km 離れた名古屋市までの長距離送電に成功した発電所の総建設費は、約 246 万 8000 円であった。出力 4,200kW は竣工時には県内最大、全国的にもトップクラスだった。明治 41 年 6 月から開始された導水路工事はノミやツルハシ、スコップなどによる手掘り作業で行われたと伝わる。当時の古い写真を見ると土木機械は見当たらず、工事現場では馬が使われ、水車や発電機など重量物の運搬は陸路を人力で引いたり、大いかだに載せて運んだりしている。

運転開始から 70 年を経た、昭和 55 ～ 56 年、老朽化対策と出力アップの改修工

写真-5　導水路の途中にある湯ノ洞谷水路橋。登録有形文化財の一つ

写真-6　馬が使われている導水トンネル工事［写真提供：中部電力㈱］

事が行われ、現本館を残して他の建物は建て替えられた。2 組あった水車・発電機は使用水量は変えずに 1 組で最大出力 4,800kW のものに更新された。その後、平成 12 年、同 13 年に本館、正門、外塀、取水口、3 つの水路橋など創設時の構造物 10 件が国の登録有形文化財となった。

【長良川水力発電所データ（完成当時）】
・発電所形式：水路式
・水車発電機：2 基　・発電機（シーメンス社製）
・使用水車：円筒形ケーシング横軸フランシス型
・最大出力：4,200kW（後年 4,800kW）
・最大使用水量：約 22m³/ 秒
・有効落差：約 27m
・明治 43 年完成

取材協力：中部電力㈱および高橋伊佐夫氏
掲載：2010 年 12 月号

写真-4　人が引いて町の中を進む発電所の建設資材［写真提供：中部電力㈱］

5.9 国産技術への転換点に位置する木曽川水系最古の大型発電所：旧八百津(やおつ)発電所

岐阜県八百津町（国指定重要文化財）

自立への道のり

　明治末期、木曽川水系で最も早く建設された本格的発電所が旧八百津発電所だ。わが国の大容量・長距離送電の先駆けの一つだが、当時の計画における限界や矛盾、欠陥もはらんでいた。それらを克服する過程で、日本の水力発電技術は欧米からの自立へかじを切る。ターニングポイントに位置し、自立期の技術水準を示す数々の遺産が残る同発電所は、貴重な電力産業遺産として平成10（1998）年に国の重要文化財に指定された。

大型発電所黎明期に建設

　岐阜県加茂郡八百津町の中心部からバスで約5分。蘇水峡の渓谷美を刻んだ木曽川が川幅を広げ穏やかな流れに変わるあたりに、旧八百津発電所資料館（旧八百津発電所本館）がある。明治30年代末、名古屋市における電力需要が急増。大型発電所の建設をめざして設立された名古屋電力が、明治40（1907）年末に着工したのが旧八百津発電所（当時の呼称は木曽川発電所）である。当時は水力発電の専門技術が確立されておらず、築港、鉄道などの土木技術者が設計に当たった。河川本流における高堰堤建設技術に未熟だったことや、木曽材の筏流送をはじめとする河川輸送に配慮したことから、ダム式発電所の開発適地でありながら、水路式発電所として設計された。

　上流の恵那市にあった取水口から約9.7kmに及んだ水路工事（総延長の約64％がトンネル）は立地選定の誤りなどから難工事となり、総建設費と工期は予定の倍近くに増えた。この負担などによって名古屋電力は経営が悪化。発電所建設は、同社を吸収合併したライバル会社名古屋電燈が引き継ぎ、明治44年12月に完成させた。この吸収合併に手腕を振るったのが後の電力王・福澤桃介（60,61,62参照）で、八百津完成の後、賤母(しずも)、大桑、須原、桃山、読書(よみかき)、大井、落合と、次々に発電所を建設。旧八百津発電所は木曽川電源開発のトップを切る発電所となった。

明治期最高電圧、初の国産鉄塔で

　旧八百津発電所は、明治40年完成の東京電灯駒橋発電所（55kV、75km）に始まる大容量、長距離送電時代の幕開けを飾る発電所の一つである。名古屋までの43.4kmを明治期における最高電圧の66kVで日本で初めて国産鉄塔（川崎造船所製）を使用して送電した。66kVは大正

写真-1　鉄道は未開通。船で資材を運搬。
［写真提供：八百津町教育委員会］

3（1914）年に猪苗代水力が 115kV で送電を開始するまで最も高い電圧だった。しかし、同時期に長良川水力発電所が 33kV で 50km 余りを送電しており、他の発電所の送電距離と送電電圧に比べると、距離が短いにもかかわらず高い電圧を使用しており不均衡な設計だった。

米国製水車の破裂事故から学ぶ

　竣工に先立つ工事完了検査の際に死傷者の出る大事故が起こった。4 台（1 台は予備）の水車のうち 1 台の試運転にかかったとき、回転数を調整する調速機が働かず轟音とともに水車のランナーを覆うケーシングが破裂。噴出した水にもまれて、検査に立ち会っていた技師ら 2 名が死亡、2 名が負傷した。その後の調査で事故原因は米国モルガンスミス社製横軸フランシス水車の性能が劣るためと実証された。当時大型発電所の水車はほとんどヨーロッパ製で、アメリカ製を選んだ水車選定の誤りが指摘された。しかし、この事故の原因究明などの過程で日本人技術者の技術力が評価され、その後の国産技術の向上に役立つことになる。

　残った 2 台（予備水車 1 台は除く）のアメリカ製水車は大正 9（1920）年、同 10 年に再び破損事故を起こし、大正 11～13 年に国産メーカーである電業社製横軸単輪複流渦巻型フランシス水車に交換された。この水車はヨーロッパ製水車の模倣を基本としながら、ヨーロッパの一流メーカー製水車にはない機構が追加されるなど、はるかに高性能に改良されていた。また、米国ゼネラルエレクトリック社製の発電機は大正 12 年ころ、芝浦電気（現東芝）によってコイル巻き替えが行われ、国産技術によって発電所総出力が 7,500kW から 9,600kW へと

写真-2　発電所本館に保存されている水車と発電機

写真-3　放水口発電所。左奥に八百津発電所放水口が見える。

増強された。これらの水車と発電機は、旧八百津発電所資料館内に今も残されており、明治 40 年代の欧米の技術水準と、自立を果たしつつある日本の技術水準を示す貴重な資料となっている。

類例のない連成水車をもつ放水口発電所

　八百津発電所の設計においては、木曽川の洪水時の水位を実際より高く見積もったため、放水口位置が高く未利用の落差が残っていた。電力需要が増加した大正 6（1917）年に、この残存落差約 6.7m を利用した放水口発電所（使用水量約 24.2m³/秒、出力 1,200kW）が設置されたことも八百津発電所の大きな特徴だ。発電後に放水した水を再び水槽に溜め、放水口発電所の左右に置かれた水車を回してから木曽川に放流した。当時欧米では低落差

用プロペラ水車（カプラン水車）が開発されつつあったが、その開発力は日本にはなく、既存のフランシス水車を発電機の左右に2台ずつつなげた類例のない連成水車を考案。発電機と左右合計4台の水車の主軸は計27mにも及ぶ。この「極端な例」といわれた連成水車は、既存技術を導入改良して極限まで高度に利用するという、日本の産業技術の特徴を示す典型例とされている。

「防火床」のレンガ建物も貴重な遺構

発電所本館は、外壁はモルタル、内部は漆喰で塗られたレンガ建造物だ。発電室は熱がこもらないよう12mもの軒高の吹き抜けとなっており、建物の約半分を占める送電棟は吹き抜け側から見ると中2階という造り。送電棟の1階は母線室、2階が配電室という設計だ。この建物も歴史的に貴重な遺構で、2階の配電室の床は「防火床」工法が採用されている。通常のレンガ建物

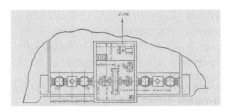

図-1 放水口発電所の平面図 [『日本の発電所・中部日本篇』日本動力協会編より]

写真-4 連成水車のうち左側のもの

写真-5 平面図の中央にある建屋内の発電機。屋外の左右にそれぞれ2台の水車がつながれている。

では床や梁を木造にするため火災に弱い。その対策として、鉄鋼（I型鋼）の梁をかけその梁間をレンガによる連続アーチで埋め、アーチが支える2階床面とアーチの隙間を無筋コンクリートで充填する手法だ。愛知県半田市にある旧カブトビール工場はその一例だが、レンガアーチによる防火床構造の現存例は限られる。産業史ばかりでなく建築史の上でも貴重な遺産である。

重要文化財には、それぞれの付帯設備を含み発電所本館、放水口発電所、水槽、余水路の4件が指定されている。

【旧八百津発電所データ】
・発電機（米国GE社製）大正12年頃、芝浦電気（現東芝）によりコイル巻き替え
・米国モルガンスミス社製横軸フランシス水車（創建時）
・電業社製横軸単輪複流渦巻型フランシス水車（大正11〜13年に交換）
・最大出力：7,500kW（大正12年頃9,600kW）
・最大使用水量：27.83m³/秒
・有効落差：46.23m
明治40年着工、明治44年完成
・放水口発電所
・出力1,200kW ・使用水量約：24.2m³/秒
大正6年完成

取材協力：八百津町教育委員会
掲載：2010年2月号

60 木曽川を日本屈指の電源地帯にした福澤桃介ゆかりの大桑発電所・須原発電所

長野県大桑村

大桑発電所と須原発電所は、福澤桃介が大同電力社長として活躍した大正10年代に建設された。ほぼ同時期に造られながら、外観から内装にいたるまで全く異なる意匠が施され、木曽川の電源開発に情熱を注いだ福澤桃介の意気込みが感じられる。

木曽川の水力発電と福澤桃介

木曽川は、長野県南西部の鉢盛山(標高2,446m)に源を発し、霊峰御嶽山の雪どけ水を集めた王滝川と合流して木曽谷を一気に下り、広大な濃尾平野を蛇行して流れ、伊勢湾に注ぐ。急峻な地形で水流が速く水量が豊かな木曽川は、早くから水力発電には最適な河川として、注目されていた。

福澤桃介が陣頭指揮をとる名古屋電燈は、八百津発電所(明治44年完成)を建設途中で引き継ぐとともに、広大な上流部の水利権をまとめて掌握。余剰電力を関西地方にも供給するため、木曽電気興業(名古屋電燈から分離)、大阪送電、日本水力の3社を合併して、大正9(1920)年、大同電力を創立、社長に就任した。大正年間に建設した水力発電所は賤母(大正8年)、大桑(10年)、須原(11年)、桃山、読書(12年)、大井(13年)、落合(15年)と、7カ所に上る。

赤レンガ造りの大桑発電所

大桑発電所は、JR中央本線・野尻駅から徒歩20～30分の所にある。木曽川に面した赤レンガ造りの洒落た建物は、女学校か修道院のようにも見え、発電所とは思えない美しい景観を誇っている。

木曽川をせき止めた上部の堰堤から取水し、水槽から3本の水圧鉄管路で水を落として発電している。水車は淡いベージュ色で統一され、明かり取りの窓は赤レンガの外壁と見事に調和している。

地質調査、測量、発電所の設計は、石川栄次郎(1886-1959)建設所次長を中心に、大正6年9月～翌年5月にかけて昼夜兼行の強行日程で行われた。冬には零下20℃になることも多く、健康を害する者も続出したが、多くの困難を乗り越え、予定より早く設計をまとめることができたという。

木曽川では初の立軸水車

大桑発電所では、木曽川で初めて立軸式水車が採用された。予算難のため、製作者のアリス・チャルマー(米国)から据付技師を招くことができず、黒岩純恭建設所長以下、日本人技師のみで、図面と施工書を頼りに5カ月で据付を完成させたのである。当時としては記録的な大容量の立軸水車だったため、完成するとメーカー各社から見学者が相次いだ。軸受や発電機のスケッチをしたいとの申し出に対し、黒岩所長は、国産技術向上のためと、気軽に応じたという。

発電所建設に先だち、森林鉄道(阿寺軽便鉄道)が建設され、工事用資材運搬に大いに利用された。浸水対策として造られた堤防は工事用道路として利用され、現在、国道19号線になっている。

写真-1 大桑発電所上部にある水槽。上流の須原発電所からも取水し、3本の鉄管を通って水車または発電所に送られる。

また、資材運搬用に建設された木製（現在は鋼鉄製）の吊り橋"満寿太橋"の名称は、大同電力二代目社長の増田次郎に由来し、大桑発電所の下出橋は同社常務の下出民義に由来する。木曽川には桃介橋、桃山発電所をふくめ、建設に関わった人に由来する橋名称が多い。

白レンガ造りの須原発電所

須原発電所はJR中央線・須原駅から南へ徒歩15分の所にある。第一次世界大戦による電力の需要増が見込まれたため、大桑発電所に続いて建設された。大桑発電所とは全く雰囲気の違う白レンガの洒落た

写真-2 満寿太橋。須原発電所から木曽川を渡り、国道19号線へ通じている。当初は吊り橋だったが、鋼鉄の橋に架け替えられた。

建物で、屋根の縁には波形のデザインが施され、八角形の小塔が載っている。当初、小塔は建物の中央にあったが、左側5分の1程度が地盤沈下もあって取り壊されている。

大阪送電と東西の電力融通

大阪送電線（現・木曽幹線）は、須原を起点とするわが国最初の154kV送電線路で大正11年7月に完成した。その後、東京方面への販路拡大のため、須原発電所と松島開閉所（長野県箕輪町）間に154kVの送電線を建設、昭和12年11月に送電を開始した。これにより須原発電所は、東西の電力融通の要となった。

木曽川電力資料館と桃介公園

須原発電所に隣接して木曽川電力資料館があり、木曽川の水力開発の貴重な歴史資料や水車などが展示されている。

近くの桃介公園の園内には、福澤桃介の胸像、水車などが置かれ、春には3色の桃の花が咲く。

【大桑発電所データ】
・発電所形式：自流－水路式
・水車発電機：3基　・使用水車：フランシス型
・最大使用水量：38.40m³/秒
・有効落差：39.09m　・認可最大出力：12,600kW
・大正8年着工、大正10年3月運用開始

【須原発電所データ】
・発電所形式：自流－水路式
・水車発電機：2基　・使用水車：フランシス型
・最大使用水量：36.17m³/秒
・有効落差：34.9m　・認可最大出力：10,800kW
・大正10年6月着工、大正11年5月運用開始

取材協力：関西電力㈱木曽電力所
掲載：2008年8月号

61 現役の発電所として初の国指定重要文化財：
読書(よみかき)発電所

長野県南木曽町（国指定重要文化財）

現役で稼動する発電所として
初の国指定重要文化財

　読書発電所とその関連施設は、福澤桃介が大同電力社長として活躍した大正時代に建設されたもので、木曽谷の自然とも調和し、大正期の技術水準の高さを示す近代化遺産として、平成6（1994）年12月27日、国の重要文化財（建造物）に一括して指定された。現役で稼動する産業施設としては初めてである。

- 読書発電所（本館、水槽、水圧鉄管、附・紀功碑）
- 柿其(かきぞれ)水路橋（鉄筋コンクリート製 142.4m）
- 桃介橋（資材運搬用木製吊り橋 247m）
- 附（古材一式）

　なお、読書の名は、「与川(よかわ)」「三留野(みとの)」「柿其(かきぞれ)」の村が合併してできた村名「与三柿」に「読書」の字をあてたことに由来し、読書村は現在の南木曽(なぎそ)町にあたる。

福澤桃介と大同電力

　福澤桃介（1868-1938）は慶應義塾在学中に福澤諭吉に見込まれて娘婿となり、アメリカに留学後、実業界で幾多の事業を手がけた。特に木曽川の電源開発に情熱を注ぎ、関西、関東の電力大需要を視野に次々と水力発電所を建設した。

　大正9（1920）年、大同電力社長となり、上流域に賤母(しずも)、大桑、須原の水路式発電所を建設。引き続き、桃山、読書の水路式発電所、中流域に大井、落合のダム式発電所を建設、水路式とダム式との組み合わせによって負荷に適応させることにした。これらは桃介の「一河川一会社主義」にもとづくもので、読書発電所はその一翼を担うものであった。

　大同電力はその後の電力再編で関西電力に受け継がれ、木曽川水系の全発電所（32）を合わせた総出力は、日本の1水系では初めて100万kWを超え（1987年）、今も関西地方の電力の一翼を担っている。

技術の進歩が可能にした読書発電所

　読書発電所は、JR中央線南木曽駅から2kmほど南へ行った所にある。

　これまでに培ってきた大電力設備の向上、長距離送電技術の進歩等によって電力の大需要が見込まれ、大正10年9月、工事準備を開始、同12年12月に竣工した。工区は6区に分け、そのうちの1つは米国製の新鋭機械類を駆使し、作業員の養成、訓練のために米人技師2人を常駐させたという。

　発電所完成時の出力は4万700kW（後に4万2,100kW）と、当時としては最大規模の発電力を誇り、関西地方の電力供

写真-1　読書ダム。ダム水路式（当初は水路式）で、上流の大桑村にある読書ダムで貯めた水を導水路で導き、発電している。

給に重要な役割を果たした。

周辺環境に配慮した発電所のデザイン

　読書発電所は、半円形の窓や屋上に突き出た明り取り窓、壁上辺を飾る模様や凝ったディテールなど、近代的デザインの鉄筋コンクリート造りで、木曽川に面して美しい景観を誇っており、山の中腹にある水槽には正面と側面部分に建設当時のデザインが残されている。

　発電所の設計を担当したのは佐藤四郎（1883-1974）。大正2年、東京帝国大学建築学科卒業後、横浜開港記念会館の設計などに携わり、同12年、桃介に招かれてに大同電力に入社。桃山、読書、大井、寝覚（ねざめ）など木曽川沿いの発電所の建物設計を任された。彼は「木曽川の水を一滴残さず電力に代えたいという（中略）全く破天荒で雄大なる構想を（中略）いかに設計し、いかに施工しようかと、日夜焦慮苦心」したという。

　また、屋根の形状を勾配屋根から陸屋根に変えるなどの工夫を凝らした。読書発電所は、勾配屋根の大桑・須原発電所とは趣を異にしている。

　木曽谷の発電所は、それぞれ意匠を凝ら

写真-2　桃介橋。読書発電所の資材運搬用に架橋された。下部は石積み、上部はコンクリートの主塔3基をもつ。珍しい4径間の吊り橋。

したデザインが施されている。これは上流に賤母御料林や名勝・寝覚めの床などがあり、発電所の建設に反対が強かったこととも関係が深い。桃山発電所建設の際は、日本初の林学博士・本多静六（1866-1952）から取水口の位置や変更案の提示を受けた。桃介は本多博士と話し合いを重ねつつ、周囲の景観に配慮したという。

電力王が未来へ架けた桃介橋

　資材運搬用に造られた桃介橋は、木曽川の中洲に中間の主塔を持つ全長247m、幅2.7mの4径間連続の吊り橋で、中洲にコンクリートの支柱を立て、ワイヤーロープを張って橋を吊るしている。木製補鋼トラストをもつ吊り橋としては国内最大級、最古級で、当時の土木技術の粋を集めたものとして知られる。

　従来の日本の吊り橋とは異なる洋風の橋で、ニューヨーク・マンハッタンのブルックリン橋に似ているといわれる。当時のアメリカは「吊り橋黄金時代」と呼ばれ、桃介の別荘にも米国人技師が滞在していた。

　3基のうち、中央主塔部には中洲へ降りる大階段がある。川幅の最も広い所に架けられた雄大な橋を降りると、木曽川の流れと周辺の山々が一望でき、スケールの大きさに圧倒される。資材運搬用というより、桃介が未来への夢をかけた橋という意気込みが伝わってくる。

　平成4～5年に修理・復元され、現在は歩道や通学路として使われており、橋の中央には資材運搬用のトロッコレールの痕跡が復元されている。

旧別荘は福澤桃介記念館として

　福澤桃介はこの橋の近くに別荘を構え、

写真-3 福澤桃介記念館。レンガ造りにモルタル仕上げの総2階建て。マントルピースを備えた本格的な西洋建築で、大正8年に宿舎（別荘）として建てられた。
一般公開は3月中旬〜11月末

写真-4 柿其水路橋、上流の読書ダムからトンネル（導水路）を通して発電所に水を送る途中、柿其渓谷の上だけは水路橋によって横断する。

建設工事の陣頭指揮を取った。マントルピースを備えた本格的な西洋建築で、別荘滞在中は、財界人や外国人技師を招いて華やかな宴を催したといわれる。有名な川上貞奴（日本で最初の女優）とのロマンスは今に語り継がれている。2人の住んだ別荘は「福澤桃介記念館」として、桃介や貞奴の遺品、発電所建設や桃介橋架橋にまつわる資料などが展示されている。また、旧桃介橋の橋桁の古材一式は、設計図の概要とともに「山の歴史館」前に保存・展示されている。

導水路のうち柿其川を渡る柿其水路橋は、長さ142.2mで鉄筋コンクリート製、中央部が2連アーチ橋、両端部は桁橋。現存する戦前の水路橋の中では最大級の規模を誇る。

流水は電気をつくり、文明を開く
「流水有方能出世」

読書発電所の入口には紀功碑がある。表題は桃介の揮毫によるもので「流水は方法によって電気にすることができ、世の中の文明を開くことができる」の意で、流水への大きな期待が込められている。

碑文には、「民間の75万6千余人が建設に携わった未曾有の大工事で、2年余りの工期中、天災・地変・山崩れ・落石・落橋等、幾多の災害にも見舞われ、鳥肌が立つような思いで施工した」ことなどが記され、工事関係者の労苦と功績を称え、「天を啓き、人を利することこそ、会社の使命である」と結ばれている。

当時は昼夜12時間の2交替作業で、零下20℃の極寒期にも工事が続行された。想像を絶するような過酷な条件のもと、果敢に闘った先人達の労苦と犠牲の上に、今の日本があることを再認識させられた。

【読書発電所データ】
（2005年10月現在）
・発電開始年月日：大正12年12月1日（1〜3号機）、昭和35年11月16日（4号機）
・発電所形式：ダム水路式　使用ダム：読書ダム
・水車発電機：4台
・使用水車：立軸フランシス水車
・認可出力：117,100kW
・使用水量：118,91m³/秒
・有効落差：112.12m（1〜3号機）、112.16m（4号機）
・送電電圧：154,000V

取材協力、資料提供：関西電力㈱木曽電力所
掲載：2006年1月号
追加取材：2011年10月

62 わが国初の発電用大規模ダム。副産物は観光地・恵那峡：大井ダム

岐阜県恵那市

初めてずくめの事業

大正13（1924）年、木曽川本流を締め切って完成した大井ダムは、わが国初の本格的な発電用ハイダムである。大正期に造られたダムの中で群を抜く大きさ、人海戦術による前近代的土木作業から初の全工程機械化された近代的土木工事への転換、本格的ボーリング調査とグラウチング（基礎岩盤のひび割れなどにモルタルなどを圧入して遮水性を高めること）の導入、最初期の半川締切工法、民間企業として初のアメリカからの外債獲得など、初めてずくめの事業であった。ダムの歴史に新時代を開いた大井ダムは、一方、その人造湖が名勝「恵那峡」として親しまれている。

木曽川電源開発と福澤桃介

最初、石炭火力によって始まったわが国の発電事業は、日清戦争による石炭価格の暴騰で次第に水力発電へと傾斜し、明治～大正初期に小規模な水力発電所が盛んに造られた。やがて高圧送電技術が発達し、遠距離送電が可能になると、山岳地帯に大型の水力発電所が造られるようになっていった。大井ダムのある木曽川は豊富な水量と、古くから木曽路街道が発達していたこと、明治44（1911）年には中央本線が全線開通して交通の便が良かったこと、などから、他の河川より早くから電源開発が上流に及んでいた。現・関西電力の前身の一つ、大同電力の創始者で福澤諭吉の娘婿・福澤桃介は、名古屋電力から引き継いだ八百

図-1　福澤桃介が手がけた発電所

津（1911年）ほか、賤母（1919年）、大桑（1921年）、須原（1922年）、桃山（1923年）、読書（1923年）と、次々に水力発電所を建設していた。

木曽電源開発が直面した問題の一つに、木曽林材の川流しがあった。木曽の材木は、筏に組まずに1本ずつ流送される運搬法で下流の貯木場まで運ばれていたが、それを木曽地方などでは「川狩」と呼んだ。大井ダム以前に木曽川に造られた発電所は水路式といって、ダムを持たず取水口から長い水路を造って川の水を引き込み、その水流で水車を回して発電する方式であった。ダム式に比べれば河川流量に影響を与えにくい方式だが、それでも木材搬送に支障が出ないよう取水量を制限されていた。

福澤は、中央線の駅までの木材運搬用の森林鉄道を敷設する条件で、帝室林野局（当時の皇室所有の林野を管理する部局）を説得。木曽川開発の難関だった川流し問題を解決した。彼は上下流で一貫した水力発電施設の開発と運用を目指す「一河川一会社主義」を唱えたが、この考え方は戦後の水系一貫開発思想にも影響を与え

た。

大井発電所は当初、ダムをもたない「水路式」として計画された。しかし後にダム下流の発電所へ耐圧トンネルで300 mあまり導水して発電する「ダム水路式」に変更されている。計画地点の勾配が不足し水路式発電所にするメリットがないため、ダムで水を溜め電力使用のピーク時に合わせて発電するほうが有利と判断されたからだ。河川を横断するダムの建設のために、木材流送問題のほかにも、下流かんがい用水の水利権、漁業権への補償にも福澤は奔走した。

アメリカの最新土木技術を導入

わが国初の本格的高堰堤によるダムの建設にあたって福澤は、国内外の最高の技術で工事を行うことを決め、土木技師をコンクリートダムの実績を誇るアメリカに派遣し実地研修させた。さらに、アメリカから技術顧問団を招き工事の指導にあたらせた。土木機械はアメリカから最新式のものを多数輸入して使用した。川を半分ずつ締め切って造る半川締切工法によって建設された最初期のダムでもある。資材運搬用の主要道は国鉄からの引き込み線を敷設。これとは別に、資機材運びに川を横断するケーブルクレーンを初めて使用した。コンクリートは、堤体上部に設けた鉄製高架軌道上を、ガソリン機関車で運びシュート（樋）で打設したがこれも本邦初のことだった。

コンクリートミキサー、大型起重機、スチームショベルなど当時においては他に類を見ない機械力を投入したほか、コンクリート工場、砕石工場、コンプレッサー室、修繕工場、コンクリート試験室をも備えたダム工事は、国内最初のものだった。

一方、初代建設所所長には、佐野藤

写真-1　堰堤下流にある発電所

写真-2　工事風景。ケーブルクレーンや高架軌道が見える。[土木学会附属土木図書館蔵]

次郎が迎えられた。佐野は布引五本松堰堤（81参照）、烏原立ヶ畑堰堤（81参照）、千苅堰堤などの設計や、豊稔池（15参照）の設計指導などで著名な当時の堰堤工事の第一人者である。しかし、彼はコンクリートに使う砂の選定をめぐる意見対立で所長を辞任している。そのコンクリートは粗石コンクリートで約15％の玉石が混入されたもの。物部長穂（55参照）がダムの耐震構造に関する理論を示したのは大井ダムより後のことなので、大井ダムは耐震設計はなされておらず、平成2（1990）年に耐震改修工事が行われた。

アメリカからの資金調達で完成

大井ダムの工事期間中、関東大震災が起こった。直接の被害はなかったものの、東京の銀行が壊滅状態となり、資金に行き詰まった福澤は渡米して外債を募集し獲得に成功した。民間企業のアメリカからの外債獲得は本邦初のことであった。完成した大井ダムとその発電所は最大出力4万2,900kWで、中部圏より電力需要の多かった関西へ送電した。大井発電所は電力需要に応じて出力調整ができる当時最新鋭の発電所でもあった。大井ダムは昭和26（1951）年、以前から関西へ送電していた経緯から、戦後の電力事業再編で発足した関西電力に引き継がれ現在に至っている。現在の最大出力は、リフレッシュ工事により5万2,000kWに向上。大正13年の完成以来今も現役で、年間で一般家庭のおよそ5万世帯ほどにあたる電力を供給している。

ダム湖は観光地「恵那峡」に

「恵那峡」という呼び名は、大正9（1920）年に地元の有志に招かれた、『日本風景論』の著者として知られる地理学者・志賀重昂が命名した。ダムができる以前の恵那峡は左岸、右岸に連続する奇岩怪石の間を激流が流れ下り、現在とは趣が異なる渓谷美をなしていた。それらはダムの完成で半分以上が水没したが、流れから遠く両岸にそびえていた断崖絶壁がダム湖の出現で水辺にせまり、その姿を紺碧の水面に落とす新しい風景美が誕生した。その後の恵那峡は、大正時代から遊覧船が就航し、北原白秋ら文化人も訪れる一大景勝地として賑わった。現在も、ホテル、保養センター、民宿、遊園地、公園、山菜園などがダム湖畔に立ち並び、年間40万人以上の観光客を集める

写真-3　福澤桃介の像と貞奴のレリーフ（奥）

写真-4　春の恵那峡［写真提供：恵那市観光交流課］

観光地として親しまれている。ダム湖に張り出したさざなみ公園には福澤桃介の像と、この地で福澤を助けた日本の女優第一号・川上貞奴のレリーフが飾られている。

【大井ダムデータ】
・堤高：約53.4m　・堤頂長：約275.8m
・堤体積：約152,000m³
・発電所名：大井発電所（ダム水路式）
・最大出力：42,900kW（後に52,000kWに増強）
・最大取水量：139.13m³
・有効落差：42.42m
大正10年着工、大正13年12月完成、送電開始

取材協力：関西電力㈱東海支社、恵那市観光交流課
掲載：2006年2月号

63 大正期は城下町大垣の近代化を牽引し、今も現役：東横山発電所

岐阜県大垣市

衰退した城下町復興のため

揖斐川中流部の西に接する岐阜県大垣市は、江戸時代は美濃国随一の大藩戸田氏の城下町で、揖斐川の水運を生かした物資集散地、交通・軍事の要衝として栄えた。明治時代になると県政の中心が岐阜市に移り、加えて明治中期の十数年間は記録的な大洪水に次々と襲われ、急激な衰退を余儀なくされた。

明治33（1900）年に木曽三川分流工事が完成し水害の脅威が遠のくと、地元有志が地域復興のため、揖斐川を利用する水力発電を計画。大垣出身の実業家で電力事業に実績のある立川勇次郎を社長に迎え、大正元（1912）年、揖斐川電力株式会社（現イビデン株式会社）を設立。大正4年の西横山発電所に続き、大正10年に東横山発電所を完成させ最大出力6,400kWで送電を開始した。

西横山、東横山発電所は周辺村落へ電力を供給するとともに、大垣市に進出した紡績工場や化学工場をはじめ、自社化学工場へ電力を供給。大垣の工業都市化への牽引力となった。ちなみに、西横山発電所は、昭和38（1963）年、横山ダムの建設に伴って廃止され湖底に沈んだ。

発電機械国産化への過渡期に建設

揖斐川に面して建てられた全長73.2mの建屋は、送電棟、管理棟、発電棟と3つの棟が横に連続して配置されている。いずれも赤レンガ造り。創建時の屋根は緩い勾

写真-1 大きめに造ったと記録にある上部水槽
［写真提供：高橋伊佐夫氏］

配の鉄筋コンクリート造であったが、現在はその上に雨漏り防止の赤いトタン屋根がかぶせられている。発電棟の地下2階に置かれた創建時の立軸水車は、2台はスイス製、残り2台は国産だった。同発電所の建設は第一次世界大戦の戦中戦後にかけての混乱期に重なる。大戦の影響で納品が危ぶまれたスイス製水車の台数を減らし、急遽2台を国産に切り替えた。一方、発電機4台はアメリカ製だ。

西横山、東横山発電所が建設された頃は、第一次世界大戦の影響によりわが国の技術の自立が求められた。両発電所は使用予定の欧州製水車を大戦の影響で急遽国産に切り替えたが、発電機は米国製。東横山発電所の4年後に完成した広瀬発電所では、電気設備にはすべて国産品が採用された。

入念に造られた導水施設群

揖斐川左岸にある取水口から取水された水は約8kmの導水路を通り、発電所の上部水槽に至る。雪が多い地域なので、導水

写真-2 部分補修を重ねて大切に使い続けられている水圧管。リベットが美しい。

写真-3 花見シーズンの東横山発電所 [写真提供：イビデン㈱]

路へのなだれの進入を防ぐため、導水路のほとんどが暗渠かトンネルである。それでもシャーベット状の雪の塊が進入し、水車等を破損させたことがあるという。導水トンネルは馬蹄形で高さ約3.3mの断面をもち、内壁はコンクリート巻きだ。トンネル掘削は前代未聞と言われた硬い岩盤に突き当たり、工事の進捗が約7カ月も遅れるという難工事だった。

石張りの沈砂池や上部水槽は念入りに造られている。上部水槽の容量は約6,250m³。ダムを持たない流れ込み式発電所としては通常のものより大容量だ。水圧鉄管は内径が約1.5m、長さは管によって多少異なり180m前後のものが4条。有効落差は約95.5mである。関係住民に水路を愛護してもらうため、建設中も住民にとって良いと思うことは可能な限り行い、鮎の名産地でもあるので魚道は念入りに造ったという。

取水施設、建屋、内部の発電機、水車等のシステムのほぼすべてが、1990年代まで70年以上も使い続けられてきた。その後部分的な交換や改修が行われたが、良いものは大切に使い続けるという姿勢が随所に見られる。

環境にやさしい発電所を目指して

電力の国家管理が行われた戦時中に、2つの発電所を強制供出させられたのを機に、イビデン株式会社は電力の一般供給事業から撤退。電気化学工業専業の企業になった同社は、現在、東横山をはじめとする3つの自家用水力発電所で所要電力全体の30％あまりを調達している。水力発電の効率向上に取り組み、さらにコジェネレーション発電、太陽光発電などとあわせた自家発電の比率を上げることで、できるだけCO_2を減らし、地球環境に貢献することを目指している。

かつては地域の近代化を牽引し、今は環境にやさしい発電所として重視される東横山発電所は、建設以来、地域の人々の交流の舞台ともなってきた。揖斐川町の桜の名所の一つとなっており、花見シーズンには敷地内の桜を求めて、多くの地域住民が集まる。

【東横山発電所データ（創建時）】
・発電所形式：水路式
・水車：立軸スパイラル型4台
　（2台電業社製、2台スイス製）
・発電機：4台（米GE社製）
・最大出力：6,400kW（現在は14,600kW）
・最大使用水量：16.70m³/秒
・有効落差：95.45m
大正7年着工、大正10年完成

取材協力・資料提供：イビデン㈱および高橋伊佐夫氏
掲載：2009年11月号

64 「中央電源地帯」に建設された特異な外観をもつ大正期の堰堤：上麻生(かみあそう)堰堤

岐阜県加茂郡白川町

「中央電源地帯」に建設

　第一次世界大戦（1914-1918）による戦時景気で需要が伸びた京浜、阪神、中京地域への電力供給地として、中部から北陸にまたがる中部山岳地帯に電源開発が集中。この地域は「中央電源地帯」と呼ばれるようになった。中央電源地帯にある飛騨川は、乗鞍岳南麓に発して西流し、久々野で南へ転じ美濃加茂市で木曽川と合流する延長約150kmの河川だ。水量は豊富だが、木曽川に比して勾配がゆるいため、水力土木技術の未熟な時代には採算上開発が難しいとされていた。だが、第一次世界大戦勃発後、水力開発熱が旺盛になり、木曽川との合流部から上流約45kmまでの飛騨川に、旧東邦電力系の企業が5つの発電所を計画。大正末期から昭和初期にかけて次々に完成した。

　そのうちの2番目に完成したのが上麻生発電所で、同発電所の貯水施設が上麻生堰堤である（完成後は東邦電力。現在は中部電力の所有）。工事は大正13(1924)年に高山本線が上麻生まで開通したのを機に始まった。鉄道開通のおかげで物資輸送がはかどり、予定より1年半も早い大正15年11月に運転を開始した。建設時の最大出力2万4,300kWは当時においては大容量であった。現在は最大出力2万7,000kWに増強され稼動している。

飛騨川開発の特色と上麻生堰堤

　飛騨川は緩勾配でしかも洪水位が高く、当時までは主流だった小規模な堰から取水する水路式発電所では経済性に合わないとされていた。緩勾配を克服するため、計画当初は前例が少なかった調整池をもつ発電所が計画された。堰堤を設置して湛水部分を調整池として利用し、渇水期の水量不足を回避するとともに、数キロ先に導水して落差がかせげる地点で発電する。上麻生堰堤の右岸に設けられた取水口から取水された水は、約6.2kmの導水路によって上麻生発電所へ導かれる。同発電所の立地点は、

写真-1　リベット（鋲）継ぎ手が鈍く光るローリングゲート

写真-2　断崖に立つ上麻生発電所

飛騨川の流路が深くえぐられ川底に岩盤が露出する、飛水峡と呼ばれる景勝地で断崖が続く。上部水槽から水車中心までの落差は約48m。両岸が迫り二十数mにも及ぶとされる洪水時の水位上昇から発電機を守るため、水車と発電機は22mあまりの高低差がつけられた。

わが国現存最古の大型ローリングゲート

上麻生堰堤の特色は、何といっても大正期の大型ローリングゲートが現役であること。昭和32（1957）年完成の行徳可動堰（千葉県市川市）など戦後の施工例もあるが、今はほとんど採用されることはない珍しいゲート形式だ。水圧荷重に対する曲げやねじりの剛性が大きく、長スパンのゲートに適している。上麻生堰堤のゲートは幅27.27m。円筒外径は3.8mでゲート高を増すため1.0mの翼板があり、高さは4.8mとなる。左右の橋脚側にラックギア（平歯車）、円筒状のゲート両端に円形歯車が付いており、円筒部に巻きつけたワイヤーを巻き取ると、ゲートが回転しながらラックギアに沿って上がっていく。開閉は堆積土砂の排出や洪水を安全に流下させるために行われる。堰堤付近の最大洪水位（河床から約17.3m）に対応するため、ゲートは橋脚上の管理室付近まで巻き上げることができる。橋脚は両岸の鉄道や国道とほぼ同じ高さまであり、独特な外観を呈している。

建設後不況に。需要開拓に電気自動車

第一次世界大戦による好景気で電力が不足しがちだったころに建設が始まり、上麻生発電所が完成した大正末期から昭和初期にかけては、大不況が訪れていた。電力各社は需要開拓にしのぎを削り、東邦電力

写真-3　建設時、導水路起点付近に付けられた魚道（写真右手から遡上し上部で逆転する）

は電力消化策の一つとして電気自動車に着目。商工省の助成を受けて昭和5（1930）年に国産電気自動車を製作した。ジュラルミン製の車体で15人乗り。舗装道路で連続約40km走行、電動機は直接全密閉型10馬力。蓄電池は40槽1組、充電には深夜の余剰電力を主として使用した。一時、名古屋市がバスとして採用し、名古屋駅〜鶴舞公園間約5kmを走行していたという。ガソリン統制時代、電気自動車の使用が活発だった昭和初期のことである。

上麻生堰堤の貯水池の右岸側には水資源機構が管理する木曽川用水の白川取水口があり、飛騨川上流の馬瀬川に昭和52（1977）年に完成した岩屋ダムから放流された水がここから取水され、美濃加茂市を中心とする岐阜県木曽川右岸地域の農業、工業、水道用水に使われている。

【上麻生堰堤データ（完成当時）】
・堤高：最大高 13.18m・堤頂長：74.54m
・有効貯水容量：123,000m³
大正15年完成（上麻生発電所も同年完成）
【上麻生発電所（ダム水路式）データ（完成当時）】
・使用水車；立軸フランシス型（主軸約26m）
・最大使用水量：55.7m³/秒・有効落差：51.64m
・認可出力：24,300kW（後年27,000kW）

取材協力：中部電力㈱
掲載：2009年7月号

65 木曽川電源開発の要(かなめ)。戦前から終戦にかけて造られた国内最大ダム：三浦ダム

長野県木曽郡王滝村

激動の時代に工事着工へ

大正時代、木曽川にすでに9つの発電所をもち、一河川一会社主義を掲げて木曽川の一貫開発を行っていた大同電力（当時）が、さらなる木曽川の高度活用を推し進めようと建設したのが、当時国内最大の三浦ダムだった。三浦ダムは木曽御嶽山の西南麓、海抜約1,300mの三浦平を流れ、木曽福島付近で木曽川に合流する王滝川の最上流部にある。JR中央本線上松駅から木曽川、王滝川に沿ってさかのぼること42km。今も秘境の趣を漂わせる奥地だが、当時は昼なお暗い大密林で、ヒノキ、サワラ、ナラなどが繁る木曽屈指の御料林（皇室所有林）地帯であった。

ここにダムを造るにあたり、昭和4（1929）年に申請書を提出したが、なかなか許可が下りなかった。工事実施申請に対する顧問会議は天皇臨席のうえ御裁可を仰ぐという具合で、昭和7年に許可が下りるまで約3年もかかった。さらに、満州事変非常時予算、デフレ政策などを背景とする金融情勢の悪化が重なる。対米為替相場の暴落（1年足らずの間に1/5に）によって大同電力の外債元利払いの重圧が資金調達を困難にし、着工までにさらに3年かかった。昭和10年10月の着工式は、ダム建設構想が生まれてから15〜16年後のことだった。満州事変（1931年9月）から終戦（1945年8月）に至る時期に建設が行われたため、ダムや付帯の発電所の資材調達などに戦争の影響が色濃く影を落としていく。

巨大ダムゆえにセメント確保などに苦労

三浦ダムは直線型重力式非越流型コンクリートダムで、堤高83.2mは当時、九州の耳川水系の塚原ダムの87mに次いでわが国第2位、総貯水量（6,221万5,712m^3：建設時）は、はるかに大きく戦前は国内最大だった。

資材輸送には、高山本線下呂駅の手前に工事専用の少ケ野(しょうがの)駅を新設。この少ケ野駅から工事現場まで、約14.8kmは単線クリップ式の玉村索道を敷設して搬入した。セメントの使用量は最盛期1日5,000〜6,000袋で、その確保に苦労した話が残る。

写真-1　建設中のダム。上部に資材運搬用の索道などが見える。[写真提供：関西電力㈱東海支社]

図-1　建設当時の図面［『間組百年史』より］

写真-2　建設現場に造られた労働者の街［『間組百年史』より］

当時、三重県の四日市軍港では軍需工場を建設中だった。三浦ダム建設とセメント納入業者が同一だったため、納入量をめぐって軍部からたびたび強圧的な横やりが入った。しかし、納入側は絶対権力である軍部からの命令にも「海軍工廠ができても電気がなければ何ともならないでしょう」と動じなかったという。

山奥に建設労働者の街が出現

三浦ダムは、昭和10 (1935) 年の着工式から昭和20年1月の発電所完成まで、10年の歳月を経ている。工事従事者は延べ210万5,000人にも上る。

建設現場には、従来の「飯場」のイメージを一新する労働者の街が生まれた。昭和15年に東京でオリンピックが予定されており（後に中止）、請負業者は「日本の代表的な土木工事現場である三浦に、外国から視察客が来ても恥ずかしくないように」と、立派な宿舎を建設した。一度に200～300人が入浴できる大浴場をはじめ、上水道、学校、病院、駐在所、共同大販売所、大集会場、劇場などがあり、コップ酒屋、仕立屋なども請負業者の直営で設置された。その街はダム完成後湖底に沈んだ。

他の発電所の部品を利用して運転開始へ

昭和10年に着工した堰堤工事は昭和17年10月に完成した。続いて造られた発電所が本格工事に入った昭和18年以降は太平洋戦争も激化。資材不足とインフレからすべての材料調達は困難を極めた。特に発電機コイルは銅がないため、アルミ線により製作された。当時、前代未聞のケースであったという。変圧器をはじめ、機器も流用品がほとんど。母線の支持碍子も木曽川の各発電所から集められたものだった。極めつけは、発電機母線に使う銅線がないため、3芯被鉛ジュート（黄麻）巻きケーブルを切開して中の銅線を取り出し、屋内母線として使った。

こうして、昭和20年1月、発電を開始した三浦発電所の当初の認可出力は7,500kW（現在は7,700kW）。東洋一を誇った貯水量から見ると低出力だ。これは、三浦発電所が単独では考えられておらず、木曽川全体の一貫運用のなかで計画され、最上流部に建設する三浦ダムにより、年間流入量を調節し、渇水期には下流の各発電所へ補給放流を行うことが目的だからである。

三浦ダムを経た水は今、同ダムの下流に昭和36年に完成した牧尾ダム（水資源機構）から愛知用水を経て、濃尾平野や知多半島を潤す工業用水、水道用水などとしても利用されている。

【三浦ダムデータ】
- 堤高：83.2m　・堤頂長：290.0m
- 堤体積：507,000m³
- 総貯水容量：65,065,000m³
- 発電所名：三浦発電所
- 認可出力：7,500kW（後7,700kWに増強）
- 最大使用水量：17.5m³/秒

昭和10年着工、昭和20年送電開始

取材協力及び資料提供：関西電力㈱東海支社
掲載：2007年1月号

66 完成時、日本で3番目の高さ。戦前の技術水準を伝える現役ダム：大橋ダム

高知県吾川郡いの町

吉野川下流の減水対策として建設

愛媛県新居浜市南部、四国山地にあった日本の代表的銅山、別子銅山。17世紀末に発見され、以来その経営を任されて発展した住友家・のちの住友財閥は、明治37（1904）年頃から吉野川上流の電源開発を目指していた。昭和初期に至り、新居浜工業地帯は化学工業、機械工業などが著しく発展。増加する電力需要に対応するため、土佐吉野川水力電気株式会社（ほどなく四国中央電力と改称）を創設し、吉野川上流域の水力開発に乗り出した。

昭和5（1930）年に本流沿いに水路式発電所・高藪発電所を完成。続いて昭和10年代（1935年〜）には、吉野川本流や支流大森川の水を、旧本川村（現・いの町）長沢及び大森で取水し、仁淀川水系に分水して現在の分水第一発電所など4つの発電所を建設する計画を進めた。

流域変更を伴うこの計画は、吉野川の流水状況が大きく変わることから、下流の徳島県などの反対で長らく実現が難しいとされていた。それが可能となったのは、吉野川下流の減水対策がまとまったからで、その中心をなすのが大橋ダム建設である。ダムで吉野川の洪水時の余剰水量を貯留しておき、渇水時にはそれを本流に放流して吉野川の自然流量を維持または増加させる構想だ。そしてこの放流水を利用して発電を行うことを目的に、ダム右岸に大橋発電所が造られた。

写真-1　上流から眺めた大橋ダム

写真-2　工事風景。吊橋や打設用シュートが見える。〔写真提供：四国電力本川電力センター〕

当時最新鋭の機械化施工

昭和12（1937）年着工、同15年完成の大橋ダムは、両岸が狭まったV字型地形の、貯水量、ダム規模において効率の良い位置に築造されている。重力式コンクリートダムで、堤高73.5mは完成当時、日本で3番目の高さを誇った。

大橋ダムの施工には、当時最新式のコン

写真-3 アールデコの影響も見られる堰堤上部手すりと写真奥のコンクリートプラント跡

クリート施工技術、機械が使われた。その一つがウォーセクリータだ。昭和5（1930）年に日本で発明され、当時最新の水セメント比理論を実用化した。水とセメントを混合し、それに砂・砂利を加え、これらの材料の配合を調整しながら、同時にミキサーに投入する機械である。当時コンクリートの均質化に大きな革新をもたらした新技術だった。

今、大橋ダム右岸には、山の斜面に沿って鉄筋コンクリート造り3階建てのコンクリートプラントの一部が残っている。上階は材料貯蔵スペースとコンベアー、中階は材料計量器室、機械室、下階には練ドラムミキサー2台、予備1台が設置されていた。練りこみコンクリートを打設場所へ運ぶには、ケーブルクレーンとシュート、木造吊り橋（長さ107m、幅3.6m）の上を往復できるコンクリート運搬車などが使われた。堤体上部工事のために吊り橋両端近くにコンクリートエレベーターも設けられた。ケーブルクレーンやコンクリートエレベーターなどは、当時、国内のダム工事で使用され始めたばかりの最新式の建設機械であった。

現場は交通不便な山奥であるため、コンクリート骨材を運ぶために延長24.34kmの索道を設け、吾川郡三瀬村で採取した砂利や砂を3.5～4時間ほどかけて運搬した。砂利は葛原川上流からも採取し約2.8kmをトラック5台で運んだ。発電機など大型機械は旧本川村長沢～脇の山間約10kmに県道を新設して運んだ。ダム右岸に造られた大橋発電所は、川幅が狭く両岸が切り立った地点なので、山肌の地中に斜坑を掘って水圧管とし、水車と発電機は半地下に置かれた。施設は更新されたが、この大橋発電所は出力5,500kWで現在も稼働している。

日本最大級落差の揚水発電所の下池に

分水を可能にした大橋ダムの完成で、吉野川上流域に次々に完成した発電所をあわせた発電総量は約6万7,000kWと飛躍的に増加した。戦後には、供給力増強のため、昭和59（1984）年に大橋ダムの北西約1.5kmに出力60万kW（現在61万5,000kW）の本川発電所が6年の歳月をかけて完成した。水車や発電機が地表から約300m下に据えられた地下式発電所だ。同発電所は有効落差約560m。揚水式発電所としては日本最大級の落差をもつものの一つ（完成時は日本一）。上池は新たに造られた稲村調整池、下池は大橋ダムのダム湖・大橋貯水池である。揚水式は夜間の余剰電力で水車タービンを逆回転させて下池の水を上池に揚げておき、電力需要が増える昼間に発電する方式だ。

【大橋ダムデータ】
・堤高：73.5m ・堤頂長：187.1m
・堤体積：173,600m³
・総貯水容量：24,000,000m³
昭和12年6月着工、昭和15年10月竣工
・発電所名：大橋発電所
・出力：5,500kW

取材協力・資料提供：四国電力本川電力センター
掲載：2007年3月号

67 大正時代、九州の産業発展に寄与：
女子畑（おなごはた）発電所と第二調整池

大分県日田市

明治末から大正初頭の工業化で

日本の産業用動力が蒸気機関から電力へ切り替わりつつあった明治時代後半。明治34（1901）年創業の官営旧八幡製鐵所を中心とする現北九州市の北部沿岸一帯は、当時、台頭著しい重化学工業地帯だった。この地域の電力需要を見込んで造られたのが女子畑発電所だ。筑後川と支流玖珠川の合流点から、玖珠川上流へ約3km上った左岸に建つ。完成時は日本有数の規模と最新鋭設備を誇る発電所だった。

「黒炭」に勝る「白炭」と呼ばれた水力

開発の経緯について、九州水力電気株式会社（会社創設時の役員には古市公威も名を連ねる現九州電力の前身）の社史はおよそ次のように記す。

「日露戦争（1904-05）後の好景気で産業勃興が著しいが、その原動力となる石炭供給は先行きが思わしくない。「黒炭」よりも「白炭」、すなわち発電水力を利用すべきである。当社が最初の事業として女子畑発電所を計画中の地点は、貯水池の設置も可能な好立地で北九州の供給地への送電距離も長くはない。供給地は日本の主要石炭産地（筑豊炭田）で燃料費は安価だが、それでも水力発電は火力発電の2～6割も安い。最近（明治末期）の統計では供給地の動力使用高は年に3割強も増加している。炭坑の採掘動力を例に採ると、8割強が蒸気機関、電気は2割弱で続々と電気に切り替わりつつある。さらに、八幡製鐵所

写真-1 昭和6年の増設工事の頃とみられる女子畑発電所〔写真提供：九州電力㈱大分支社〕

をはじめ、各種工場が星のごとくある。これら工場の動力に占める電力の割合は7分の1弱にすぎず、電力需要が急増するのは必至で、しかも火力発電よりも低廉な水力発電がいかに有望であるか言うまでもない」。

調整池もつ当時最新鋭。出力は全国有数

電力供給は消費地に近い火力発電所によって始まり、遠距離高圧送電技術が進歩して初めて山間部の水力発電所からの大容量送電が可能になった。そして日露戦争後の石炭高騰などにより火力発電から水力発電へ移行し、水力の総出力が火力のそれを超えた、いわゆる「水主火従」の時代に入ったのは明治末である。

明治時代の水力発電所はほとんどが貯水池、調整池をもたない流れ込み式である。出力は川水の増減に左右される。大出力発電をするには水量の安定確保が欠かせないため、調整池や貯水池が必要となる。女子畑発電所は当時登場し始めた調整池をもつ最新鋭発電所の一つだった。

同発電所は明治45（1912）年4月着工、

大正2（1913）年12月運転開始。このときの出力は1万2,000kW。これより出力が大きい発電所は、当時日本に4つしか見当たらない。有効落差は72m あまり。5台のドイツ製横軸水車に、5台のアメリカ製発電機を備えていた。送電距離は77kmで、当時日本で2、3位に位置する遠距離送電である。運転開始の翌3年2月に官営八幡製鐵所へ電力供給を開始した。

多くの人力、牛馬による工事

　創設時の水路延長は約6kmで、そのうち約4.8kmがトンネルだった。水路工作物の大部分は石造りで、その堅牢さは、現在、維持管理のためにトンネル内に入る人々を驚かせている。地表から見えるトンネルの出入り口は、土木機械が乏しい時代に山をくり抜いて、よくぞ立派な水路を造ったものだと思わせる仕上がりである。

　トンネル工事には「豊後土工（ぶんごどっこ）」と呼ばれる大分県佐伯市（現）出身のトンネル工たちがカンテラを頼りに手掘りで挑んだという。工事は多くの人力、牛馬により行われたと伝わる。資機材は福岡～久留米間は鉄道、久留米～日田間は筑後軌道によって輸送した。残り約6kmの路上は、牛馬を使うか、重量物の場合は丸太のコロを敷いてその上に載せ、ワイヤーをろくろに巻きつけて引いた。

発電力増強へ第二調整池を増設

　女子畑発電所の完成から18年後の昭和6（1931）年、創設時の旧第一調整池の西側に第二調整池（総貯水量約68万m³）を増設。連絡トンネルで両調整池間を結び、第二調整池の貯水容量増加分により、女子畑発電所の発電量を増強した。高さ約34.3m、堤頂長約133.1mの重力式コンクリートダムは、堰堤上部の高欄（手すり）部にアーチ型の装飾があり、昭和初期の意匠感覚を感じさせる。

写真-2　第二調整池堰堤

女子畑いこいの森づくり

　女子畑発電所の旧第一調整池の土堰堤が平成7年に大雨で一部崩壊。現在、旧第一調整池は廃止されて、規模を縮小された第一調整池と第二調整池が使われている。九州電力では、旧第一調整池の跡地から第二調整池に至る一帯に、「女子畑いこいの森づくり」を行い、市民とともに植林に励んでいる。河川の自然の流量を一部取り入れる形の水力発電だが、こうした自然との調和を図りながらの運用も特色と言える。

【女子畑発電所データ（創建時）】
・最大出力：12,000kW（後年29,500kWに増強）
・最大使用水量：約32.6m³/秒
・有効落差：72.6m
・横軸水車（独製）5台　・発電機（米国製）5台
明治45年4月着工、大正2年12月運転開始
【第二調整池データ】
・堤高：約34.3m　堤頂長：約133.1m
昭和5年着工、昭和6年竣工

取材協力：九州電力㈱大分支社技術部日田土木保修所
掲載：2007年7月号

68 筑後川支流玖珠川上流域で繰り広げられる水のドラマ：地蔵原貯水池、町田第一・第二発電所

大分県玖珠郡九重町

町田第一発電所の注水用、地蔵原貯水池

阿蘇くじゅう国立公園にある九重連山の最西端に裾野を広げる涌蓋山。この山の北東の裾野が尽きるところに、地蔵原川を堰き止めた地蔵原貯水池（別名：天ヶ谷貯水池。標高約800m）がある。大正11（1922）年に完成した地蔵原貯水池は、北へ標高で100mほど下ったところにある町田第一発電所の注水用ダムとして造られた。

大正年間（1912-1926）には、工業の勃興により全国に多数の水力発電所ができた。まだ貯水池や調整池を持たない取水堰のみの流れ込み式発電所が多いなかで、町田第一発電所は本流取水堰以外に、堤頂長95.3m、堤高21.8m、有効貯水容量約185万m³の地蔵原貯水池をもつ。また、大正時代には中央にコンクリートの止水壁をもつ電力用アースダム（土堰堤）が数カ所造られており、地蔵原貯水池はその一つである。

町田第一発電所で使われた水のゆくえ

地蔵原貯水池の水は主に渇水期に備えて貯水されており、いったん玖珠川へ放流されてからすぐに鳴子川の取水堰から来る水と合流して、標高約700mにある町田第一発電所（口絵68）のヘッドタンクへ送られる。導水路は総延長約5.2kmの9割近い約4.5kmがトンネルで、深いところでは地下数十m地点を通っている。町田第一発電所は、使用水量が3.6m³/秒、有効落差は56.8mで出力は1,700kWである。

町田第一発電所で使われた水は、発電所直下に口を開けているトンネルに吸い込まれ、そのまま町田第二発電所へ送られる。町田第二発電所の使用水量は第一発電所と同じ3.6m³/秒。町田第一から町田第二発電所のヘッドタンクまでは、約2.8kmの導水路の約7割、約1.9kmがトンネルだ。

水路式発電所の位置は最も落差を稼げる地点に置き、導水路はできるだけ短距離で結ぶことが理想。そのためにはトンネルが有利だという。トンネル掘削技術が未発達の明治のころには極力トンネルを避け、開渠・暗渠を山裾を這うように敷設することが

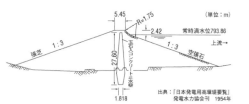

図-1 堰堤断面図。中央に玉石入コンクリート止水壁がある。[『日本発電用高堰堤要覧』より]

写真-1 完成当時の地蔵原貯水池 [『九州水力電気株式会社二十年沿革史』より]

多かった。大正末期から昭和初期にかけては、技術の進歩に伴い、導水路はトンネルが主流を占めるようになったとされる。しかしトンネルを掘るのは容易なことではなかったはずだ。

ショベルカーが使われるようになった大正末期までは、土砂はすべて手積みだったという。狭い坑道では、人力か牛馬による台車の運搬が主であり、坑内換気については、大正11（1922）年に完成した国鉄山口線白井トンネルの工事では、木製のふいごの先に鉄管をつけて坑内へ空気を送っていたという記録もある。

町田第二発電所

町田第二発電所は有効落差214.7mで、出力は6,200kW。使用水量は第一発電所と同じだが、落差が大きいので発電量が大きい。普通の家庭およそ1,600戸で消費される規模である。

急斜面を下って水車に導かれる水圧鉄管は、途中までは露出していて、途中で2条に分かれてそれぞれがトンネルの中を通っている。トンネル内の水圧鉄管は、周囲をコンクリートなどで充填せずに据え付けられた地下型露出方式だ。町田第二発電所は有効落差が214.7mと大きいので、高落差小水量に適したペルトン型水車が採用されており、このため2条に分けた（3.6m³/秒の水量が2つに分けられた）のではないかという。

町田第二発電所の建物は、切妻屋根がT字型に直交した特異な形状の屋根をもつ石造建物である。外壁は高さ約30cmの石材を、横目地を通した整層積みにしてある。内部は一部2階建てで、2階部分は配電盤室として使用されてきた。この建物は屋根のふき替えと外壁吹き付けを行った以外は、

写真-2　石造りの町田第二発電所

写真-3　町田第二発電所の水圧鉄管

完成当時の様子をよくとどめている。

九州電力㈱大分支店では、水力発電が発電全体に占める出力の割合は10％にも満たない。しかも水力発電所の約80％は70年以上前に造られたものだが、施設の更新や維持管理に力を入れ大切に使っている。原子力、火力、地熱発電などは一定出力の運転に適しているが、負荷変動に追随しにくい。立ち上がりが素早くそれを補うことができる水力発電所は、今の時代においてなくてはならない存在なのだそうだ。

【地蔵原貯水池、町田第一発電所、町田第二発電所データ】
・いずれも大正11年完成
・その他のデータはそれぞれ本文中に記載

取材協力：九州電力㈱大分支社技術部日田土木保修所および河津武俊氏
掲載：2006年8月号

§6

きれいでおいしい水を
近代上下水道への期待

69 東京近代水道100年の歴史：村山・山口貯水池

東京都（東村山市、東大和市、武蔵村山市、瑞穂町）
埼玉県（所沢市、入間市）

　村山・山口貯水池は、東京都および埼玉県の5市1町にまたがる武蔵野台地の狭山丘陵に位置し、大正から昭和にかけて造られた日本有数の大規模アースフィルダム（土を締め固めて築造されたダム）である。近代水道のための貯水池として、水量の安定確保と自然沈殿による水質向上を目的に築造されたもので、多摩川に設置された羽村取水堰から水を引き、地形の高低差を利用した自然流下方式で、効率的に東京市（当時）に送配水する巧みな設計がなされている。

　水道アースダムとしては、いずれも当時最大規模で、管理棟の吊り橋も珍しく、ダム湖百選にも選ばれている。

江戸時代の水道

　東京の水道は、天正18（1590）年、徳川家康が江戸への入府に先立ち開削させた小石川上水、後の神田上水に始まる。井の頭池等の湧水を水源とする神田上水は、自然流下式で水路延長28km余り、神田、大手町、日本橋方面へ給水した。

　その後、急激な人口増による水需要に対処するため、承応3（1654）年、玉川上水が完成した（06参照）。羽村取水堰で多摩川から取水し、四谷大木戸まで約43km、麹町、赤坂、芝方面へ給水した。

　しかし、明治時代になり、河川水をそのまま利用していた旧来の上水は、流域の開発による水質の汚染、木樋の腐食による汚染物の流入、伝染病の流行など、保健衛生上、多くの問題を抱えていた。

東京近代水道の幕開け

　明治新政府は、内務省土木寮雇ファン・ドールン（オランダ国工師）に調査を命じ、ドールンは明治8（1875）年に東京水道改良設計書を提出した。これが東京近代水道の始まりであり、日本最初の大都市の近代水道計画とされる。

　東京府はこれにもとづき「旧水道を廃止し、水をきれいにする沈殿池、ろ過池、常時供給のための配水池を設置し、木樋に換えて鉄管を布設する」との報告書をまとめた。

　明治19年に発生したコレラの大流行を機に、近代国家の首都としての帝都整備、都市計画、火災予防の側面から、水道改良が具体化されていく。東京市区改正委員会は水道改良の実施を決議し、ウィリアム・バルトン、長与専斎、古市公威ら7人に調査を委嘱。明治23年7月、バルトンの設計を中心にした「東京水道改良設計書」が認可された。

バルトン案を全面的に変更した中島鋭治

　バルトンの水道改良案は、多摩川の水を羽村堰で取水し、玉川上水を導水路として浄水場に導き、沈殿、ろ過した後、自然流下で鉄管を通じて市内に給水するものであった。基本案はバルトンによって作成されたが、最終的には日本人技師・中島鋭治（1858-1925）の意見が採用され、設計変更が行われた。

中島はバルトンの設計案を詳細に検討した結果、ほかに適地はないかと約2カ月間かけて桑畑荒野を歩いて踏査し、淀橋町内に地勢上、最もふさわしいと思われる地区を発見した。設計変更の必要性とその利益を訴えた中島の改正案は、水道工事長・古市博士の賛成を得て決定された。『東京近代水道百年史　通史』

古市公威（1854-1934）は、文部省初の留学生としてフランスに留学。帰国後は内務省土木局に入り、多くの国家的事業に関与し、近代土木の黎明期にその礎を築き、土木行政、工学教育など幅広い分野で人材を育成した。

淀橋浄水場の誕生

こうして淀橋町が浄水場の適地として選ばれ、玉川上水を導水路として利用し、代田橋付近から淀橋浄水場までを結ぶ新たな水路を建設、明治31（1898）年12月1日、神田、日本橋方面への通水を開始した。淀橋浄水場の通水により、原水を沈殿、ろ過した浄水に圧力をかけて鉄管で供給する近代水道が誕生した。

近代水道としては、横浜、函館、長崎、大阪に次ぐ5番目のもので、広島も同時期に完成した。

改良水道工事の責任者・中島鋭治は東京帝国大学土木工学科卒。米、独、仏での留学経験もあり、日本の衛生工学を外国人依存から脱却させた功績が認められている。海外を含む数多くの水道事業、下水道事業に関与し、日本近代上下水道の開祖といわれている。

村山・山口貯水池の誕生

淀橋浄水場が完成した後も東京市の人口は急速に増加し、夏場の最大需要期には断水するなど、水需要に対応ができない状況になった。

そこで東京市は、貯水池の候補地として、多摩川に設置された羽村取水堰が海抜約126mにあり、近くて水が引きやすく、地形の高低差を利用して自然流下方式で東京市内に送水できる武蔵野台地の狭山丘陵を選定した。

村山上、村山下貯水池は大正年間に工事に着手、昭和に入って山口貯水池の工事に着手した。取水塔は、村山・山口合わせて5基が造られた。特に山口第1、村山下第1・第2取水塔は、温かみのある優れたデザインで、両貯水池のシンボルとなっている。

昼夜連続3交替の突貫工事

ここでは都民の水がめとして重要な役割を果たし、近年、提体の耐震補強工事が行われた山口貯水池を取り上げる。

山口貯水池の建設で最も重要な工事は、堰堤の築造であった。当時の小野基樹・東京市水道局拡張課長によると、「堰堤は乾式（露天）工法によるもので、中央部の

写真-1　淀橋浄水場用地の測量（明治24年頃）[『写真集　東京近代水道の100年』より]

止水壁と両側の盛土工事から成っている。一番重要なのはコンクリート止水壁（堰堤の魂）で、止水壁がしっかり造られていなければ、いかに膨大な盛土をして丈夫そうに見えても、甚だ不安心なものとなる。止水壁の工事は困難をきわめ、中段の砂層からの湧水は多量で、場所によっては盆を覆すような大出水に遭遇した。万一排水ポンプが停止したら、たちまちトンネル支保材がゆるんで崩壊の原因となり、大惨事を引き起こす。幸い、事故もなく、1年余で約2万7,048m^{3}のコンクリート止水壁工事が無事終了した」
[『新たに生まれ出んとする山口貯水池』より]。

当時は機械力も限られ、もっぱら人手による作業であった。山口貯水池の工事には、1日平均2,000人が昼夜連続3交代で従事した。鉄も凍るような厳寒の深夜に、寒風に吹きさらされながら野外で働く工事関係者の労苦は、想像を絶するものであったに相違ない。

大地震にも安全な堤体を目指して

平成7（1995）年1月の阪神・淡路大震災を契機に、山口貯水池の総点検を行った結果、大震災が発生した場合、堤頂部が約1m沈下することが判明した。山口貯水池は、都民の水がめとして重要である上、下流近くまで市街化が進行している。

そこで東京都は、より安全性を確保するため、盛り土材料の有効活用を図るとともに、貯水池周辺の自然環境に配慮して、堤体強化工事を実施した。これまで、既存のアースフィルダムを堤体強化した事例がないため、最新の土木技術を駆使して、関東大震災級の大地震に対しても安心できるものとなった。

この工事は世界初のアースフィルダム耐

写真-2　山口貯水池堰堤中央止水工事（昭和5年）。堤体盛土をする際、6人または12人が1組となって、通称「タコ」と呼ばれる堤体根固め道具を、上から下へ叩きつけるようにして、堤体を締め固めた。

震強化工事として平成14年度土木学会賞を受賞した。村山下貯水池についても、同様の工事を実施。堤体の耐震強化工事は平成21年3月末に完成した。

近代水道関連の施策

東京府は、近代水道の実現に向けて、水源の涵養にも力を入れた。明治34（1901）年、水源涵養目的で多摩川上流の御料林を譲り受け、明治43年、水源林経営に着手した。多摩川の上流、山梨県甲州市、丹波山村、小菅村、東京都奥多摩町に広がる森林で、今も管理に力を入れている。また、神田・玉川両上水の水源のある町村を東京府に編入し、現在、東京都は区部23区、多摩地域26市町で構成されている。

淀橋浄水場の廃止と新たな浄水場

明治31（1898）年に誕生した淀橋浄水場は、神田・日本橋方面に通水を開始、いつでもきれいな水を得ることができ、大いに歓迎された。また、消防用水としても効力を発揮し、伝染病や火災の発生件数は激減し、人口も増加した。

淀橋浄水場は、その後、新宿の発展のために移転が求められ、昭和35年、東村山浄水場の竣工・通水によって昭和40 (1965) 年3月、廃止された。跡地は新宿新都心として再開発され、東京都庁をはじめ超高層ビル街になっている。

利根川の水を東京へ

東京の水道は、水道専用の小河内ダム (昭和13年起工、32年完成) が建設され、34年には長沢浄水場、35年には東村山浄水場が通水を開始するなど、数々の拡張事業が続けられてきた。

それでも急激な人口増と水使用量の拡大に追いつかず、33年、36年～40年と渇水が続き、15～50%の給水制限を余儀なくされた。39年10月10日に開催される東京オリンピックへ向けて、37年5月、限られた水資源を有効活用する組織として、水資源開発公団 (現・水資源機構) が発足した。

"利根川の水を東京へ" 送るため、利根川と荒川を結ぶ武蔵水路が新たに開削された。利根川の水は利根大堰から武蔵水路を通り、荒川から秋ヶ瀬取水堰を経て約1,300万人の都民に供給されており、東京都は利根川に大きく依存しているのである。

水道水源の有効活用と相互融通

東京水道の水源量は1日630万 m^3。利根川・荒川水系が約8割、多摩川水系が約2割で、主として利根川・荒川の水に依存している。しかし需要の多い夏期や緊急事故時、渇水時などは、原水連絡管を通して、お互いに原水を利用しあう相互融通によって効率的な運用を図っており、村山・山口貯水池は、いまも都民の水がめとして重要な役割を担っている。

【貯水池の沿革と有効貯水量】
[数字は「村山・山口貯水池概要」による]
・村山上貯水池
　大正6年10月起工　大正13年3月完成
　有効貯水量：298万 m^3
　取水塔：大正12年8月完成
・村山下貯水池
　大正5年5月起工　昭和2年3月完成
　有効貯水量：1,184万 m^3
　第1取水塔：大正14年7月完成
　第2取水塔：昭和48年2月完成
・山口貯水池
　昭和2年11月起工　昭和9年3月完成
　有効貯水量：1,953万 m^3
　第1取水塔：昭和8年3月完成
　第2取水塔：昭和50年11月完成

取材協力：東京都水道局
掲載：2004年9月号
追加取材：2013年2月～2015年10月

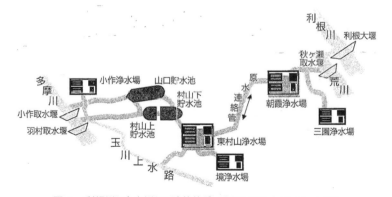

図-1　利根川と多摩川との連絡施設　[「小河内ダム」パンフレットより]

70 日光世界遺産も舞台に大正初頭のプロジェクト：宇都宮市水道施設群

栃木県宇都宮市、日光市

異色デザインの旧管理棟に保存望む声

日光連山を望み杉並木を背景にした広い場内に、サクラなどが彩りを添え、美しい景観で知られる宇都宮市今市浄水場（所在地は栃木県日光市）。同浄水場は大正初頭に通水した宇都宮市水道創設時の浄水場で、今でも現役の沈殿池は、緩斜面状の側壁をもつ全国的にもまれな形式だ。

急傾斜の半切妻屋根や塔のベル形ドーム屋根が印象的な、木造洋風建築の旧管理事務所棟（口絵写真70）は、市民や有識者の保存を望む声を受け、平成元（1989）年に宇都宮市水道資料館として生まれ変わった。屋内には水道創設時のメーター類や図面、工事用具などが展示されている。

飲料水に恵まれなかった宇都宮市

宇都宮市中心部は、かつて「池辺郷(いけのべのごう)」と呼ばれる低湿地帯で、地下水は豊富だが水質に恵まれなかった。水道創設を望む声は全国的にも早い明治11（1878）年ころからあり、明治18年には地元有志により「水道敷設方法書」が役場に提出されている。このとき時期尚早と見送られた水道敷設計画は、その後たびたび浮上しては、主に財政負担が過大だという反対にあい挫折。ようやく正式に敷設案が市議会を通過したのは、明治39年。国の事業認可が下りたのは、大正元（1912）年だった。計画は、当時の宇都宮市の年間予算の3倍もの巨費を投じるもので、主な財源は市公債、残りは国や県の補助を受けた。

中禅寺湖に水源を求め約40kmを送水

宇都宮市民は華厳(けごん)の滝の水を飲んでいると聞くと、驚く読者もいるだろうか。明治25（1892）年、最初の水道敷設計画が具体化したときの水源候補地は旧宇都宮市街に近い国本にあった弁天沼だった。しかし水質検査の結果が思わしくなく、良質な水を求めて候補地は北上。最終的に旧今市町瀬川で、中禅寺湖に発し華厳の滝を下る大谷(だいや)川の今市用水分岐点から取水することになった。この用水との水利権交渉で、大谷川の枯渇時に、中禅寺湖から大谷川へ水を補給する約束が交わされた。

今、中禅寺湖の水位が下がると、東の湖畔に突堤とその先端にある「取水口」が姿を現す。ここから華厳滝直上までの約310mに補水用トンネルが掘られていることを知る人は地元でも数少ない。幸い大谷川は枯渇することなく現在に至っており、この施設は使われることなく現在は水位観測施

写真-1 中禅寺湖の低水位時に姿を現す補水施設取水口 ［写真提供：宇都宮市上下水道局］

写真-2 今市水系第六号接合井。基壇に地域特産の大谷石を使用

図-1 中禅寺湖から宇都宮市街までの水道全図
［提供：宇都宮市上下水道局］

設に役割を変えている。

　この補水施設のトンネル用地は当時、輪王寺から無償で借り受けたもの。このほか、二荒山神社からも土砂捨て場を借用したりなどしている。後に世界文化遺産に登録された、こうした社寺境内地や、皇室御料地、国有地、民有地などが複雑に絡む用地交渉が行われたことも、宇都宮市創設水道ならではのものだろう。

今市浄水場から日光街道を戸祭配水場へ

　大谷川から取り入れられた水は、前出の今市浄水場で水道水となり、現在はここから市西北部へ給水されている。しかし、創設時は日光街道（現国道119号）に敷設された送水鉄管をへて約26km下流にある戸祭配水場に送られ、宇都宮市中央部へ給水されていた。浄水場と配水場の落差は約240m、配水場と配水区域の落差は約40m。送水は自然地形に沿いながら自然流下方式で行われた。

　約240mの落差による送水管にかかる水圧を弱めるため、6基の接合井が設けられた。接合井は、入水管、出水管、溢水管が八角形の井戸に接合され、井戸上部の空気層により減圧される仕組だ。昭和24（1949）年に発生した今市地震により5基は倒壊。今も創建当時のまま残るのは第六号接合井のみだが、他の接合井も類似デザインで再建されて、日光街道沿いに並んでいる。

　戸祭配水場配水池は、装飾的な石造りの階段、レンガ造りの重厚な外観。半地下の配水池内は浄水をなるべく静止させずに腐敗を防ぐため、動水壁（隔壁）で仕切られている。隔壁ごとに半円筒状のレンガドームをかけた構造が、外壁に連続アーチとして現れた特異な形態だ。この宇都宮市水道戸祭配水場配水池、同水道資料館（いずれも口絵70）と、写真2の今市水系第六号接合井の3件は、国の登録有形文化財である。

【宇都宮市創設水道データ】
計画給水人口：80,000人
1人1日最大給水量：125リットル
大正2年12月着工、大正15年11月完成

取材協力：宇都宮市上下水道局
掲載：2007年2月号

71 近代水道への期待を見事に表現した：水戸市水道低区配水塔

茨城県水戸市（国登録有形文化財）

水戸市の低地への配水を目的として造られた低区配水塔は、その優雅で瀟洒な外観から、昭和60（1985）年5月に近代水道百選に、平成8（1996）年12月に国の登録有形文化財に登録された。

水戸の水道の歴史

水戸の水道は、水戸藩二代目藩主・徳川光圀（1628-1701）の命によって造られた笠原水道（寛文3（1663）年完成）に始まる。江戸時代では18番目に早い水道であった。

水戸藩は城下町の建設にあたって、武家屋敷を上町、町屋敷を下町に割り当て、家臣と町民を分けて住まわせたが、上町は高台のため深井戸を掘らねばならず、下町は低地のため鉄分の多い渋水で水質が悪く、ともに上水の確保は困難だった。

光圀はこの水問題を解決するため、笠原水道の創設に着手した。寛文2年、町奉行・望月恒隆に水道の調査を命じ、平賀保秀が設計を担当した。

平賀は数理・天文・地理等に通じた人物で、笠原を水源地と定めた。笠原水源地は、初代藩主頼房の時代から不動尊信仰のため、特別に保護された水源の涵養域であった。平賀は地形・地質を調査した結果、笠原不動谷の湧水を逆川に沿い、千波湖南岸から下町に導くのが適切との計画書を提出。工事は水利家として名高い永田茂衛門・勘衛門親子が実施した。土地の高低差を測る際は、千波湖の湖面に提灯の光を反映させる方法を採ったという。

写真-1 笠原水源。もとは湧水が竜の口から吐き出していたが、現在は竜頭栓になり、市民がいつでも汲めるようになっている。近くには笠原水道の完成に力を尽くした人びとを伝える「浴徳泉碑」がある。

測量や岩樋の技術は、黒川衆（武田信玄の治水・金採掘に関わる）からもたらされ、水道管には岩樋が使用された。岩樋の一部は水源地に復元されているが、まるで古代の石棺のような重量感に圧倒される。

また、笠原から逆川沿いに市街地まで、当時としては珍しい地下埋め込み式の水路が敷かれた。川や堀を渡す際には、軽量化と水質保全のため木樋内を銅で貼った銅樋が使用された。

笠原水道は、敷設からその後の修理普請に多額の費用と労力を要した。幕末までの204年間、水道の総延長約1万m、延べ約2万5,000人が従事、費用約554両という記録が残されている。

県庁所在地で7番目に完成した近代水道

その後、市街地の発展に伴う人口の増加や衛生上の問題から、近代水道の布設が切実な問題になってきた。水戸市では大正14（1925）年、近代水道施設を企画したが、認可されたのは、昭和5（1930）年、那珂川水源地（渡里村・那珂川中州）で起工、同7年11月に竣工・通水した。県庁所在地としては7番目の早さだった。

那珂川から取水し、ろ過・消毒を経て、高区と低区の2つの配水塔にポンプアップし、各家庭の末端にまで配水する近代水道のシステムは、ほぼ2年で完成した。8万人給水体制の施設が、このように短期間で完成したのは、全国的にも例がないという。これは江戸時代から笠原水道の修復工事等で積み重ねられた土木技術があってこそ実現したものといえよう。

水戸市は市街地が上市の台地と下市の低地の2つの地形から成り、同一の配水施設では給水が困難なことから、全市を高区（こうく）と低区に分けて2系統の施設が設計された。高区配水塔（高さ37m、水槽容量757m³）は昭和6年8月に完成したが、現在は安全性の面から取り壊されている。

モダンな外観が目を引く低区配水塔

一方低区配水塔（高さ21.6m、水槽容量358m³）は、低地の下市地区に水道水を送るため、高区配水塔とほぼ同時期に建設された。設計および工事監督は水道技師・後藤鶴松が担当した。後藤は三重県津市をはじめ、鶴見・熱海・真鶴の水道工事に関与している。彼は低区配水塔の起工式（昭和6年10月6日）の日に生まれたわが子に「塔美子（とみこ）」と名付けるほど、この工事に情熱を注いだ。

写真-2　配水塔入口上部

低区配水塔は、約1年間という短い工期ながら、モダンなフォルムにきめ細かな装飾が施されており、その美しい姿は、完成直後から名所として評判になったといわれる。その後、平成12年に運転を停止するまでの68年間、水戸市の水道を支え続けた。

低区配水塔の上部はドーム型で、1階入口には手の込んだゴシック風の装飾が施され、"梅に水"の紋様も付いている。2階部分にはバルコニー風の回廊がせり出し、小窓や土台にも細かい意匠が見られる。壁面のエンブレムは消防用ホースノズルをデザインしたものといわれ、近代水道が整備された当時、消防用としての期待が大きかったことがうかがえる。配水塔の奥には、流量計室と茶室風の鍛冶舎（かじしゃ）（建築用のつるはしなどの道具を修理する所）がある。

その後、水戸市の水道は枝内（えだうち）取水塔で取水し、楮川（こうぞ）ダムに貯水した水を最新鋭の浄水場で浄水し、配水池から自然の圧力によって給水している。

水道施設としての役割を終えた低区配水塔は、水戸の観光案内図にも記載されており、いつでも誰でも見に行くことができる珍しい水道施設である。

取材協力・写真・資料提供：水戸市水道部
掲載：2011年1月号

72 利根川の伏流水を水源にスタート、今も現役で稼働する：敷島浄水場

群馬県前橋市（国登録有形文化財）

敷島浄水場は前橋市の西方、利根川左岸の敷島公園に隣接し、80年以上にわたり市民に良質な水を供給している。

市民に"水道タンク"の名で親しまれている緑青色の配水塔と旧浄水構場事務所（現・前橋市水道資料館）は、昭和60（1985）年5月に近代水道百選に選ばれ、平成8（1996）年12月に国の登録有形文化財に登録された。

良質な地下水を水道水源に

前橋市は群馬県のほぼ中央に位置し、はるかに妙義、榛名の山々を望み、北方には赤城山がそびえている。市内には利根川や広瀬川、桃の木川などが流れ、伏流水の水質の良さで知られている。

前橋市では明治〜大正時代までは井戸水や河川水を使用していたが、市の発展に伴う人口の増加や、上水道を求める声が高まり、大正6（1917）年8月、前橋市水道布設建議書が議会で採択された。

大正7〜9年にかけて市内の井戸3,000カ所以上を調査した結果、水源として旧利根川の河床（現・敷島公園内）の浸透水（伏流水）から導水することに決定した。地下に豊富な地下水があること、第二候補地の広瀬川の表流水は、白根山からの硫黄流出事故で不適とされたことによる。

布設計画案は、水道界の権威である中島鋭治（1858-1925）（69参照）が作成した。配水区域は前橋市全域、計画給水人口8万人、1日最大給水量16,100m^3とし、建設費は261万円（前橋市の予算の3カ年分）。昭和2年1月22日に起工式が行われ、昭和4年3月21日完成した。

日本では数少ない集水埋管

敷島公園は広さ約3万8,000坪（うち浄水場の広さは約1万9,000坪）、広大な松林には地下水を集める集水埋管が埋められている。最初に集水埋管の布設と人孔井（マンホール）の掘削が行われた。

集水埋管の総延長は355m、地下約9〜14mに1/150の勾配で一直線に埋設して地下水を集め、ポンプ井に流入させている。1日最大1万6,600m^3取水可能で、集水埋管には内部点検のための人孔井（深さ11.0m：2本、13.6m：1本）が接続されている。集水埋管の他に井戸は13本、深さ30m以下の浅井戸から取水した水は、ろ過池に送られ、30m以上の深井戸から取水した水は配水池に送られている。

写真-1 集水埋管布設。集水埋管は内径75.8cmと90.9cmの2種類で、共に1本の長さは約90.9cm、各管には30個の取水口がある。［写真提供：前橋市水道局］

今も現役で稼動している配水塔

敷島浄水場内にひときわ高くそびえている配水塔は高さ地上 37.4m。銅鉄製の水槽を、鉄骨の支柱で支えている。

水槽の周囲には断熱材として珪藻土を張り、その上を緑青色の銅板で覆い、水槽の側面はリベット（綴鋲）で接合してある。丸いボタンを整然と張り付けたようなリベットは、その後、溶接技術へと変わったので、希少なものだという。

銅板が葺かれた水槽上部は、ゆるやかな曲線を描き、避雷針を載せる頭頂部とあわせてドーム風の意匠が採用され、水槽及び支柱の形も美しい。耐久性に優れ、地震などにも強い設計となっている。

配水塔は、ポンプから圧送された水を西側のパイプから入れ、中央のパイプから流出して各家庭に配水している。その仕組が誰にでもよく分かる配水塔は珍しい。

地下水に恵まれていた前橋市民は「水道料金がもったいない」となかなか水道に切り替えようとせず、市内に竜頭共用栓を 200 カ所設置（今は浄水場内に 1 基のみ）して、PR したという。

前橋市の水道事業は、その後、拡張を続け、現在、水源の井戸は市内に 73 本、浄水場は 36 カ所ある。昭和 58 年度からは利根川の表流水を水源とする県央第 1 水道、平成 10 年度からは県央第 2 水道の水を受水しており（受水場は 12 カ所）、水道水の割合は地下水が約 45％、表流水が約 55％となっている（平成 27 年度）。

前橋市水道資料館（旧浄水構場事務所）

旧浄水構場事務所は、昭和 60 年 5 月、給水開始 60 周年を記念して内部を改修し、前橋市水道資料館となった。建物はかつて

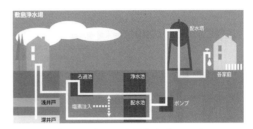

図-1 ろ過された水は、次亜塩素酸ナトリウムで消毒されたのち、浄水池に送られ、ポンプで配水塔へ送られる。［資料提供：前橋市水道局］

の姿を残す鉄筋コンクリート造りで屋根は小屋組み木造、エメラルドグリーンの瓦葺きで、構内を監視するための物見塔（当時の呼称）と採光のための半円形の天窓がある。1 階の窓下の腰廻りは多胡石（群馬県産の石）粗石乱積で、上部は軒蛇腹（のきじゃばら）まで装飾タイル張り、地下には配水塔からの配水量を計測する流量計室がある。

館内も洒落た意匠で、1 階と 2 階には前橋市や敷島浄水場の地形模型、水に関するパネルなどが展示され、小学生の社会科見学などで賑わっている。

水道タンクの見える広大な敷島公園には、ボート池や水汲み場などがあり、体育施設もあって、市民のいこいの場として親しまれている。

【敷島浄水場データ】
水槽（満水時）の高さ：地上約 28m
水槽の内径：10.5m
満水時の容積：893m³

取材協力：前橋市水道局浄水課、前橋市水道資料館
掲載：2007 年 8 月号

73 近代水道の幕開けにふさわしいレトロなデザイン：栗山配水塔

千葉県松戸市

栗山配水塔は、千葉県営水道創設期の昭和12（1937）年、水道近代化のシンボルにしたいとの願いを込めて造られた。塔頂部にある洒落た冠のような4本柱の換気口、円筒形の胴体に丸いドーム状の屋根、全体の意匠を引き締める帯状のテラスなど、美しい景観を竣工当時のままの姿で残している。

緑豊かな浄水場は周辺地域に歴史景観の彩りをそえ、今も現役で活躍し、おいしい水を千葉県民に送り続けている。

千葉県の発展を予見して、県営水道事業を推進

ろ過上水、有圧送水、常時給水が特徴の近代水道は、明治の末頃から全国的に普及し始めたが、千葉県は水道布設への動きが遅く、昭和初期に至るまで近代水道はほんのわずかであった。

特に千葉県東北部の江戸川沿岸地帯（松戸、市川、行徳、浦安等）は地下水に乏しく、江戸川上流の水をそのまま飲料用にしていたが、水質が悪く、伝染病の流行も一大脅威であった。鉄道の普及により海水浴客や行楽客も増え、消火用水も不足、そのうえ軍関係施設も多く、近代水道布設が急務とされた。

昭和7年6月、39歳で千葉県知事に就任した岡田文秀（在任期間：昭和7年6月～9年10月）は、将来、日本の工業地帯は東京湾の千葉県側に発展すると予見し、その基礎的な最大事業は、県営をもって広域水道を企画するべきであると考えた（『千葉県営水道史』「刊行を祝して」）。

その根幹をなすのは、東京に最も近い江戸川の水を利用する大規模県営水道計画の樹立であった。当時の江戸川は、徳川時代からの水利慣行で、千葉県側の引水は許されていなかったため、1市12カ町村（現在の松戸市、市川市、浦安市、船橋市、習志野市、千葉市）を給水区域とする広域県営水道事業を推進。江戸川の水利権許可については国の特別な配慮を受け、県勢発展への布石となる県営上水道事業の第一歩を踏み出した。

当時、自治体の水道事業は市営で、給水区域も限定されており、県営水道事業は全国でも類例を見ないことであった。

何度もドレスを替えた配水塔

栗山配水塔は、県営水道創設事業のなかで、江戸川水源工場の付帯施設として建設された。東葛・葛南地域（現在の松戸市、市川市、浦安市）への配水は、栗山配水塔から北方に約5km離れた江戸川水源工場（旧古ヶ崎浄水場）で江戸川から取水し、浄水処理した水を送水ポンプにより栗山配水塔へ揚水し、塔の圧力によって周辺地域へ配水した。

建設当時はコンクリートの素肌だったが、戦時中は米空軍の攻撃目標とならぬよう、黒いペンキで塗り替えて難を逃れたといわれている。その後、ピンク系に替えたりしたが、周辺との調和を考慮して、現在の淡い緑青色の優しい色が選ばれた。

写真-1　栗山配水塔（左）と高速凝集沈殿池。直径28.6m、有効水深7.0m、3,000m³×4池、および直径21.0m、有効水深5.95m、1,580m³×4池がある。（写真提供：千葉県水道局）

なかでもスラリー循環形の高速凝集沈殿池は、江戸川の表流水との適合性や操作技術の問題等を十分検討したうえで採用したもので、そのダイナミックな水の動きから、おいしい水がつくられていく様子が伝わってくる。

塔の上部にあるテラスから外へ出ると、東京から浦安、船橋、千葉、木更津方面にかけて、京葉臨海工業地帯のめざましい発展ぶりを見ることができる。創設時の事業基本計画は、目標年次を昭和26年度におき、給水人口25万人としていたが、2009年現在、給水人口は290万人にも上り、まさに隔世の感がある。

このような飛躍的発展を支えてきた根幹は県営水道にあり、岡田知事は「もし、市町村が個別に水道事業を実施していたら……その間の調節、調整は県勢進展のガンになっていたと想定されます」と述べており、その先見性にあらためて感嘆させられる。

相次ぐ拡張事業で千葉県の発展を支える

県営水道は、昭和9年に計画人口25万人、1日最大給水量3万7,500m³、江戸川と地下水を水源として発足。昭和16年12月には全地域に普及した。

戦後の復興とともに、京葉臨海工業地帯の形成や大規模団地の建設による人口増などにより、水需要が急増したため、第1次拡張事業として昭和35年度、日量6万6,000m³の施設が完成した。さらに、第2次拡張事業として昭和41年度には、日量12万m³の施設を完成させた。

浄水施設能力は日量18万6,000m³、給水区域は松戸市、市川市、船橋市の各一部、給水人口は約56万人である。

江戸川から取水した原水は沈砂池で砂等を除去した後、浄水場に導入、着水・沈殿・ろ過及び塩素滅菌等の浄水処理を行い、配水池に貯留する。貯留水はポンプ等により、約2/3を松戸・船橋給水場に送水、1/3を松戸市と市川市へ直接給水している。

写真-2　栗山配水塔

【栗山配水塔データ】
高さ：31.9m
有効水深：20m　内径：15m
貯水容量：3,534m³
鉄筋コンクリート造

取材協力・写真提供：千葉県水道局栗山浄水場
掲載：2009年10月号

74 全国でも珍しい白いモダンでユニークなデザイン：千葉高架水槽

千葉県千葉市（国登録有形文化財）

水道の近代化に夢を託して造られた給水塔は、その街のモニュメントとして設計に工夫が施され、各地で優れたデザインのものが誕生した。

昭和初期に造られた千葉高架水槽は、塔部が正12角形で円錐形の屋根とコーニス（古代ギリシャ建築における柱の上端部や下端部の装飾）のように突出するバルコニーを持つ。そのユニークなデザインと建設当時、国際的に流行となったアール・デコ風の建物であることが評価され、平成19年7月には国の登録有形文化財（建造物）に登録された。今も現役で千葉市内に給水している。

県営水道事業として発足

栗山配水塔（73参照）とほぼ同時期に造られた千葉高架水槽は、当時の岡田文秀知事が推進した広域県営水道事業の一環であった。

創設時は、昭和26年度の目標として、計画給水区域1市12カ町村、給水人口25万人、1人1日平均給水量100m³、1日最大給水量3万7,500m³で、そのうち1万500m³は千葉浄水場、2万7,000m³は古ケ崎浄水場（平成19年9月廃止）が供給することになった。昭和10（1935）年10月から12年2月にかけて、千葉県水道事務所千葉浄水場（当時の名称は千葉水源工場）が建設された。

現在の千葉県庁から徒歩20分ほどの所に造られた千葉浄水場は、千葉市を東西に流れる都川の北側にある揚水設備などの入った本館および5本の深井戸と、都川を挟んで南側にある内径29mの配水池、その東にそびえる高架水槽の塔からなり、本館と台地上の部分を結ぶための階段と水道管が設けられている。

瀟洒なデザインの高架水槽

一連の施設の中で最も目立つのが高架水槽である。高架水槽のデザインについて、マーティン・モリス氏（千葉大学工学部准教授）は土木学会誌の"土木紀行"で次のように紹介している（「土木学会誌 vol.89、2004年3月号」）。

「外観の表面仕上げは白く塗ったモルタルであるが、玄関と12角形部分の台座のところに、石造の雰囲気を出し、ブロックとブロックの隙間の線が表現されている。次第に細くなる12角形の塔の王冠として、5階には、コーニスのように突出するバルコニーが巡り、勾配の浅い円錐形屋根の天辺に円筒形の小型点検室が載る。デザインの起源と設計者の名前は不明であるが、全体のプロポーションから細部のデザインまでの工夫を見ると、この施設を造った人々の誇り高さが感じられる。最近、設計に伴って造られたと思われる見事な模型が発見され、関係者の間で、外観に対する関心が如何に高かったかが窺える」。

残念ながら設計者は不明だが、明かり取りの窓も多く、端正なたたずまいの中に気品が感じられる瀟洒な建物だ。

水道を支える道具類や計器類を展示

千葉県水道局の方に塔の中を案内していただくと、1階はポンプ室の入口でポンプ3台と地震に備えて予備電源等が設置されている。2階と3階は資料等の展示室になっており、中央の円筒形の配管廊をめぐる回廊のようなスペースには、かつて使われた道具や器材などが置かれ、建設当時の写真も展示されている。

当時の主な配管は、大部分が普通鋳鉄を使用した印籠形継手管で、挿し口外周と受け口との間隙にヤーン（縄状の麻）を打ち込み、クリップでふさいで溶解した鉛を施す工事は、想像以上の難工事だったという。

かつて使われていた器材類を見ていると、水道が各家庭に引かれるまでに、おびただしい器具や計器があり、それぞれが技術の進歩を遂げて、今日の水道があることの恩恵にあらためて感動した。

写真-1 メカニカル継手や印籠管用工具が置かれ、反対側には流量計などの計器類が置かれている。

周辺施設も洒落たデザイン

3階からは12本の梁が放射状に延びている骨組みが見え、しっかりと上部の水槽を支えていることがわかる。最上部（4階と5階）には内径11m、有効水深5m、容量475m³の高架水槽が設置され、貯水容量は創設当時7万人を対象として1日最大給水量の約1時間分として計画された。現在は標高の高い場所への高区配水用として使用されている。

5階から外のテラスへ出ると、北方には筑波山、南方には臨海副都心の高層ビルなども遠望できる。下を見ると丸い形の配水池があり、今も低区配水用として使われている。中央の建物も洒落たデザインで、配水池の昇り口には明かりが灯されていたという。

千葉県の水道事業はその後、拡張が進

写真-2 上部の水槽を支える12本の梁

められ、第4次拡張事業の完成によって無人施設となり、誉田給水場（千葉市緑区おゆみ野）よりの遠隔監視制御となった。現在、千葉市の一部地域に配水を行っている。

ここは普段は立ち入り禁止だが、桜の季節には、見学会を開催、一般公開している。

【千葉高架水槽データ】
・高さ：30m（5階建て）
・満水位標高：50m
・内径：11m
・貯水容量：475m³
・給水能力：水源井 13,000m³
・鉄筋コンクリート造

取材協力・写真提供：千葉県水道局誉田給水場
掲載：2008年4月号

75 「断水のない水道」のルーツ。創設の意気込みを示す外観：鍋屋上野浄水場旧第一ポンプ所

愛知県名古屋市千種区

見送られたバルトン案

　もともと、尾張平野の南端低地に発展した名古屋は、地勢上地下水の伏流に乏しい。その上、全体に低地であるため汚水が滞留し排水の便が悪く、井戸水の水質はきわめて悪かった。

　明治になり行政、経済、交通の中心地として人口集中が激化。水系伝染病コレラの流行や火災への不安もあり、明治26（1893）年、内務省衛生局顧問技師ウィリアム・K・バルトン（スコットランド出身、81参照）に給水工事の調査が委嘱された。翌年提出された「意見書」は、計画給水人口を27万人とし、入鹿池（04参照）から取水し、池の標高を利用して自然流下により市内に配水するというもの。水源として木曽川を避けた理由は、河床が低いため市内に給水するには一度水を高所に汲み上げなければならず、その貯留施設の適地もなく、工費も膨らむというものだった。だが、バルトン案の工費見積もりは175万円。当時の名古屋市の歳入出予算は総額10万円足らずであったため、これほどの巨費を支出する財源がなく、やむなく実行は見送られた。

先見性あふれた上田技師の計画

　その後も1年に1万人以上も増加するという激しい人口集中が起こった。排水や水道の整備はもはや放置できない状況となり、明治35（1902）年、市会で水道敷設調査の予算が議決され、愛知県技師・上田敏郎に調査が委嘱された。

写真-1　犬山城の天守閣が見下ろす当時の木曽川取水口付近 ［写真提供：名古屋市上下水道局］

　翌明治36年、上田が提出した計画案は、バルトンの入鹿池を水源とする案を廃し、愛知県犬山市にある犬山城のすぐ下から木曽川の水を約15km離れた鳥居松沈殿池（春日井市八田町）へ導水。そこから約7.6km離れた鍋屋上野浄水場（千種区宮の腰）の緩速ろ過池へ送水してろ過し、その水をポンプで約1km離れた丘陵地にある東山配水場（千種区）に圧送して、自然流下で市内へ配水するというもの。当初の計画給水人口は当時の人口30万人余に対し46万人、1人1日最大給水量111L。送水路のうち将来的に増設が困難なトンネル部、暗渠、開渠などは60万人規模（後に100万人規模に修正）として計画した。

　木曽川が水道水源として種々の優れた条件を備えていることを洞察したこと、長距離にわたる送水系統の増設の困難さを織り込んでいたことなど、上田の計画は先見性あふれたものだった。計画はその後4度にわたって変更され、明治43年に着工、大正3（1914）年に主要工事を完了した。約528万円の工費は、1/4強の国庫補助を受

写真-2　旧第一ポンプ所正面入口

写真-3　東山配水場の旧東山配水塔

けたほか、市債や英貨公債を 80 万ポンド発行するなどして調達した。

創設の意気込み込めたポンプ所の意匠

　鍋屋上野浄水場でろ過した水を高台にある東山配水場へ揚水するための施設が旧第一ポンプ所（大正 3 年竣工）である。建物は、ヨーロッパのルネッサンス建築とバロック建築の要素をあわせ持つ、名古屋市でも有数のレンガ造りの名建築である。正面入口上部の窓の両脇には、柱頭に優美な渦巻き模様をもつイオニア式の円柱を置き、半円形の窓アーチには頂上の要石を中心に 5 つのくさび形の石をデザイン。その上には高窓、さらに半円形の破風飾りを施して、装飾性を高めている。

　壁面はレンガ積みだが、正面入口や窓まわり、軒まわり、基部まわりや建物四隅などに石材を多く使って重厚感を出しているせいか、間口 15m、奥行き 30m ほどのあまり大きくはない建物でありながら、堂々たる存在感を示している。配水系統の主要施設であるポンプ所のデザインに、水道創設への並々ならぬ意気込みが感じられる。

「断水のない水道」の原点として

　大正 3（1914）年 9 月から給水を開始した名古屋市水道は、初年度は総戸数のわずか 1.9％しか普及しなかった。しかし、大正 9 年度には 40.7％まで普及率が上がり、今度は供給不足が心配された。そこで、同年「放任給水」から全面的な「計量給水」へ踏み切った。当時は大口または特殊使用者のみがメーターによる計量給水で、他は放任給水が基本。一般家庭は家族数、家畜数などを勘案した定額制が普通だった。大正 9 年ころは計量制全面実施への過渡期で、神戸、大阪は実施済み。東京、横浜はまだ準備段階だった。

　こうして出発した名古屋市の水道事業は、「断水のない水道」と関係者が自負するまでのものとなった。その理由は木曽川水系のダム事業に参加するなど、水道水源の確保へ力を入れてきたことにある。水道事業の出発点の一つであった旧第一ポンプ所は、取材後の平成 24 年（2012）に「名古屋市指定有形文化財」となり、同 26 年には耐震補強工事も行われ、現在は見学可能だ。

【鍋屋上野浄水場第一ポンプ所データ】
・レンガ造り、天然スレート葺き切妻屋根
・間口：15.4 m　奥行き：30.4 m、高さ：14.2 m
・延べ床面積：470m^2
・ポンプ 5 台、800 馬力で運転（創設時）
・大正 3 年完成、平成 4 年まで 78 年間稼動

取材協力：鍋屋上野浄水場長（当時）、小塩健二氏
掲載：2008 年 11 月号

76 名古屋市演劇練習館「アクテノン」に生まれ変わった：旧稲葉地(いなばじ)配水塔

愛知県名古屋市中村区

名古屋駅以西に給水する目的で建設

名古屋市は大正時代から近隣の町村を合併しつつ拡大発展し、昭和12（1937）年3月、面積162km^2、人口120万人、人口規模で東京、大阪に次ぐ日本で第3位の大都市になった。水需要も急速に伸び、使用量の増加に伴い、市内では水圧低下が生じる地区も発生した。

稲葉地配水塔は、昭和12年5月、主として名古屋駅以西に給水するために建設されたもので、塔上部への揚水設備を設けず、水道使用量の少ない夜間に配水管内の水圧が上昇することを利用して、昼間に自然流下で配水した。

設計変更から生まれたギリシャ神殿風の配水塔

当初、上部の水槽容量は名古屋市で最初の東山配水塔（現・東山給水塔）とほぼ同じ590m^{3}で設計されたが、急激な水需要拡大に対処するため、当初の約7倍の4,000m^{3}に設計変更された。規模の大きくなった水槽部を支えるため、16本の補強柱を施したことで、古代ギリシャのパルテノン神殿を思わせる外観となった。設計者は東山給水塔と同じ成瀬薫（1906-1990）である。

大平洋戦争中の大空襲で、名古屋城をはじめ当時の市域の約1/4が焼失したが、幸い、この塔は戦禍を免れることができた。昭和21（1946）年3月、近隣に新鋭の大治(おおはる)浄水場が完成、名古屋市西部に配水を開始したため、稲葉地配水塔は役割を終えた。

その後、26年間、中村図書館として利用されたが、平成7（1995）年12月、演劇練習館「アクテノン」として生まれ変った。演劇を始め音楽、舞踊などさまざまなジャンルの練習に利用され、建物のリノベーション（再生）の好例としても注目を浴びている。

平成元年に名古屋市都市景観重要建築物に指定され、平成8年には「名古屋市演劇練習館及び稲葉地公園」が名古屋市都市景観賞を受賞した。

図書館、さらに演劇練習館として再生

名古屋市では昭和30年代後半から各区に図書館がつくられていく。旧配水塔は、中村区の図書館として外観保存を基本に改造され、昭和40年7月に開館。同時に周辺も稲葉地公園として整備された。その後、中村図書館は中村公園内の文化プラザに移転。図書館移転後の利用をめぐっては、ホテルやダンスホール、集会室など、さまざまな活用策が浮上したが、地域のランドマークでもあり、なかなか決まらなかった。

平成3年11月、地元の俳優・天野鎮雄氏と西尾武喜・名古屋市長（当時）との対談があり、天野氏は名古屋でのアマチュア劇団のけいこ場不足を訴えた。これにヒントを得た市長の"鶴の一声"で、文化施設に再生させる構想が急浮上した。ちなみに西尾市長は、図書館への改修当時、水道局施設課長だった。

その後、約13億円をかけて改修工事を行い、内外とも装いを新たにして、平成7

写真-1 直径33m、4,000m³の貯水槽を支えた円筒形の柱と梁

写真-2 打ち合わせは昔の配管の脇で

年12月、演劇練習館「アクテノン」として再び生まれ変わったのである。

地域交流の場となり、リノベーションの成功例に

「アクテノン」という名称は、「アクト（演劇）」とギリシャの「パルテノン神殿」を合成した造語で、4,689点の公募の中から選ばれた。

元の貯水槽は板張りのリハーサル室に変身、本格的な照明、音響機器が完備された。2～4階にはピアノやバレエマットなどを備えた大小8つの練習室、邦楽や日本舞踊などの稽古に対応した和室、小道具や衣装の製作などができる研修室が配置され、1階はロビーとホール、戸外には野外劇場もある。

これらの施設は、演劇、ミュージカル、バレエ、日舞、詩吟、ダンス、ピアノの稽古など、さまざまに利用されている。

利用者からは、「利用料金が安い上に設備が整っている。利用者同士で気軽に声をかけ合えるアットホームな雰囲気もいい」などの声が寄せられ、地域の人々との交流を深める場として好評を得ている。利用者は年々増え続け、平成20年度には延べ利用者数が50万人を突破した。特に夜間は毎日ほぼ満室だという。

全国的にも珍しい演劇中心の練習専用

写真-3 練習風景

施設として、また、古い水道施設を2度にわたって再生利用しているという点で、公共施設のリノベーションの成功例として注目を浴びている。

【旧稲葉地配水塔データ】
竣工：昭和12年5月31日
高さ：29.5m　鉄筋コンクリート製
水槽容量：4,000m³　　水槽直径：33m
水槽高さ：7m　水槽水深：5.2m

【名古屋市演劇練習館データ】
開館：平成7年12月1日
敷地面積：1,763m³　建築面積：937m²
延床面積：2,996m²
鉄筋コンクリート造（地上5階、地下1階）
大練習室（93m²、30人）計5室、小練習室（63m²、20人）計3室。和室（18畳、20人）1室。
管理運営：名古屋市文化振興事業団

取材協力：名古屋市上下水道局、名古屋市演劇練習館
掲載：2010年1月号

77 異色のデザイン。長良川の伏流水を水源に創設：鏡岩水源地旧ポンプ室と旧エンジン室

岐阜県岐阜市

昭和初期、鏡岩水源地から通水開始

清流長良川河畔に位置し、豊富で良質な地下水に恵まれていた岐阜市では、明治期には水道の必要性がことさら言われることはなかった。大正時代になると市勢伸展に伴い地下水の汚染が進み、また、繊維産業を主軸とする大工場の進出などから水道の必要性が叫ばれ、大正末期には水道敷設の調査研究が始まった。昭和3（1928）年、一部地域の反対などがあったものの市議会で水道事業案が可決され、同年12月に最も緊急性が高いとされた旧市域の南部から着手。昭和5年3月にはまず鏡岩水源地の通水を開始し、同9年3月に完成した。計画給水人口は5万5,000人、1人1日最大計画給水量は111L。予算は82万115円で、これが岐阜市における水道創設の第一期工事である。

最初は長良川の川水を使う予定であった計画が、豊富な伏流水を汲み上げる方式に変更されたのは、当時の主務官庁、内務省から岐阜市へ派遣された技師の安部源三郎によるという。河川水として「名水百選」（旧環境庁、1985年）に選ばれたこともある長良川中流域。その伏流水は、今でも塩素滅菌をしなくても飲めるほどの水質を誇る。第一期工事では金華山北麓、鏡岩地区に内径3～5m、深さ約11mの浅井戸が計3本（湧水量1.2m³/秒）が掘られた。これが岐阜市水道のルーツ、鏡岩水源地の始まりである。そして鏡岩から南西におよそ3km離れた瑞龍寺山頂に圧力調整の役

写真-1 瑞龍寺山頂あった配水池［『第一期上水道事業記念写真帖』岐阜県図書館蔵より］

割をもつ円形配水池（約1,600m³）を設置し、ここを経由して各家庭へ配水した。

長良川の川原の石を外装に使う

昭和5（1930）年に完成し旧岐阜市水道のスタートを飾った建物が旧ポンプ室とエンジン室だ。伏流水を汲み上げるポンプと同時に、配水池へ水を送るポンプが必要で、旧ポンプ室には取水用立型渦巻ポンプ2台、送水用横型タービンポンプ2台が並べられた（第二期工事でそれぞれ2台ずつ増設）。

建物はいずれも、鉄骨鉄筋コンクリート造の平屋建、切妻屋根は日本瓦ぶきである。外装は長良川の川原石をはめ込んだ玉石張り。この石は当時の市職員が川原で拾ったという説があるが定かではない。いずれにしても、これほど丹念に無数の玉石を張った手作業からは、当時の人々の水道創設に注いだ素朴な情熱が伝わってくる。この手作り風の外装のお陰で、個性的で独特な雰囲気のある、それでいて親しみやすい建物

に仕上がっている。花崗岩を積んだ隅角部と方杖が支える山小屋風の切妻屋根、そして丸窓が特異な雰囲気をかもし出す2棟は国の登録有形文化財である。

2つの建物の相違点に注目

2棟はいずれも妻側はアーチ型の出入り口と、両脇にアーチの窓、上部に横長の楕円窓をもつ同一のデザインであるが、いくつかの興味深い相違点がある。鉄骨の柱、梁に木造の小屋組（屋根を支え骨組）を載せているところは同じなのだが、旧ポンプ室では壁の内側にある鉄骨柱が、旧エンジン室では外付けになっている。また、旧ポンプ室の丸窓は、御影石と木の二重枠だが、旧エンジン室のそれは御影石の代わりに丸石を並べている。

全国初の大規模地下空洞式配水池

岐阜市水道の発祥地である鏡岩水源地では、災害時などの飲料水確保と安定供給のため、平成14（2002）年、金華山の内部に、岩盤をくり抜くという方法で建設された「鏡岩配水池」が完成した。鏡岩水源地一帯は風致地区、鳥獣保護区に当たるため景観に配慮して地下方式にしたという。直径30m、高さ30mの配水池には2万m³の水を蓄えることができる。この配水池の完成とあわせ、旧エンジン室は「水の資料館」としてオープン。館内には、水道の歴史をふりかえるコーナー、ポンプ・流量計などの機器類コーナーなどのほか、職員手作りの鏡岩配水池の縮小模型などが展示されている。さらに、この建物自体が地下配水池への入り口も兼ねている。一方、旧ポンプ室は平成17（2005）年に、「水の体験学習館」（市公園整備課が管理）とし

てオープンした。ここでは長良川に関することや、水の性質・大切さなどを、水琴窟の音などを体験しながら五感を通して学習できる。

写真-2　旧エンジン室。現水の資料館

写真-3　旧ポンプ室（左）と旧エンジン室（右）の細部

【旧ポンプ室データ】
・間口：10.9m　・奥行き：18.1m
・使用ポンプ：取水用立型渦巻ポンプ2台、
　送水用横型タービンポンプ2台（後各2台増設）

【旧エンジン室データ】
・間口：10.05m　・奥行き：19.3m
ディーゼルエンジン発電機を装備
昭和5年送水開始

取材協力：岐阜市上下水道事業部
掲載：2009年2月号

78 大阪市水道の歴史を伝える：
柴島(くにじま)浄水場旧第一配水ポンプ場

大阪府大阪市

長く続いた川水飲用の習慣

かつて大阪では、飲料水として川水の使用が広く行われた。一部の地域のものを除き、井戸水は塩気を含んで飲料には向かず、雑用水などに使われた。江戸時代はもとより明治時代に入ってからも、川の水を汲んで販売する水屋が大阪の飲料水、生活用水をまかなっていた。役所が定めた明治20（1887）年頃の公的な水汲み場が、旧淀川（現大川）の天満橋上流、源八橋上流、旧中津川（廃川）の嬉ヶ崎上流などにあった。今ではビルが立ち並び、大阪の中心街に位置するこれらの地点は、明治前期までは飲料水を汲む場所だった。

そのような大阪に水道創設の気運が高まったのは、度重なる伝染病の流行がきっかけだった。たとえば明治19年、大阪4区（当時）のコレラによる死亡者は1年で6,500人以上に上った。伝染病流行は、病原菌に汚染された川水や井戸水を飲むことが原因という認識が広まりつつあった。

そこで同19年、わが国の水道の父と呼ばれるヘンリー・S・パーマー（13参照）に水道創設計画が託される。翌年出来上がった計画は、計画給水人口50万人、予算250万円、3カ所に直径12.2m、高さ30.1～18.3mの巨大配水塔を建設するというものだった。明治18年の淀川大洪水、同年から翌年まで続いた伝染病の流行で大阪の経済は大打撃を受けていたため、このときは計画が見送られた。

コレラ大流行と大火を機に水道創設へ

明治22（1889）年に市となった大阪市は、同23年、再びコレラが大流行したうえに2,000戸あまりの建物が焼失する大火に見舞われた。水道敷設を切望する世論が沸騰、同25年、水道建設に着手した。実施案はパーマーの原案に内務省衛生局顧問技師ウィリアム・K・バルトン（81参照）の意見を採り入れたもの。計画給水人口を61万人に、1人当たりの給水量を1日84Lに拡大。配水塔の建設をやめ、海抜85mの大阪城本丸の天守閣の隣に配水池を設けることにした点が大きな修正点だ。

大阪市の通常予算の数倍に当たる建設費250万円は、市公債や外債を募り、75万円の国庫補助を受けた。こうして明治28（1895）年、日本で4番目の近代水道が大阪市に誕生。明治23年にわが国初の水道法規として制定された「水道条例」に基づく第1号の水道でもあった。

創設当初は旧淀川左岸の桜宮水源地（現在は廃止）で取水、ろ過し、大阪城内の配水池にポンプで送水、配水池からは

写真-1 水屋の姿。水道記念館（取材当時）の展示物から。

写真-2 『水道事業の沿革と現況』大阪市水道部刊、1933年に掲載された柴島浄水場全景写真［写真提供：大阪市水道局］

自然流下で各戸へ配られた。しかし日清戦争（1894-1895）を契機とする活況や大阪市域の拡大などのため、早くも創設から2～3年で供給が追いつかなくなる。

東洋一の規模へ。画期的な圧送給水開始

既存施設の増強や送水管の延長（第1回水道拡張事業）などを行ったが間に合わず、新しい水源地を求めて第2回水道拡張事業として造られたのが明治41（1908）年着工、大正3（1914）年完成の柴島浄水場である。同浄水場の完成で、将来の計画給水人口150万人、1人1日最大給水量146Lの能力を獲得した大阪市水道は、当時としては東洋一といわれる規模となった。柴島浄水場は大阪市北部地域に給水する浄水場として今も現役だ。

柴島浄水場の旧第一配水ポンプ場は当時画期的な、送水ポンプで市内に直接配水する設備だった。そのころは、高所にある配水池（塔）にいったん水を上げて自然流下により各戸へ配水する方式が、より確実だとされていた。しかし、欧米においてポンプの製作技術が急速に進歩。付近に適当な高所がない都市ではポンプを使用する圧送給水が進みつつあった。そこで欧米にならい建設費、維持費の点で有利なポンプ直送式を導入することになる。同ポンプ場には400馬力のポンプ9台（うち3台は予備）を設置。常用6台の最大揚水量は1時間に1万200m^3。ポンプの動力としては蒸気発生ボイラーによる発電機が使われた。

「水道記念館」として修復保存へ

旧第一配水ポンプ場は、大阪市を支える主力ポンプ場として、昭和61（1986）年に新しいポンプ場が出来るまで稼働。その後、大阪市の水道創設百周年に当たる平成7（1995）年、水道の歴史や仕組み、水道水源環境に関する知識の普及啓発施設「水道記念館」となる。オープンに先立ち、保存修復工事が行われた。関西建築界の長老・宗兵蔵の設計による赤レンガと御影石の調和が美しいネオ・ルネッサンス様式の建物は、大阪市の都市景観資源（平成16年登録）や国の登録有形文化財になっている（注：「水道記念館」は平成29年4月より秋までの予定で耐震工事中）。

【柴島浄水場旧第一配水ポンプ場データ（創建時）】
・レンガ造、地上1階
・延床面積 1,758m^3
・使用ポンプ：400馬力9台（うち予備3台）
・最大揚水能力：常用6台により10,200m^3/時間
大正3年竣工、昭和61年まで稼動

取材協力：大阪市水道局
掲載：2007年5月

写真-3 水道記念館入り口と緩速ろ過池の付帯設備・節制井の旧卜屋

79 初期水道施設群におけるデザインの白眉：奥平野浄水場急速ろ過場上屋

兵庫県神戸市

第1回拡張工事で新設される

神戸市水道は、明治30（1897）年、起工。明治33年に日本で7番目に給水を開始した。給水人口25万人、給水量1人1日97Lという計画でスタートした水道事業は、人口の激増や1人当たりの使用量増加で、水道敷設工事全体が竣功した明治38年ころには早くも水不足に見舞われた。そこで貯水池や浄水場の新設、既存浄水場の能力増強などを目指す第1回拡張工事が明治44年に始まる。その主要工事の一つとして、大正6（1917）年、奥平野浄水場の一角にこの急速ろ過場が造られた。水源の一つ、烏原貯水池からの原水に粘土の溶解物が多いことや、敷地が限られていたため、当時設置されていた緩速ろ過装置に比べ、約50倍の能力をもち、1日の最大水量2万8,200m^3をろ過する急速ろ過装置を新設した。

急速ろ過施設としては最古の部類

急速ろ過とは、ろ過の前処理として原水に硫酸ばん土（当時使用の薬剤）などの凝集剤を混ぜ、不純物を沈殿させてからろ過する方法。ろ過材が目詰まりすると、下から圧搾空気を送って水を逆流させて目詰まりを解消することができる。現在のろ過方式の主流だが、日本で初めて急速ろ過が始まったのは、明治45（1912）年、京都市の蹴上浄水場でのこと。その5年後に完成した奥平野の急速ろ過施設は、日本における初期のものの一つ。建物（内部のろ過装置は撤去）が現存するものとしては最古という。

一流建築家設計の豪壮な洋風建築

旧ろ過場には急速ろ過槽が11槽（最初は9槽、後に2槽増設）設置されていた。ろ過装置は数社による入札の結果、「パターソン式」という機種が採用されたが、当時は他の機種もすべて外国製という時代だった。折しも第一次世界大戦中で、高額の戦時保険金をかけて輸入した。ろ過槽を収めるこの上屋は、実用建築である水道施設にしては想像外の豪壮な建物である。関係者によるとかつてのヨーロッパ都市国家の浄水場は、侵略者やバクテリアの汚染などから住民を守るため頑丈なつくりにしたようで、それに学んだのではないかという。

建物は左右の隅に円塔状の階段室、正面中央に玄関を配し、玄関上部の破風に水道局のマークを浮き彫りにした、左右対称の正面性の強いデザインだ。正面外壁は、

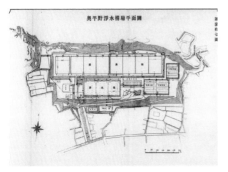

図-1 奥平野浄水場の一角を占める旧奥平野急速ろ過場平面図 [神戸市水道拡張誌附図]

写真-1　奥平野浄水場旧急速ろ過場上屋

写真-2　河合浩蔵の胸像が見守る館内

基礎部、柱、梁、窓周りなどが花崗岩、そのほかはレンガ積み。建物全体を花崗岩と同じ灰白色に仕上げており、外壁の化粧張りに使われたのは、花崗岩に色を合わせて焼き上げた磁器質のレンガタイルだ。こんなところにも意匠へ強いのこだわりが見て取れる。母屋の屋根は天然スレートぶき。一方、銅版ぶきの半円ドーム屋根をもつ左右円塔部は、神戸異人館などに通じる趣だ。設計者、河合浩蔵が得意としたドイツ・ルネッサンス風重厚さのなかに、水道施設らしい明るい清潔感が感じられる。

価値ある建物として保存要請が高まる

河合浩蔵（1856-1934）は、工部大学校（東大工学部の前身）を卒業後、工部省入り。ドイツ留学を経て、首都中央官庁街建設に一部参画したあと、官庁建築のエキスパートとして旧造幣局火力発電所（現・造幣博物館、大阪市）、神戸地方裁判所（神戸市）などを設計した。退官後は神戸市に事務所を開設して神戸を中心に活躍した。

著名建築家による大正期の優れた建築物であるため、ろ過施設としての機能停止に際し、日本建築学会から建物保存の要請が神戸市に寄せられた。神戸市水道局では、一時は解体を検討した建物を「水の科学博物館」として残すことにした。建物には、基礎杭の劣化、不同沈下、亀裂などが見られ、再利用に向けて大々的な補強を行い、阪神大震災の6年前に完了した。

建物は、建築物の優れた改修例として、「神戸市建築文化賞・建築再生賞」、「BELCA賞のベストリフォーム・ビルディング賞」を受賞。「神戸市景観形成重要建築物」の指定のほか、国の登録有形文化財の一つでもある。

水の不思議を体験させる科学博物館

改修・補強工事において、外観は、玄関に一部手が加えられたほかは、できる限り創建時の姿が保たれた。内部は、2階の床が新設され、2フロアをもつ展示スペースに改装された。1階には、水の物理的特性を楽しみながら学べる「ウォーターサイエンスゾーン」などが、2階には、「水と環境・生命のゾーン」、「水とくらしのゾーン」などがある。市内小学校の約70％の学校が社会科見学に訪れるほか、市外からの見学者も多い。人気の秘密は、展示の多くが実際にさわったり動かしたりできるからだろう。

【奥平野浄水場旧急速ろ過場上屋データ】
　現「水の科学博物館」
　最大浄水能力：28,200m³/日
大正6年竣工

資料提供・取材協力：神戸市水の科学博物館
掲載：2008年7月号

80 神戸市水道事業の初期に造られた、珠玉の水道施設群の一つ：千苅堰堤

兵庫県神戸市

水道創設後の第1次拡張工事で建設

　神戸市は明治29（1896）年に国から水道の事業認可を取得。当初の計画給水人口15万人を25万人に改定して、明治33年に布引貯水池（81参照）を完成させ給水開始。横浜、函館、長崎、大阪、東京、広島に続いて、日本で7番目に近代水道を創設した。続いて、烏原貯水池（81参照）建設に着手。明治38年に同貯水池が竣工して、水道創設工事は一応の完了を見た。ところが市勢拡大は著しく、早くも翌39年には給水に支障が出始め、翌々年には初めての給水制限に追い込まれた。

　こうして新たに給水対象10万戸増を目指した第1回拡張工事がスタートする。この事業において、神戸市北東端に位置し、三田市、宝塚市にまたがる千苅貯水池と堰堤が大正3（1914）年に起工、大正8（1919）年に完成した。同事業では、烏原立ヶ畑堰堤をかさ上げして貯水量を35万4,000m³増やす工事も実施。同時に上ヶ原浄水場（西宮市）の新設、明治38年から使われてきた奥平野浄水場（79参照）に、それまでの緩速ろ過の50倍の処理能力をもつ急速ろ過施設を新設する工事などを行った。これら一連の拡張工事が完了したのは大正10年。工事費は1,187万円。当時としては国内屈指の大事業であった。

千苅堰堤の特色

　給水対象5万戸、後に改定されて6万4,000戸を目指して造られた千苅水源により、当時の神戸市における1日の最大配水量は一挙に3.3～4.6倍に増加した。千苅貯水池の有効貯水容量は約593万m³（東京ドーム5杯弱）。約15km南の上ヶ原浄水場へ送水した。その水はそこからさらに約19kmの送水管で奥平野浄水場（現神戸市兵庫区）へ送られた。

　千苅堰堤（竣工時）は堤高36.4m、堤頂長106.7m、構造は、水平断面が直線形の重力式ダムで、堤体は粗石モルタル積み、堤体表面には四角に整形した切石が積まれている。千苅堰堤の特徴ともいえる堰堤上部の17門の連続アーチは、装飾もなく簡素ではあるが石積みならではの重厚感がある。アーチ下部のゲートを通る越流水が、

写真-1　堰堤のアーチを通る越流水［写真提供：神戸市水道局］

写真-2　完成時の上ヶ原浄水場［『神戸市水道七十年史』より］

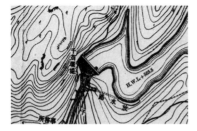

図-1 堰堤左岸にも余水吐（放水路）を接続［『神戸市水道拡張誌附図』より］

時には豪快に落下し、また時には石積みの斜面に見事なレース模様を描き出す様は、訪れる人を魅了する。堰堤左岸にある余水吐トンネルから岩盤へ落ちる落水も自然の滝のようだ。千苅貯水地周辺には、JR道場駅から宝塚へ抜けるハイキングコース「太陽と緑の道」が通っており、千苅堰堤は、武庫川渓谷の絶景ポイントの一つとして市民に親しまれている。

人口増に追いつかず第2次拡張工事へ

千苅堰堤は将来のかさ上げに対応できるように初めから堰堤基部や頂上の幅を広げて設計された。ほどなく、それが効を奏することになる。第1回拡張工事中に第一次世界大戦が勃発。日本は大戦景気に沸き、主要貿易港をもつ神戸市に多くの産業と人口が集中した。そのため第1回拡張工事が完了した翌年の大正11（1922）年には、要因として異常渇水が重なったとはいえ、早くも時間給水の危機に直面した。

第2回拡張工事が企画され、大正15年に始まった。昭和4（1929）年から同6年までに千苅堰堤は6mかさ上げされ、有効貯水容量は約1,161万m³に倍増。これにより、千苅堰堤は大正8年の創設以来、昭和30年ころまでの約36年間、神戸市水道の主役を務めることになった。このほか、千苅導水路の増強工事、上ヶ原浄水場の処理能力を上げる工事などが行われ、第2回拡張工事は昭和7年に完了した。

貴重な自己水源として不可欠の存在

千苅堰堤は、これに先立つ布引貯水池五本松堰堤（81参照）と烏原貯水池立ヶ畑堰堤（同）と同様、佐野藤次郎の仕事である。五本松堰堤は、わが国初の粗石コンクリートダム。そして立ヶ畑堰堤は、粗石モルタル造表面石積みで初めて堤体に越流ゲートがつけられた。布引五本松堰堤、烏原立ヶ畑堰堤、千苅堰堤、奥平野浄水場旧急速ろ過場上屋の4件が、神戸市の水道施設として国の登録有形文化財になっている（このうち五本松堰堤は取材後の平成18年7月に国の重要文化財に指定された）。

平成17年現在、神戸市水道の供給能力は1日当たり約90万m³で、そのうち約75％を阪神水道企業団からの受水で対応することになっており、その主な水源は琵琶湖、淀川である。千苅貯水池を中心とする自己水源は全体の約22％にすぎない。しかし、神戸市北部地域のなかには琵琶湖、淀川の水が給水できず、100％千苅貯水池の水に頼るところもある。大正時代に完成したこのダムは貴重な神戸市の自己水源として欠かすことができない存在なのである。

【千苅堰堤データ（竣工時）】
・堤高：36.4m　・堤頂長：106.7m
・有効貯水容量：約5,930,000m³
大正3年起工、大正8年完成
昭和4年〜昭和6年に6mかさ上げ後
・堤高：42.4m
・有効貯水容量：約11,610,000m³

取材協力：神戸市水道局
掲載：2006年4月号

81 日本最古の重力式コンクリートダム：布引五本松堰堤と烏原立ヶ畑堰堤

兵庫県神戸市（国指定重要文化財含む）

日本最古のコンクリートダム

明治30（1897）年、日本で7番目となる神戸市の創設水道がようやく着工の運びとなった。明治23年のコレラ大流行を契機に布設の気運は高まっていたが、巨費を投じる布設に慎重な世論があったことや、日清戦争の影響などで具体化は遅れていた。しかしその水道創設事業で、明治33（1900）年に日本初の重力式コンクリートダム布引五本松堰堤が完成した。

設計はお雇い外国人から日本人の手に

当初、ウィリアム・K・バルトン[注1]に依頼された原案から歳月がたち、その間の人口増加などのために設計の見直しが必要となっていた。そこで神戸市水道の工事長・吉村長策の推薦で、明治29（1896）年大阪市から招かれた技師・佐野藤次郎[注2]が拡張設計をまかされることになる。佐野の拡張案で、バルトン原案では高さ19m余りの土堰堤とさ

写真-2 布引五本松堰堤のデンティル（歯飾り）

れていた布引五本松堰堤は、重力式粗石コンクリート（ダムの自重で水圧を支える形式で大型の石を混ぜたコンクリート製）ダムに変更され、もう一つの水源として、烏原立ヶ畑堰堤が計画された（明治38年完成）。

注1) ウィリアム・K・バルトン（1856-1899）
　スコットランド生まれ。内務省衛生局のお雇い外国人技師として明治20（1887）年来日。帝国大学（後の東京大学）で衛生工学を教え、何人かの著名な日本人上下水道技師を育てた。一方、内務省衛生局顧問技師として日本各地の上下水道建設にかかわった。

注2) 佐野藤次郎（1869-1929）
　大阪、神戸、のち韓国でも技師として水道建設に携わった。本書「15 豊稔池」、「63 大井ダム」、「71 千苅堰堤」にもかかわる。イギリスやインドに渡り、当時の最新工法を日本に導入した。帝国大学ではバルトンの教え子の1人。

渓谷美のなかに姿を現す美しいダム

新幹線の新神戸駅から生田川に沿って急な登り道を歩くと、まもなく雌滝、雄滝などで知られる布引の滝があり、都会の駅舎の近くとは思えない渓谷美に出会う。駅から約30分の登りの後、木の間から朝日を浴びて布引五本松堰堤が重厚な美しい石積みの

写真-1 烏原立ヶ畑堰堤。大正初期に3mかさ上げされたが4門のゲートは当初のデザインを再現。国登録有形文化財

姿を現した。

ダムの上下流の両面に、現地付近から切り出した花崗岩の切石をモルタル（セメントと砂を混ぜて水で練ったもの）で積み上げ、これを型枠として直径20cm程度の石を入れたすき間にコンクリートを充填した形式のダムで、切石はそのまま堤体表面として残されている。

ダムの下流面の堤頂から約2.4m下がった部分には、前面四周を削り取った石を浮き彫りのように突起させた横一列のデンティルと呼ばれる歯飾りがあり、土木構造物に風格を与えている。当時の設計理論では安全強度の面から、放水ゲートをダム本体に取り付けてはならないとされていた。そのため、左岸側に岩盤を掘削して越流路（余水吐）が造られ、その出口が露出した岩盤を流れ落ちる滝となっており、あたりの渓谷美に溶け込んでいる。また、ダムの上流側から放水トンネルが分岐され、古来からの名勝布引の滝への水量が確保されている。ちなみに、日本で初めてダム本体に放水ゲートが設けられたのは、5年後の明治38（1905）年に完成した烏原立ヶ畑堰堤である。

改修工事で分かった明治の技術

堰堤は阪神淡路大震災にもほとんど無傷だったが、現代の耐震基準に合わせて、平成16（2004）年から、耐震補強工事と堆積土砂約20万m³の撤去を中心とする大改修事業が行われた。改修工事現場を、神戸市水道局技術部工事事務所（当時）の坂下良一係長（当時）が案内してくださった。

改修でむき出しとなった堤体からは、驚くべき発見が相次いだ。坂下さんたちは100年前の設計図面をもとに、最新式の3D（立体）測量で実測したところ、図面と寸分の狂いもない精度で仕上がっていたという。また、当時は高価な材料だったセメントを節約するため、使用場所によりコンクリートの配合（セメント、砂、砂利の割合）を5種類に変えるという非常に合理的な設計をしていて、その品質が素晴らしいのだそうだ。

例えば、現地採取の石材を破砕して骨材に利用した部分のコンクリート断面を見て、その密実な仕上がりに専門家は誰もが驚くという。100年前のコンクリートはテストハンマー試験でも特筆すべき高強度だった。当時は流し込んだコンクリートを直径約9cm、長さ約120cmの棒で表面に水が浮くまで突いて施工したと記録にある。現場の作業員一人ひとりに、作業の目的や重要度をきちんと理解させて工事をしたことが分かるという。石積みは日本伝統の石垣職人が行った。西欧の理論と日本の技がこのダムに結晶している。

平地から現場までは約180mの高低差がある。重機はなく、資材は馬車で運んだり、レールの上をトロッコに載せて人が押した。軌道が途切れるところからは約172kgのセメント樽を人夫が3人一組でかつぎ、2

写真-3　自然の滝のように造られた越流路

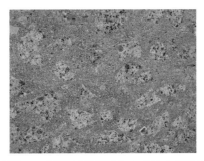

写真-4　布引五本松堰堤のコンクリートの断面

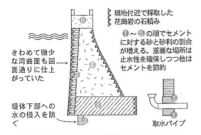

図-1　改修で確認された五本松堰堤のつくり

写真-5　廃レールを利用した管理橋

万5,000樽以上を運んだ。軌道のレールはダム完成後、ダム管理用の橋の手すりに再利用して、資材の運搬労力や無駄を省いている。

常に世界の先端を見つめていた

明治28（1895）年、フランスのブーゼイダムが、ダムの堤体や基礎部分に浸透した水の浮力を受けて倒壊した。佐野はこの教訓に学び、布引五本松堰堤下部に水の浸透を防ぐ「止水箱掘」と呼ぶカットオフ状のもの（図-1参照）を設けていることが改修で確認された。堤体内へは、管の周囲一面に微細な穴のある157本の鉄管を埋め込み、浸透水を外部に排出する工夫をしている。

それでも、布引五本松堰堤の予想以上の漏水に悩んだ佐野は、烏原立ヶ畑堰堤の着工前には、当時の最高水準のダムが造られていたイギリス植民地、インドや香港に視察に出かけた。その成果として、立ヶ畑堰堤を温度変化に対応させるために横断面を円弧型（現代のアーチ式ダムの概念ではない）にしたり、堤体内部を粗石モルタルとし、セメントに、火山灰、インドでスルキと称する粘土を焼いた粉、くず煉瓦を砕いた粉末などを混ぜてセメントを節約しながら、モルタルの止水性を高める工夫を重ねた。

平成18（2006）年に重要文化財指定

本稿の取材から2年後の平成18年、日本初の重力式コンクリート造堰堤・五本松堰堤をはじめとする「布引水源地水道施設」は、明治期を代表する水源地水道施設の一つとして重要であるとして、一連の付帯施設とともに重要文化財に指定された。

【布引五本松堰堤データ（竣工時）】
・堤高：33.3m　・堤頂長：110.3m
明治30年着工、明治33年竣工
【烏原立ヶ畑堰堤データ（竣工時）】
・堤高：30.61m　・堤頂長：122.4m
明治34年着工、明治38年竣工

取材協力：神戸市水道局技術部工事事務所（当時）
掲載：2004年1月号

82 貯水池一帯はさながら土木史の博物館：
河内貯水池と関連施設群

福岡県北九州市（国指定重要文化財含む）

第一次世界大戦などによる鉄需要激増で

大正初期、第一次世界大戦による鉄需要の激増や日本海軍の巨大艦建造計画などに対応するため、官営八幡製鐵所（新日鐵住金㈱八幡製鐵所の前身）は大正3（1914）年、第三期拡張計画を策定。年間75万トンの鋼材生産を目指した。

製鉄には冷却水、洗浄水などの大量の水を使う。水は製鉄業にとっていわば生命線だ。この拡張計画で見込まれる用水量の増加は著しく、大正8（1919）年、直営で河内貯水池の建設を始めた。八幡東区から小倉北区を流れ関門海峡に注ぐ板櫃川の上流部、同製鉄所の南方約4.5kmに位置するのが河内貯水池だ。

貯水池を構成する、堰堤、周辺道路、送水路、橋梁など、関連する構造物群が約8年の歳月をかけ昭和2（1927）年3月に完成。それらの設計・施工の中心となったのは、当時の土木課長・沼田尚徳（1875-1952）であった。沼田は明治33（1900）年、京都帝国大学土木工学科第一期生として同大を卒業後、八幡製鐵所に入所。八幡の高炉から最初の銑鉄が出たのはその翌年。沼田のキャリアは成長を遂げていく八幡製鐵所の発展とともにあり、製鉄所に関わる港湾施設、鉄道とその関連施設、工場建屋などを次々と完成させ、ことに水道関係施設は彼の独壇場だったとされる。そんな彼の生涯の代表作が河内貯水池であるといわれている。

写真-1 堰堤中央の取水塔と堰堤上部手すりの柱と一体化させた照明器具

写真-2 工事中の堰堤。手前が伸縮継手面［写真提供：新日鐵住金㈱八幡製鐵所］

伸縮継手で7ブロックに分けて施工

堰堤は高さ43.1m、長さ189m、両面切石積みの重力式含石コンクリート造で、着工時は東洋一の規模とうたわれた。実際は2年後の大正10（1921）年に着工した木曽川の大井ダム（高さ53.4m、幅275.8m、62参照）が大正13（1926）年に完成したため、1位の座を譲っている。

堰堤は、大量のコンクリート打設の宿命である膨張収縮による亀裂を防ぐため水平距離22.5mごとに伸縮継手を6カ所設け、7

ブロックに分割して造られている。継手部分はコンクリートブロックを積み、漏水対策として銅板がモルタルで埋め込まれ、空隙には絶縁塗料が充填された。工事の際にトロッコ、汽車などが使われたが、土木機械は貧弱だった。付近の山からつる植物を採集して作ったもっこを2人1組で担ぎ、2枚の歩み板の上を歩いてコンクリートを搬入したと伝わるなど、ほとんど人力で施工され、延べ90万人が動員された。こうした人海戦術であっても一人も殉職者を出さなかったという。

石組みの美学。土木と芸術の融合

堰堤と周辺の建物などには、経済性と耐久性から北河内谷の石が使われた。布引五本松堰堤（81参照）の工法と同様、施工時の型枠を兼ねた表面の石材をそのまま残した切石積で、堤体コンクリートの両面には30cm×45cmの大きさに加工した切石が積まれている。この切石を加工する過程で廃材として出た無数の割石や自然の栗石を事務所、取水塔、弁室、堤頂通路の手すりなど、いたるところで使用した。石組みといっても単調なものではなく、切石積み、野面積み（切り出したままの自然に近い石）、割石積み、自然石積みなど多様な方式を駆使。さまざまな表情を見せる石材の造形美がすみずみまで表現されており、石による野外芸術作品群とたたえられている。

多彩な意匠、構造の橋梁群

貯水池ができれば対岸へ渡る橋が必要になるし、送水路を通す橋や送水路を渡る橋も必要だ。河内貯水池の建設に際しては、多くの橋が造られた。その数は20以上ともいわれる。石造アーチ橋、鉄筋コンクリート版アーチ橋、コンクリート被覆鋼橋、レンティキュラートラス鋼橋などなど、それらの意匠、構造は実にさまざま。一帯は「橋の展示場」に例えられている。

なかでも、その形状から通称「めがね橋」「魚形橋」と呼ばれる南河内橋は、レンティキュラートラス（レンズ型トラス橋）と呼ばれる珍しい構造だ。この形式の橋梁としてわが国唯一の遺構であり、価値が高いとして重要文化財に指定されている。また、もう一つ注目されるのが、堰堤直下にある鉄筋コンクリート版アーチ橋の「太鼓橋」だ。セメント品質や配筋技術が劣る時代に、スパン約28m、アーチの高さが約2.6mで最大厚約400mmという、薄く軽やかな構造を実現している。若い技術者に設計を任せ、彼らに技術や意匠の上での厳しく丁寧な指導を行ってこれらの橋梁群を完成させていっ

写真-3　割り石を水平に飛び出すように積むなど、各部の積み方に変化をもたせた繊細な石積（写真は堰堤上部手すり）

写真-4　国指定重要文化財の南河内橋

河内貯水池と関連施設群　*257*

写真-5　「太鼓橋」鉄筋コンクリート版アーチ橋

写真-7　かつての曝気装置「亜字池」の大噴水［写真提供：土木学会附属土木図書館］

写真-6　水路橋「南山の田橋」鉄骨コンクリート被覆アーチ橋

写真-8　堰堤も付属施設もすべてヨーロッパ中世の古城風外観で統一

たという沼田尚徳。このように様々な意匠や形式を選んだのはなぜか。技術的な実験精神の表れなのだろうか。

今も現役。観光地としても人気

貯水池は今も現役で、通常は鋼板の洗浄用などの高度な水質が要求される工程で使われるほか、渇水時の非常用水としての用途もある。

河内貯水池の湖畔は、サイクリングロードや散策路が造られ、温泉施設がオープンするなど北九州市有数の観光地となっている。春は桜を求めて訪れる人が多い。昭和40（1965）年に出来た送水トンネルに役割を譲り、今は使われなくなった旧送水路跡地を利用した散策路をたどると、前述の太鼓橋など数々の橋に出会う。また、旧送水路の途中に今は使われない水質浄化を図る曝気用の大噴水が残っており、その池や付属の弁室などを見ることができる。石による美観にこだわり、会計検査院から「公園ではあるまいし贅沢すぎる」と大目玉をくらった沼田尚徳。「この石積みは廃物利用ですから」と平然としていたという。今生きていたなら、郷土の人々に愛される湖畔のたたずまいを、どのような思いで見つめるだろうか。

【河内貯水池堰堤データ】
・堤高：43.1m　・堤頂長：189m　・堤頂幅：3.5m
大正8年着工、昭和2年竣工
【南河内橋データ】
・形式：レンティキュラートラス
・橋長：133m　・幅員：3m
大正15年竣工

取材協力：新日鐵住金㈱八幡製鐵所
掲載：2009年3月号

83 天は豊かなる源なり
福岡市水道のさきがけとなった：曲渕(まがりふち)ダム

福岡県福岡市

　曲渕ダムは、福岡市南西部に位置し、福岡市で最初の水道専用ダムである。脊振(せふり)山系の水源涵養林に囲まれ、永年の風雪に耐えたそのたたずまいは格調高く、大正時代の貴重な土木遺産として「近代水道百選」の一つに選ばれている。今も、福岡市の貴重な自己水源として大切に使われている。

水道布設へ、バルトンに調査を依頼

　福岡市は北に博多湾と玄界灘を臨み、南を犬鳴(いぬなき)、三郡(さんぐん)、脊振の山系に囲まれた半月型の福岡平野に位置している。豊かな海や自然に恵まれ比較的温暖な気候だが、背後の山々は標高1,000mとふところが浅く、多々良川、御笠(みかさ)川、那珂川、室見川、瑞梅寺(ずいばいじ)川などの河川は、いずれも流域面積100m^{2}内外で、水量はあまり豊かではない。

　明治中期から生活の近代化が進んで水の需要が増大、井戸の汚染も深刻化し、水道布設が急務となった。福岡市は市政施行の明治22（1899）年、英国人技師ウィリアム・K・バルトン（81参照）に水道に関する調査を依頼した。

曲渕ダムの建設

　その後、水道先進地の現地視察、福岡市周辺の地勢、地質の調査等を経て、室見川上流の八丁川と飯場川をせき止めて曲渕ダムが造られた。

　給水人口12万人、1日当たり最大1万5,000m^{3}の水を送る計画で、大正5（1916）年4月に着工、大正12年3月に室見川水系の水道専用ダムとして竣工した。ダム建設にあたっては、38戸が水底に沈んだという。ダムに貯められた水は、平尾浄水場（現・福岡市植物園）で浄化され、福岡市内に送られた。

初のセメントガンによる吹き付け工事

　大正12年3月に給水を開始したものの、その後の人口増加などによって早くも水量不足が生じ、昭和6（1931）年9月、堰堤を6.06mかさ上げする工事を起工した。特に堰堤の漏水を防止するため、すでに実績のある「セメントガン」注)の効果を確認し、漏水防止工事に全国初のセメントガンによる吹き付け工事を施工した。これを機に、厚く堆積していた土砂を除去し、湖底を掘削して機能回復を図り、総貯水量は当初の約1.8倍になった。また、送水管の増設、平尾浄水場に塩素滅菌井の新設、市内配水管の

写真-1　堰堤内面セメントガン施工　[出典：『福岡市上水道第一期腸擴張抄誌』]

注）砂とセメントの混合物を圧縮空気によって送り出し、これを別のホースから送られた圧力水と混合して、ノズルから噴出させ、モルタルとして吹付けを行う機械のこと。

写真-2 現在の曲渕ダム。ダムの下流は公園として整備されている。

増設も行われた。

渇水の経験を活かして

福岡市は過去に何度か渇水に見舞われてきた。最大の渇水は、昭和53（1978）年に発生、5月20日から給水制限に踏み切り、なかでも6月1日からの10日間は1日5時間給水、断水や出水不良が約4万5,000世帯で発生、自衛隊も出動するほどで、給水制限は翌年3月まで287日間、給水車の出動も延べ1万3,000台に及んだ。

福岡市では、給水制限を最も強化した初日の6月1日を「節水の日」と定め、市民の節水意識の高揚を図っており、節水意識の高さや節水機器の普及では、先進都市である。この渇水以降、福岡市では「節水型都市づくり」を目指し、農水の合理化、ダム湖底掘削、下水処理水再利用、漏水防止、配水管整備、雑用水道の普及促進、海水淡水化等、数々の施策を行っている。

福岡市の水源は、およそ3分の1ずつを8つのダムと近郊河川、そして福岡地区水道企業団からの受水でまかなっている。昭和58年、永年の夢であった筑後川からの導水が実現、筑後大堰地点から取水した筑後川の水を、福岡地区水道企業団の牛頸浄水場を経由して受水している。

今も福岡市の貴重な水源として

福岡市では、水の需要増に合わせて19回に及ぶ拡張事業が行われてきたが、老朽化が進んだため、創設から70年後の平成元（1989）年8月〜平成5年3月、60億円をかけて本格的なダム堤体改良工事を施工した。改良工事では、ダムの上流面に新たにコンクリートを打設し、堤体の安定化と漏水防止が行われた。

ダムの下流面は御影石で美しく覆われて、"近代水道百選"に選ばれていることから、外観を損なわないような最新の方法が採用された。現在では、1日当り4万6,000m^3の水を夫婦石浄水場に送り市内中心部へ給水している。

天は豊かなる源なり

曲渕ダムの堰堤を渡った所には、昭和9年竣工のかさ上げ工事の記念碑が建っている。工事の中心的役割を担った上田研介・福岡市水道課長の揮毫による「天源豊」の文字が刻まれた立派な碑である。「天は豊かなる源なり、豊かな天の恵みに感謝し、その恵みが絶えることがないように」との願いが込められており、水の恵みに感謝する心は、曲渕ダムの建設当初から現在まで、脈々と受け継がれている。

【曲渕ダムデータ】
(当初)
堤高：31.21m　　堤頂長：142.72m
総貯水量：142万2,000m^3
(現在)
堤高：45.0m　　堤頂長：160.6m
総貯水量：260万8,000m^3

取材協力・写真・資料提供：福岡市水道局
掲載：2007年1月号

84 水道施設として異彩を放つ装飾性あふれる外観：御殿浄水場旧ポンプ室・旧事務室

香川県高松市

藩政時代の上水道から近代水道へ

　高松の上水道は、水不足に苦しむ城下の住民のため、正保元（1644）年に初代藩主松平頼重が造らせた。湧き水を水源とし、街路の地下約1.5mに土管や竹樋、木樋、箱枡などを埋めて各町内の辻井戸や各家の井戸に配水する本格的なものだった。これら藩政時代の簡易水道は近代水道が開業した後も使われ続け、昭和初期にも市内に多数の井戸が残っていたという。しかし、常に水量が不足しがちのうえに、下水道の不備により汚水が浸透してコレラ、腸チフスなどの伝染病の感染源ともなっていた。

　このため、明治23（1890）年の市制施行のころから、市民の間に水道建設を求める世論が生まれていた。明治30年には、内務省顧問技師バルトン（81参照）に水道調査を依頼している。その後、明治43年、市の依頼を受けた香川県技師が、香東川の支流に貯水池を築造して導水する案と、当時の香川郡弦打村字御殿で香東川の伏流水を集水して、西方寺山に造る配水池へ送り市内へ配水する案からなる高松市上水道計画を作成。水道工学の権威、中島鋭治博士（69参照）の現地視察により、後者の伏流水利用案が適当とされ、同博士の調査設計による敷設案が大正元（1912）年に市会において承認された。将来の増加分も含んだ計画給水人口7万5,000人、1人1日最大給水量111Lという規模で、大正3年に着手。工事は、地元住民への補償問題や、第一次大戦の影響による鉄材価格高騰などで遅れ、ようやく大正10年に完了した。現在のような工事車両やクレーンもなく、すべて手作業で進められた。その間、大正6年に事務室が、同7年にポンプ室が竣工している。

河川の伏流水を汲み上げるポンプ室

　香東川は、讃岐山地から流れ出る全長30kmほどの河川で、夏の干天時には60日以上も表流水がなく、農民は蒸気ポンプや水車などで、伏流水を汲み上げて使用していた。年間を通して伏流水を観測した結果、試験用の井戸の水位が川底から平均1.2mまでは常に満水だったことから、伏流水は豊富であると判断された。水源施設として香東川の川底に、長さ145.4m、幅1.52m、深さ1.94mの集水溝が、大正4（1915）年に造られた。

　旧ポンプ室は、この集水溝で集めた伏流水をろ過池へポンプアップするための施設である。屋内には、深さ3.6mのピット（くぼみ）があり、大正時代から昭和61（1986）年まで使われていた5台のポンプとモータが据えられている。取水溝で集められた水は自然流下して、写真のレンガ壁の向こう側にある取水井に溜まる仕組みだ。水位計で取水井の水位を確認して一定量を超えると、モータと、モータとポンプの連結部にあるクラッチのスイッチを入れ、始動抵抗器のレバーを手で回して回転数をなめらかに増やしながら、水をろ過池まで汲み上げるという手作業が行われていた。

写真-1　現役当時のままに保存されているポンプとモータ

写真-2　飾り破風や鬼瓦が美しい旧ポンプ室妻側

写真-3　高松市水道資料館PR館（御殿浄水場旧事務室）

装飾性あふれる出色の外観意匠

旧ポンプ室の建物は、底部が花崗岩敷き、出角が石で補強された、腰壁までレンガ積みの洋式基礎とキングポストトラスという洋小屋組み（屋根を支える骨組み）による本格的な西洋建築に、日本瓦をのせている。T字型の平面をもち、3つの妻側には半円形の明かり取り高窓があり、飾り破風上部には半円形鉄板製の美しい鬼瓦がのせてある。豊かな装飾性にあふれており、木造の軽やかな意匠は全国の水道用ポンプ室のなかでも異彩を放つ存在だ。現在は高松市水道資料館歴史館として、高松市の水道の歴史を概観できる展示がされている。

一方、旧事務室も、腰壁がたて羽目板張りであるなど細部仕様が異なるものの、類似デザインの美しい建物。出角に設けられた玄関の上部には、丸いアーチ状の、すこぶる意匠を凝らした破風が建物を飾っている。役目を終えた現在、建物は水道事業の仕組みや水の科学などを解説する高松市水道資料館PR館として使われている。これら2棟は倉庫など周辺施設とともに国の登録有形文化財になっている。

度重なる水源拡張事業と香川用水

市民待望の給水開始であったが、わずか1年あまりで水量不足をきたし始め、夏・冬の渇水期には毎年のように断水し、水源地付近の稲作にも水不足の被害が出た。早くも創設5年後に拡張工事に乗り出して以来、度重なる水源拡張事業を続けてきた。瀬戸内式気候帯に属して降雨に恵まれない香川県では、昭和49（1974）年、高知県の早明浦ダムに水源をもつ香川用水から受水開始。現在、高松市は水道用水の60％近くを同用水から受けている。

【旧ポンプ室（現歴史館）データ】
・木造平屋建地階付　切妻造　瓦葺
・建築面積：249.18m²
大正7年竣工、昭和61年まで使用
【旧事務室（現PR館）データ】
・木造平屋建　寄棟造　瓦葺
・建築面積：144.54m³
大正6年竣工、昭和61年まで使用

取材協力：高松市上下水道局
掲載：2007年11月号

85 徳島市水道の創設期に建設された赤レンガ造りの洋風建築：佐古配水場ポンプ場

徳島県徳島市（国登録有形文化財）

　佐古配水場は、徳島市内の静かな住宅街にある。特にポンプ場は、明治から大正にかけて急速に普及したヨーロッパ風の赤レンガの建物で、徳島市の水道施設のなかでは最も古い由緒ある施設である。

　昭和60年に厚生省の「近代水道百選」、平成9年には国の登録有形文化財に登録され、源水井、集合井の2棟も平成10年、国の登録有形文化財に登録された。

　広大な敷地には、赤レンガの建物に色調を合わせた新しい管理棟が建設され、現在も徳島市民に水を送り続けている。

良質な水に恵まれなかった徳島

　徳島市は四国の東部、徳島県の東端にあり、四国の中央を流れる吉野川とその支流・鮎喰川、徳島県中央部から東に流れる勝浦川の2つの河川の下流の三角州にある。徳島という地名は、小さな川が縦横に流れ、一見して美しい島に見えることから美称の徳をつけて徳島と名づけられたという。

　水の都といわれながら、良い水にはあまり恵まれず、眉山（標高280m）のふもとの湧水を販売する水売りに頼るほか、大正時代までは井戸水に頼っていた。

　徳島市内では明治から大正にかけて腸チフスや赤痢などの伝染病が度々発生、全国平均を上回る死者が出るほどで、その原因の一つが水の衛生状態がよくないことにあるとされ、安全な飲み水の必要性がいっそう高まった。

近代水道への期待を込めて

　明治40（1907）年、一坂俊太郎・徳島市長は、就任挨拶で水道布設の抱負を述べた。同43年、調査費が議決され、44年から測量調査を開始。同45年、水道界の権威・東京帝大教授の中島鋭治工学博士（69参照）を招いて、吉野川筋、鮎喰川筋、勝浦川筋を調査、大正2（1913）年、中島博士に水道の設計を委嘱した。その後、工事が開始され、大正15（1916）年9月、佐古浄水場が完成した。当時の費用で約230万円という巨費を投じた一大事業であった。

　当時の給水人口は2万4,000人、徳島市民の28.7％が水道を使えるようになった。完成を祝って盛大な通水式が挙行された際、時の市長・矢野猪之八は「こんこんたる清水が全市を貫通した」と、その喜びを表現したという。

　約8km離れた吉野川沿いの第十水源地（名西郡石井町藍畑字第十）で地下水を汲み上げ、地下の送水管で佐古浄水場の池に送り、ここで水を溜めてろ過したうえで集合井へ集める。集合井は直径およそ7m、集めた水の水量をはかる施設で、水は調整池を経たのち、ポンプ場へ送られる。ポンプ場には当時としては大きなポンプがあり、水を眉山山腹の佐古山配水池まで押し上げ、徳島、新町、福島、佐古、富田浦、助任地区の各家庭や会社に送っていた。

　ポンプ場と一連の施設は、新しい配水場が完成するまでの70年間、市内の家庭に水道水を送り、暮らしを支えた。

ポンプ場の外観と内部

ポンプ場の設計は、当時の内務省技師によるもので、柱は鉄筋コンクリート造りのテラコッタ貼り。おしゃれな別荘風の272m²の平屋建てである。天井が高く、壁は赤レンガのイギリス積みで、白い半円形のアーチ窓があり、入口上部の正面の壁には美しい浮き彫り装飾がある。

紋様は、徳島の市章と「粟(あわ)」を組み合わせてデザイン化したもので、粟は忌部氏(いんべ)（古代の朝廷祭祀を担当した一族）によって徳島に伝えられたとされる。玄関の上にはバルコニー風の飾りがあり、人が住んでいたのかと思われるほど洒落ている。

同時期に造られた集合井は、ポンプ場と同様のレンガ造りで要所に花崗岩を配し、入口上部の浮き彫り装飾や柱などにも、きめの細かい配慮がなされている。その奥にある源水井も、コンクリート構造の上にレンガを貼り付けてあり、井戸の上屋とは思えない立派な建物である。ポンプや発電機などを保管する施設や井戸の上屋にこれほどきめの細かい飾りを施したことは、当時の水道がいかに貴重なものだったかを物語っている。

建物の内部は漆喰(しっくい)仕上げで、桁行き24m、梁の間は約12m、半円形の窓から

写真-2　源水井。箱形の源水井に上屋を築造したもの。正方形で、壁面側石、窓回り等に花崗岩を配している。

光が射し込み、明るく広々としている。当時としては珍しいドイツ・オット社製の400馬力のディーゼルエンジンが非常用自家発電装置として設置され、他に受配電盤などがゆったりと配置されていた。

市民皆水道化の一翼を担う

佐古配水場は、広さ約1万3,000m²の広大な敷地に、ポンプ場のほか、新しい管理棟や調整池、倉庫などがある。管理棟と調整池は、ポンプ場と調和する赤レンガ色に統一され、景観が素晴らしい。

1925年、人口およそ8万3,800人だった徳島市は、80年後には26万2,000人を超えるまでに発展した。戦前、戦後の相次ぐ水道拡張事業により、吉野川の表流水も取水されるようになり、水道の普及率は90.9％に達している（2005年現在）。

その原点ともいうべき佐古配水場は、今も徳島市民に安全な水を送り続けるシンボル的な存在である。

写真-1　集合井。高さ5.1m円形であること、入口上部の装飾、壁面の柱型、窓上部の花崗岩に特徴がある。

【佐古配水場ポンプ場データ】
大正14年着工　大正15年竣工
建築面積：272m²　鉄筋コンクリート平屋建

取材協力：徳島市水道局
掲載：2007年6月号

86 大正期の名建築を残しながら更新工事で生まれ変わる：旭浄水場

高知県高知市

近代水道布設への道のり

高知市街は鏡川と江ノ口川に挟まれたデルタ地帯に位置する。慶長5（1600）年に徳川家康から国主に封ぜられ翌年土佐に入国して高知城を築き、高知市街の基礎をつくった山内一豊は治水に苦労した。「高知」という地名は、「河中(こうち)」を、出水を嫌って1610年に「高智」と改めたことに由来する。明治22（1889）年の市町村制施行で誕生した高知市は、政治、経済、教育のあらゆる分野において維新の改革が行われたが、治水対策には新たな進展がないまま大正時代を迎えた。雨期には市内各所に汚水があふれ、衛生に恐るべき影響を与えたと当時の新聞は記している。

そこで、大正8（1919）年、当時の市長から治水問題を解決する下水道計画案が高知市会に提出された。市会ではこの案が財政上あまりに過大な負担になることや、市民衛生に重点をおくなら上・下水道いずれを先行するべきかなど、大論戦となった。紆余曲折の末、大正10年9月、市会は満場一致で上水道布設案に賛成し、大正11年、正式に内務大臣から工事認可が下りた。

旭浄水場の建設

こうして建設が決まった旭浄水場の設計は、東京で工務所を自営していた和田忠治(ちゅうじ)に委嘱された。秋田市の水道創設（87参照）にかかわった後、小樽市、川崎市などの創設水道を設計した人物である。総事業費97万円は、国庫や県費の補助を受け、

写真-1　ビザンチン風六角屋根をもつ管理棟（1925年竣工）[写真提供：高知市上下水道局]

多額の市債発行でまかなわれた。工事は大正12年（1923）7月に着工、同14年4月に竣工した。全国では56番目、四国では高松市に次いで2番目の近代水道の完成であった。

当初の計画給水人口は4万人、1人1日最大給水量111L、基幹設備は将来給水人口8万人を想定した施設計画であった。水源は鏡川の廓中堰(かちゅうぜき)（山内一豊が創設した堰）上流に定め、鏡川の伏流水を取水し旭浄水場へ導いた。取水管、集合井、取水ポンプ井、着水井、ろ過槽、送水ポンプ井、ろ過速度調整室などは鉄筋コンクリート製である。このほか、花崗岩の自然敷石による緩速ろ過池が3池造られた。浄水した水を山上の配水池に揚水する送水ポンプ室は、赤いレンガと白枠の窓の対比が美しいルネッサンス風建物である。窓ガラスにも凝った繊細なデザインが施されている。配水池からは

写真-2 配水池覆蓋鉄筋組立工事［『こうち水物語』より］

写真-3 送水ポンプ室と、その前にある調整室

自然流下方式で高知市街地へ配水した。

ビザンチン風の六角塔を冠した建物（写真-1）は管理棟で、蝶の形のような変わった平面プランをもつ。ろ過池のそばに立つかわいらしいレンガづくりの建物は調整室だ。こうした瀟洒な欧風デザインで統一された建物が周囲の緑に映え、緩速ろ過池にその姿を映すさまは実に美しい。そして建物は戦災と南海大地震という二度の災害を受けた高知市では、希少な西洋建築の遺構でもある。

ほどなく給水量不足で拡張工事へ

当初の計画1日最大給水量4,440m³は、わずか1年余りで軽々と突破されてしまった。上水道が出来たばかりの高知市では、事業者や公共施設などは「計量給水」、一般家庭は「放任給水」だった。料金は家族構成などで決まり、メーターがなく水道水は使い放題だった。そこで急ぎ各戸にメーターを設置し、昭和4（1929）年8月に全計量給水制を導入したところ、使用量は一気にダウン。心配された配水量の伸びは約4割も抑制された。だが半面では、水道料金収入が激減した。一定量以内ならば基本料金で済むため、一般市民は再び河川や井戸の水を使い始めたからだ。

戦時中に一時的に需要が落ちたものの、常態的な供給不足に対応するため、旭浄水場の拡張工事は昭和期に3度行われた。そして、早明浦ダム（高知県）建設に伴う高知分水事業で、吉野川水系瀬戸川から導水を受けた針木浄水場が昭和54（1979）年に完成するまで、旭浄水場は高知市水道局唯一の浄水場として水を送り続けてきた。

12年間の全面的な更新・改良工事が進行

その後の旭浄水場は、テレメータ装置導入による関連施設の遠隔操作、TVカメラによる場内監視システムなどを装備して施設運営の強化が図られてきた。さらに、平成17年度から12年間にわたる、施設の全面的な更新、改良、そして、切迫性が高まっている南海地震に備える耐震化工事が行われている。大正時代に造られた建物群は資料館などとして残し、新たに造られる施設は、これらの歴史的建物にマッチした外観、配置となる。工事完成後も、メルヘン情緒たっぷりの旭浄水場は、変わらず市民に愛され続けていくことだろう。

【旭浄水場データ】
大正12年7月着工、大正14年4月竣工

取材協力：高知市上下水道局、更新事務所（当時）、高知市役所市史編さん室
掲載：2000年1月号

87 「近代化遺産」の重要文化財として全国で初指定：藤倉水源地堰堤

秋田県秋田市（国指定重要文化財）

日本三大美堰堤とも

　長篠発電所余水吐（57参照）、白水溜池堰堤（18参照）とともに「日本三大美堰堤」の一つ、ともいわれるのが秋田市にある藤倉水源地堰堤だ。表面に流水がない堰堤が多いなか、越流式堰堤であるため流水表情の美しさは格別である。堤体を滑り落ちる水が、外装の間知石布積み（奥が細くなる四角錘状の石材を横目地を通して積む方法）の目地に砕けて粒立ち、日差しにきらめいて周囲の緑に映える。

　平成5（1993）年、国の重要文化財に新たに設けられた「近代化遺産」部門において、碓氷峠鉄道施設（群馬県安中市）とともに、同堰堤を含む藤倉水源地水道施設が指定第1号となった。日本の近代化に大きな役割を果たしてきた産業、交通、土木に関する構築物に、このときから重要文化財指定への道が開かれたのである。

全国的にも早い水道布設計画浮上

　藤倉水源地堰堤は、秋田市に初めて近代水道が出来た際の取水用堰堤である。水道が出来るまでの秋田町（当時）では、飲料水・生活用水は市街地を貫流する雄物川支流旭川の水や、井戸水に頼っていた。明治維新前には水質がきわめて良かった旭川も、維新後には藩の保護がなくなり、水量が減り汚染が進んだ。井戸水も状況は同じ。劣悪な水は伝染病の温床となり、近代的な水道を求める声が高まっていた。

　明治7（1874）年に商家の主人や印刷

写真-1　市内に1カ所だけ残る旭川の水汲み場

会社の経営者などから、水道布設の申請があったが、いずれも実行には移されなかった。明治17年には、秋田町の富豪・佐伯孫三郎、貞治親子が内務省衛生局顧問技師バルトン（81参照）の指導を仰ぎ、私費による水道布設の出願を行うが、準備段階で財産が底をつき着工を断念している。

　横浜で日本初の公営近代水道が開業したのは明治20年で、その発端は明治4年に横浜商人らが水道会社設立認可を申請したことにある。それに照らしても、秋田の民間人による計画は全国的にも早いものといえよう。

鉄道開通、軍隊移駐が実施へ拍車

　明治22（1889）年に市制が施行された秋田市は、翌年には実地調査を繰り返すなど水道布設へ動き出したが、財政事情が着工を許さなかった。明治19年の民家3,500戸余りが焼失した大火、同年のコレラの大流行、相次ぐ旭川の大水害などによって地域経済は疲弊し、さらに日清戦争勃発の影響などにより水道布設は遠のいた。

　実施へ向けて大きく動いたのは、明治31

年の陸軍第16旅団司令部と歩兵第17連隊の秋田市への移駐と、30年代の奥羽本線建設工事がきっかけ。軍も鉄道局も秋田市の水道布設が遅滞するなら自前で水道を布設する計画をもっており、そうなれば水道経営が難しくなると秋田市当局をあわてさせた。

以後、秋田市の水道布設計画は急速に進展し始め、明治32年、内務省から派遣された中島鋭治（69参照）が現地を踏査して水源地を旭川上流の藤倉に定め、沈殿池、ろ過池、浄水池などの基本計画を作成した。実施設計を行ったのは秋田市水道部の和田忠治（86参照）と両角熊雄。計画給水人口4万人、計画1日最大使用量3,000m³を水源地から10km余り離れた市内の浄水場へ送水する計画だった。明治36年に着工した工事は同40年に全国で11番目（東北地方で初）に一部給水を開始。工事全体が完了したのは明治44年である。

運搬はソリや馬の背。設計は先進的

工事が始まったころ、馬車の通れる道すらなく、市内から現地までの資材運搬はなるべく冬季を選んでソリや馬の背で行った。工事末期になって営林用の森林軌道が引かれるまでそれは続いた。工事の指揮を執る水道部職員は多忙を極め、休日の勤務はもちろん、徹夜の作業も少なくなかった。

水道鉄管は東京や大阪から調達したほか、イギリス製鋼鉄管を輸入した。現在の横浜市保土ヶ谷区に鉄管試験場を設け水圧試験などを実施し、品質管理に細心の注意を払った。そして配水管網は現代をしのぐ仕様で設計された。例えば、火災時の消火能力を上げるためには、今も昔も消火栓における最低水圧や消火水量の数値の高さが求められる。そのいずれもが、現在求められている

写真-2 大型機械は見当たらない工事風景［写真提供：秋田市上下水道局］

写真-3 保土ヶ谷（現横浜市）にあった鉄管試験場での検査風景［写真提供：秋田市上下水道局］

基準を上回っていたのである。また、本管、支管を5種類の口径に分けてそれぞれに役割を分担させ、現代の配水ブロック給水システムに類似した給水方法を実践していた。輸送手段も大型機械もなく、夜を日に継ぐ汗みずくの人海戦術で、これだけの事業を成し遂げた先人の努力に頭が下がる。

放水路と副堰堤の設置

面白いことに、藤倉水源地堰堤は越流式堰堤でありながら堰堤の右岸に放水路も備えている。通常はどちらか一方だけあれば、貯水池の余水を流すには事足りる。本堰堤の設計は当初、放水路を持たない越流式だった。それが洪水との戦いのなかで設計

写真-4 本堰堤（右：高さ16.3m、幅65.1m、貯水量239,200m³）と副堰堤（左：高さ2.1m、幅28.6m）

写真-5 「堤上架橋」と名づけられた赤い鉄骨トラス橋

高さは橋の両端部で約1.8mある。

変更の紆余曲折をへて今の形になった。

　明治40（1907）年8月の大豪雨では建設中の堰堤が一部壊れるなど甚大な被害を受けた。再調査したところ洪水量が当初計画をはるかに超えることが分かった。そこで最大幅約15.2mの放水路を築造し、洪水量の半分を放水路から、残り半分を堰堤上部から流すことになった。さらに、本堰堤基部の越流水による破壊を防ぐために、下流側約20mに平行して副堰堤を設けて水を貯め、水の衝撃を和らげている。構造は重力式コンクリート造である。

明治期の鉄の道路橋10傑に入る赤い橋

　堰堤の上部に架けられている鉄骨の橋も特筆すべき遺産である。製造したのは東京石川島造船所（IHIの前身）。歩行面が主構造の最下段にあり、上弦材が湾曲し、向きが交互になった斜材が逆W形を成す「下路曲弦ワーレントラス」という形式である。土木学会・歴史的鋼橋調査小委員会によれば、鉄橋としては明治時代の鉄道橋がかなり残っているものの、道路橋はあまり残存例がないため、現存する明治時代の鉄の道路橋10傑に入るという。堰堤の管理用に使われる橋で長さは約30m、幅は約1.7m、

近代化遺産の重要文化財指定第1号

　明治40（1907）年の通水開始以来、水を送り続けてきた藤倉水源地は、水道拡張工事で給水の全てが雄物川からまかなわれるようになり、昭和48（1973）年に取水を停止した。その後、平成5年には、本堰堤、副堰堤、放水路、進入道路、護岸（鉄骨トラス橋、送水、排砂設備を含む）、貯水池用地、沈殿池用地、送水管用地などからなる水源地の一連の施設が国の重要文化財に指定され、一時、市民に存在を忘れられていた堰堤は再び注目されるようになる。そして平成19年、給水開始100年を記念して、堰堤の下流約370mの位置にあった沈殿池跡は「藤倉記念公園」として整備された。

【藤倉水源地堰堤データ】
・高さ：16.3m（基礎地盤から）
・幅：65.1m（越流部29.7m）
・貯水量：239,200m³
副堰堤
・高さ：2.1m　・幅：28.6m
堤上架橋
・長さ：30.6m　・幅：1.7m
明治36年10月工事着手
明治40年一部通水、明治44年竣工

取材協力：秋田市上下水道局
掲載：2010年6月号

88 下水道施設として初めての国の重要文化財：
旧三河島汚水処分場喞筒場(ポンプ)施設

東京都荒川区

　旧三河島汚水処分場喞場施設は、日本で最初に欧州の最新技術を結集した近代的な下水処理場として建設され、大正11（1922）年3月26日に運用を開始した。

　赤レンガのポンプ室は、当時、オーストリア・ウィーンで流行したゼセシオン（ウィーンの新芸術運動）と呼ばれた芸術様式を踏襲している。他に東・西阻水扉室、沈砂室など一連の構造物が当初の状況をよく残しており、洋風公園のような洒落た雰囲気を醸し出している。これらは、日本初の近代下水処理場の代表的遺構として、平成19（2007）年12月4日、国の重要文化財（建造物）に指定された。

[指定範囲及び指定構造物等]
　東・西阻水扉室（阻水扉室）、ろ格機室（濾格室、濾格室上屋）、ポンプ室（喞筒室）、〈附〉ヴェンチュリーメーター、地下構造物（沈砂池、量水器室、喞筒室暗渠）、〈附〉インクライン電動機室（土運車引揚装置用電動機室）、変圧器冷却水用井戸ポンプ室（変圧器冷却水用井戸喞筒小屋）、門衛所

文明開化と近代下水道

　江戸から明治へと時代が移り、文明開化の幕開けとともに諸外国から多くの近代文明や技術がもたらされたが、これを支える都市基盤は弱く、江戸時代のままであった。

　東京では明治5（1872）年2月、和田倉門（現・千代田区）から出火し、銀座・京橋・築地（現・中央区）一帯が焼失。この大火を機に、東京府は不燃建築物による都市の近代化を目ざした。銀座に洋風の

写真-1　レンガ積みの下水管。1914年〜1986年まで使用。幅60.6cm、高さ90.9cm。地下鉄銀座線浅草駅の改良工事の際、取り出された。

レンガ街を建設し、街路には洋風の溝渠などが造られた（明治10年頃完成）。東京府は全域に近代都市化を進めようとしたが、財政難と住民の不評により、レンガ街は銀座一帯のみで中止された。

　一方、明治10年から15年にかけて全国にコレラが流行し、同15年の東京府下の死者は約5,000人に上った。政府は衛生状態改善のため、東京府に対して下水道改良事業を指示、「神田下水」に着手したが、約4kmの管渠を敷設しただけで、予算不足のために中止となった。神田下水（都指定史跡）は今も約2kmが公共下水道として機能している。

東京市の下水道計画

　その後、東京市の人口は明治21年には東京市（15区）で130万人、東京府全体で156万人へとふくれ上がり、近代都市基盤の整備が急務となった。

　日本政府は近代都市建設のためには、

最新の技術を学ぶことが不可欠であると、若い人材を積極的に先進諸国に留学させるとともに、調査に派遣した。

下水道技術を学ぶために派遣された人々の代表格は中島鋭治（69参照）で、東京市の下水道計画作成に責任者として携わった。中島はのちに「水道・下水道界の巨星」といわれ、多大な足跡を残した。

明治41年、中島の提出した「東京市下水設計調査報告書」を基にした「東京市下水道計画」が正式に事業認可された。東京市は三河島汚水処分工場用地として5万3,841坪、幹線埋設用地2,683坪を確保し、大正3年6月に建設着工、大正11年3月26日に運転を開始した。当時、このあたりは水田が広がる農地だったという。

[基本計画（大正元年11月）]
　　排除方式：合流式（一部分流式）
　　計画人口：300万人
　　計画汚水量：1日1人平均約167L
　　汚水処分方式：散水ろ過床法

当時の最新技術を導入

この事業の中心を担ったのは、中島の指揮下にあった東京市技師・米元晋一（1878-1964）で、明治44年8月〜45年5月、欧米48都市の下水道事業を調査し、多くの最新情報を得て帰国した。

写真-2　柱型の3間ごとに配された半円形の窓、軒下の窓上部を貫く白い水平の線、柱型と壁面下の黒レンガがアクセントになっている。

中島は米元の提案により、汚水処分方式は「散水ろ床法（砕石を敷き詰めた床表面の好気性微生物の作用で汚水を分解する処理法）」を採用、排除方式は雨水と汚水（家庭雑排水、し尿）を同一の管路で流す「合流式」とした。米元は草創期の下水道事業に指導的役割を果たし、東京の下水道の基盤を築くとともに、その普及、発展に力を尽くした。

下水道に賭けた情熱の伝わる建物群

三河島汚水処分場内には、赤レンガの優雅な建物などが点在する。「ポンプ室」は桁行68.3m、梁間15.5mで、東西に両翼を備えた左右対称の構造。レンガ積みの外観上部には飾りがなく、規則的に配された柱型と水平の軒によって構成されている。その他、

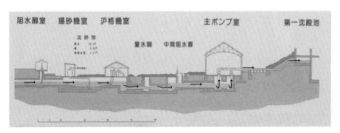

図-1　汚水処理の流れ　集められた下水は、沈砂池で土砂類を沈殿させて除去し、ポンプで第一沈殿池に送水し、沈殿池で沈みやすい汚れを沈殿させる。基本的な処理プロセスは、当初から変わっていない。

写真-3　ポンプ室の天井。室内には「大正9年造」の銘板がある。

写真-4　ポンプ室では10台の汚水ポンプが活躍していた。

「ろ格機室」、「阻水扉室」なども、それぞれ意匠を凝らした美しい建物だ。花こう岩の階段や手すりが付き、地下の下水管にも花こう岩や陶板を使用するなどの配慮がなされ、欧州の下水道技術を日本で開花させようとした技術者たちの情熱が伝わってくる。

その後、一連の施設は関東大震災（大正12年）や東京大空襲（昭和20年）などをくぐり抜け、365日、24時間、休むことなく稼働した。

ポンプ室は、場内施設の再整備で存廃が検討されたが、創建当初の状況がよく分かり、技術史上からも価値あるものとして保存され、東京の下水道の歴史を語り継ぐ貴重な存在となっている。

最先端の水再生センターとして

その後、平成11年3月、ポンプ室は引退。別系統のポンプ施設に切り替えられ、最先端の下水処理施設「三河島水再生センター」として生まれ変わった。設備も更新され、「三河島水再生センター」は、現在も最新処理技術によって、汚水をきれいな水によみがえらせている。

処理区域は、荒川区・台東区（全部）、文京区・豊島区（大部分）、千代田区・新宿区・北区（一部）。下水処理方法は、散気式標準活性汚泥法を中心に行い、処理した水は、東尾久浄化センターでろ過し、隅田川に放流している。その他、再生センター内の機械洗浄、冷却などに使用している。

下水処理施設（沈殿池と反応槽）の上部空間は、「荒川自然公園」として一般開放されている。荒川区をかたどった池を中心に、四季折々の花を咲かせる公園は、"新東京百景"にも選ばれており、都民のいこいの場になっている。

現在、日本の下水処理技術は、国際的にも世界の最高水準にあると評価され、海外からも注目されて見学者が絶えない。そのスタートは、ここ「旧三河島汚水処分場喞筒場施設」が原点であった。

写真-5　平成4年4月、三河島汚水処分場開設70周年を記念して建てられた記念碑

取材協力：東京都下水道局総務部広報サービス課、三河島水再生センター
掲載：2009年12月号

参考文献

01　狭山池と狭山池博物館
- 『常設展示案内』大阪府立狭山池博物館、2001年
- 「狭山池ダム―平成の大改修」大阪府富田林土木事務所、2003年
- 『明治以降日本土木史』土木学会、1936年
- 末永雅雄著『池の文化』学生社、1972年

02　満濃池
- 「まんのう池（パンフレット）」、満濃池土地改良区
- 「満濃池の変遷　満濃池資料集　その二」建設省四国地方建設局、1991年
- 高木心元著『空海　生涯とその周辺』吉川弘文館、1997年
- 『香川県の地名』日本歴史地名体系38、平凡社、1989年
- 松本豊胤著「満濃池の話」『みずのわ』109号、前澤工業、1998年

03　石井樋
- 荒牧軍治著『佐賀藩治水の神様・成富兵庫茂安　石井樋築造400年』筑後川大学、2014年
- 島谷幸宏・宮地米蔵著「嘉瀬川における石井樋の歴史的意義とその復元」「特集・今に生きる治水・利水施設とその功績」『河川』2003年1月号、日本河川協会、2003年
- 宮地米蔵監修・江口辰五郎著『佐賀平野の水と土―成富兵庫の水利事業』新評社、1977年

04　入鹿池
- 『入鹿池史』入鹿用水土地改良区、1994年
- 『ふるさとの人と知恵・愛知』農山漁村文化協会、1995年

05　天狗岩用水
- 天狗岩堰土地改良区編『開削四百周年記念―天狗岩堰のあゆみ』2004年
- 金井忠夫著『利根川の歴史―源流から河口まで―』日本図書刊行会、1997年
- 『群馬県の地名』日本歴史地名大系10、平凡社、1987年

06　玉川上水と羽村取水堰
- 羽村市郷土博物館編『玉川上水　その歴史と役割』羽村市教育委員会、2001年
- 東京都水道歴史館編「玉川上水」東京都水道局、2001年
- 東京都教育委員会編「玉川上水文化財調査報告　その歴史と現況」東京都教育委員会、1986年
- 杉本苑子著『玉川兄弟　上・下』講談社文庫、1979年

07　見沼通船堀
- 仲田一信著『見沼通船堀　日本最古の閘門式運河』浦和市尾間木史蹟保存会、1966年
- 浦和市立郷土博物館編『見沼　その歴史と文化』1998年
- 浦和市郷土文化会編『見沼通船』1980年
- 水資源開発公団編『埼玉合口二期事業工事誌　甦った見沼代用水』1995年

08　朝倉揚水車と山田井堰
- 「水車物語」福岡県朝倉町観光協会、1994年
- 『朝倉の水車』朝倉町教育委員会、1988年
- 『筑後川五十年史』建設省九州地方建設局、1976年
- 『朝倉町史』朝倉町教育委員会、1980年
- 江渕武彦著『筑後川の農業水利』九州大学出版会、1994年

09　明治用水
- 『明治用水・120年の流れそして21世紀へ』明治用水土地改良区、1999年
- 『明治用水百年史』明治用水土地改良区、1979年
- 「疏通千里・利沢万世」水と土と農・シリーズその4、農林水産省東海農政局ほか、1999年
- 飯塚一雄著「日本の産業近代化を支えた"人造石"工法」『いま"たたき"を考える　日本の近代化を築いた人造石工法』所収、愛知の産業遺跡・遺物調査保存研究会、1991年

10 那須疏水

- 西那須野郷土資料館編『明治の開拓と那須疏水—水は荒野をうるおす—』1992年改訂版
- 「那須疏水旧取水施設—国重要文化財指定記念」那須野ケ原土地改良区連合・那須疏水土地改良区、2006年
- 「疏水百選認定—先人の礎によって構築された那須野ケ原用水」水土里ネット那須野ヶ原、2006年
- 安斎忠雄著『農業土木遺産を訪ねて』土地改良建設協会、2008年

11 琵琶湖疏水

- 『琵琶湖疏水の100年』京都市水道局、1990年
- 田村喜子著『京都インクライン物語』新潮社、1982年
- 「琵琶湖疏水(パンフレット)」、京都市上下水道局水道部疏水事務所、1988年
- 『琵琶湖疏水記念館常設展示図録』京都市上下水道局ほか

12 砂山池・龍ケ池揚水機場

- 藤川助三編『滋賀県豊郷村史』滋賀県犬上郡豊郷村史編集委員会、1963年
- 『成蹟書類』豊郷村耕地整理組合事務所、1913年
- 安孫子誠次郎著『村岸峯吉翁実録』1958年

13 御坂サイフォン

- 『淡河川山田川疏水五十年史』淡河川山田川普通水利組合、1941年
- 樋口次郎著『祖父パーマー』有隣堂、1998年
- 「ジャパン・ウィークリー・メイル」1891年7月4日号、ジャパン・メイル社

14 山田池堰堤

- 『淡河川山田川疏水五十年史』淡河川山田川普通水利組合、1941年
- 『稲美町史』兵庫県加古郡稲美町、1983年
- 『新修神戸市史』(産業経済論Ⅰ)、神戸市、1990年
- 旗手勲著「淡河川・山田川疏水の成立過程」国際連合大学、1980年

15 豊稔池

- 『豊稔池の築造—豊稔池改修事業竣工記念誌』豊稔池土地改良区、1994年
- 『豊稔池』香川県三豊土地改良区事務所、1998年
- 長町博著・農業土木学会編『水土を拓いた人びと』1999年

16 六郷水門

- 『新多摩川誌』(上・中・下)、国土交運省京浜河川事務所、2001年
- 伊東孝著『東京再発見—土木遺産は語る』岩波新書、1993年
- 辻野六勝編『荏原六郷史』京浜新報社、1933年
- 菊地政雄編『蒲田区概観』蒲田区概観刊行会、1933年
- 平野順治著『六郷今昔小誌』六郷地区自治会連合会、2001年
- 六郷用水の会編「六郷用水400」大田観光協会、2010年

17 間瀬堰堤

- 『児玉町の近代化遺産』児玉町、2003年
- 『児玉町史 自然編』児玉町、1993年
- 『児玉町史 近現代資料編』児玉町、2002年
- 「児玉用水のしおり」埼玉県本庄土地改良事務所ほか

18 白水溜池堰堤

- 『白水ダム物語(改訂版)』岡の里事業実行委員会、2007年
- 「富士緒地区事業概要」富士緒井路土地改良区
- 『大分県建設業協会50年史』大分県建設業協会、1998年
- 安斎忠雄著『農業土木遺産を訪ねて』土地改良建設協会、2008年

19 大搦・授産社搦堤防

- 『東与賀町史』東与賀町史編纂委員会、1982年
- 『佐賀縣干拓史』佐賀干拓協会、1975年
- 宮地米蔵監修・江口辰五郎著『佐賀平野の水と土—成富兵庫の水利事業』新評社、1977年
- 「平成20年度 佐賀市都市景観事業パンフレッ

ト」佐賀市建設部建築指導課、2009 年

20　関宿水閘門
- 『利根川百年史』建設省関東地方建設局、1987 年
- 高橋裕著『利根川物語』筑摩書房、1983 年
- 山崎不二大編著『明日の利根川』農山漁村文化協会、1986 年
- 川名登著『河岸に生きる人びと―利根川水運の社会史』平凡社、1982 年

21　利根運河
- 北野道彦著『利根運河―利根・江戸川を結ぶ船の道』崙書房、1977 年
- 江戸川の自然環境を考える会編『まるごとガイド 歩いてみよう利根運河』自然通信社、1999 年
- 『河川と流山』（流山市立博物館調査研究報告書 10）、1993 年
- 「利根運河」利根運河の生態系を守る会、2000 年

22　倉松落大口逆除
- 『ふるさとの人と知恵　埼玉』（江戸時代 人づくり風土記 11）、農山漁村文化協会、1995 年
- 『埼玉県の近代化遺産』埼玉県教育委員会、1996 年
- 是永定美著「利根川の煉瓦造水門」『利根川・人と技術文化』所収、雄山閣出版、1999 年
- 是永定美著「明治期埼玉県の煉瓦造・石造水門建設史」『土木史研究』第 17 巻、土木学会、1997 年
- 本間清利著『写真で見る埼玉東部今昔物語』望月印刷、1993 年
- 『新編 埼玉県史 資料編 13 近世 4 治水』埼玉県、1983 年

23　北河原用水元圦
- 『見沼土地改良区史』見沼土地改良区、1988 年
- 『埼玉県史』埼玉県教育委員会、1996 年
- 是永定美著「明治期埼玉県の煉瓦造・石造水門建設史」『土木史研究』第 17 号、土木学会、1997 年
- 『北埼玉の近代化遺産―河川に関する近代化遺産調査報告書』北埼玉地区文化財担当者会、2001 年
- 大熊孝著『洪水と治水の河川史―水害の制圧から受容へ』平凡社、1991 年

24　横利根閘門
- 『利根川改修 100 年』千葉県立関宿城博物館、2000 年
- 『利根川百年史・治水と利水』建設省関東地方建設局、1987 年
- 「よみがえった横利根閘門、利根川の歴史と自然が出会う場所（パンフレット）」、建設省関東地方建設局利根川下流工事事務所
- 中川吉造著「横利根閘門に就て」『土木学会誌』第 12 巻第 3 号、土木学会、1926 年 6 月

25　柳原水閘
- 「柳原水閘 100 年記念（現地見学会資料）」松戸市都市整備本部建設当部河川清流課、2004 年 11 月
- 「レンガ造り水門が語る、坂川流域住民の苦悩」月間 WEB 広報誌 E-na、国土交通省江戸川河川事務所、2003 年 12 月
- 是永定美著『土木史研究』第 16, 17, 18 号、土木学会、1996, 97, 98 年
- 「松戸市文化財マップ」2005 年 3 月

26　弐郷半領猿又閘門（閘門橋）
- 箭内英雄著「東京の著名橋―蘇る閘門橋」『橋梁』Vol.26 No.10、1990 年
- 「水元公園の履歴書」『水元水試跡地歴史シリーズ⑤⑥』2008 年
- 『小合溜井―水元公園の自然と文化』葛飾区郷土と天文の博物館、1999 年
- 是永定美著「明治期埼玉県の煉瓦造・石造水門建設史」『土木史研究』第 17 号、土木学会、1997 年 6 月

27　江戸川水閘門
- 「江戸川を知る―地図でみる江戸川流域」、「先人＆新人の江戸川問答」等広報資料、国土交通省江戸川河川事務所
- 『行徳可動堰 江戸川水閘門概要』建設省関東地方建設局江戸川工事事務所
- 東京にふる里をつくる会編『江戸川区の歴史』、

1978 年
- 『利根川百年史』建設省関東地方建設局、1987 年

28　旧岩淵水門
- 高崎哲郎著『技師・青山士の生涯―われ川と共に生き、川と共に死す』講談社、1994 年
- 『荒川―歴史を語る荒川写真集 大正 10 年～昭和 20 年』建設省関東地方建設局荒川下流工事事務所、1980 年
- 「一府五縣水害地図」北区飛鳥山博物館、1910 年
- 雑誌「風俗画報」水害号 上・412 号、1910 年

29　木曽長良背割堤・ケレップ水制群・船頭平閘門
- 「木曽・長良背割堤ガイドブック」建設省中部地方建設局木曽川下流工事事務所調査課、1988 年
- 『船頭平閘門改築記念誌』建設省中部地方建設局木曽川下流工事事務所、1996 年
- 『木曽三川治水百年のあゆみ』建設省中部地方建設局、1995 年
- 『デ・レーケとその業績』建設省中部地方建設局木曽川下流工事事務所、1987 年
- 上林好之著『日本の川を甦らせた技師デ・レイケ』草思社、1999 年
- 三宅雅子著『乱流』東都書房、1992 年

30　松重閘門
- 名古屋史土木局河川浄化対策室編「タウンリバー・中川運河」1985 年
- 『新修名古屋市史・第 6 巻』名古屋市、2000 年
- 『大正昭和名古屋市史・第 5 巻』名古屋市、1954 年
- 『名古屋港管理組合三十年史』名古屋港管理組合、1984 年
- 野口英一朗・中住健二郎・天野武弘著「松重の閘門とポンプ所」『シンポジウム「日本の技術史をみる眼」講演報告資料集 21』中部産業遺産研究会、2003 年
- 『名古屋都市計画史』名古屋都市センター、1999 年

31　立田輪中悪水樋門
- 高橋伊佐夫著「近代遺跡詳細調査報告」文化庁提出資料
- 『新編立田村史 三川分流』立田村、2003 年
- 『新編立田村史・通史』立田村、1996 年
- 『木曽三川治水百年のあゆみ』建設省中部地方建設局、1995 年

32　五六閘門
- 高橋伊佐夫著「五六閘門（牛牧閘門）の調査と保存」
- 飯塚一雄著「日本の産業近代化を支えた"人造石"工法」『いま"たたき"を考える 日本の近代化を築いた人造石工法』所収、愛知の産業遺跡・遺物調査保存研究会、1991 年
- 「環境インパクト五六輪中の開発過程」建設省中部地方建設局木曽川上流工事事務所、1976 年
- 『穂積町のあゆみ』穂積町教育委員会
- 『穂積町史 通史編 上・下巻』穂積町、1979 年

33　忠節の特殊堤
- 『木曽三川治水百年のあゆみ』建設省中部地方建設局、1995 年
- 『木曽三川の治水史を語る』建設省中部地方建設局木曽川上流工事事務所、1969 年
- 『木曽三川に生きる―長良川改修の道のり』木曽三川水と文化の研究会、1994 年
- 『岐阜県治水史 上・下巻（復刻版）』大衆書房、1981 年

34　庄内用水元杁
- 「タウンリバー庄内用水」名古屋市土木局河川部計画課、1992 年
- 「守山区史跡散策路」名古屋市教育委員会・名古屋市守山区役所
- 岩屋隆夫著「庄内川の治水史を通してみた新川の役割と治水問題」『土木史研究』第 22 号、土木学会、2002 年 5 月

35　淀川ケレップ水制（城北ワンド群）
- 『淀川ものがたり』淀川ガイドブック編集委員会、2007 年
- 『淀川百年史』建設省近畿地方建設局・淀川百年史編集委員会、1974 年
- まんが：田中康子原作、なんばきび作画「淀くんの淀川・川づくり物語」「淀くんの淀川舟運

物語」「淀くんの淀川伝説物語」淀川資料館
・「琵琶湖/淀川」国土交通省近畿地方建設局、2002 年

36 南郷洗堰
・『琵琶湖治水沿革誌』琵琶湖治水会、1925 年
・『淀川百年史』建設省近畿地方建設局、1974 年
・『瀬田川洗堰説明書』建設省琵琶湖工事事務所、1999 年
・『瀬田川洗堰』国土交通省琵琶湖河川事務所
・「水のめぐみ館アクア琵琶（パンフレット）」、国土交通省琵琶湖河川事務所・水資源機構琵琶湖開発総合管理所、2004 年

37 三栖閘門・三栖洗堰
・「三栖閘門と伏見みなと広場（パンフレット）」、国土交通省近畿地方整備局淀川河川事務所
・『淀川百年史』建設省近畿地方建設局、1974 年
・笠松明男・金井萬造・長尾義三著「日本最大の河川港湾伏見港の生成と衰退」『第 8 回日本土木史研究発表会論文集』所収、1988 年

38 毛馬洗堰と毛馬第一閘門
・『淀川百年史』建設省近畿地方建設局、1974 年
・『農業土木古典選集 明治・大正期 第Ⅱ期 9 巻 淀川治水誌』日本経済評論社、1992 年
・『明治工業史 土木篇』工学会、1929 年
・『大阪府写真帖』大阪府、1914 年

39 旧堂島川可動堰（水晶橋）
・『大阪の川・都市河川の変遷』大阪市土木技術協会、1995 年
・松村博著『大阪の橋』松籟社、1987 年
・「大阪市枝川導水工事の計画（1）」「同（2）」『土木建築工事画報』第 3 巻第 1 号および第 3 号所収、1927 年 1 月、3 月
・『堂島川可動堰竣工記念写真帖』大阪市、1929 年
・『第一次大阪都市計画事業誌』大阪市役所、1044 年
・佐々木葉著「戦前の大阪市内橋梁の景観設計思想に関する研究」『土木史研究』第 11 号所収、土木学会、1991 年

40 湊川隧道
・『湊川隧道と共に歩む』湊川隧道保存友の会、2007 年
・「湊川隧道（パンフレット）」神戸県民局神戸土木事務所、2010 年
・『歴史が語る湊川・新湊川流域変遷史』神戸新聞総合出版センター、2002 年

41 デ・レーケ導流堤
・上林好之著『日本の川を甦らせた技師デ・レイケ』草思社、1999 年
・「デレーケ導流堤」国土交通省筑後川河川事務所調査書、2004 年

42 榛名山麓巨石堰堤群
・塚田純一著「榛名山における明治の巨石堰堤群」2008 年
・『利根川百年史』建設省関東地方建設局、1987 年
・栗原良輔著『利根川治水史』官界公論社、1943 年
・川名登著『河岸に生きる人びと』平凡社、1982 年
・「近畿川ものがたり デ・レーケの足跡を訪ねて（出演：上林好之）」ラジオ大阪、1997 年放送

43 七重川砂防堰堤群
・「埼玉県の砂防発祥の地―七重川堰堤群」埼玉県県土整備部河川砂防課、東松山県土整備事務所
・『都幾川村史 地理編』六一書房 1999 年
・「たまがわ―都幾川村の砂防堰堤」埼玉県立玉川工業高校郷土研究部、2004 年
・大久根茂著「石積み砂防堰堤」『みずのわ』126 号、前澤工業、2003 年

44 牛伏砂防と牛伏川階段工
・牛伏川砂防工事沿革史編纂会編『牛伏川砂防工事沿革史』信濃毎日新聞社、1933 年初版、1991 年復刻版
・「牛伏川砂防の歴史」長野県土木部松本建設事務所
・中嶌督朗著「我が街の砂防施設（牛伏川）」牛

伏川砂防堰堤期成同盟会講演、第29回 砂防学会シンポジウム資料、1997年

45　羽根谷砂防堰堤
・木村正信著『沖積扇状地の砂防工法に関する基礎的研究』岐阜大学農学部演習林報告 第1号、1984年
・『砂防に挑んだ人たち』岐阜県南濃町、1993年
・『養老山系の砂防（羽根谷）～いま、地域と共に～』岐阜県土木部砂防課・岐阜県大垣土木事務所
・『砂防環境整備事業記録集（羽根谷だんだん公園・さぼう遊学館）』岐阜県土木部砂防課・岐阜県海津郡南濃町、1998年
・『日本の砂防』全国治水砂防協会、1980年

46　大崖砂防堰堤
・松下忠洋・早川慶明・牧野良三共著「中仙道木曽路の谷から幻の砂防堰堤現わる！」『砂防と治水』38号、全国治水砂防協会、1982年9月
・堀内成郎・杉本良作・中村稔共著「デ・レーケと大崖砂防ダム」『砂防と治水』127号、全国治水砂防協会、1999年4月
・「先人たちの歩いた道"デ・レーケ堰堤の世界7"大崖砂防堰堤」『月間メディア砂防』141号、砂防広報センター、1995年12月
・『信濃御巡幸録』信濃御巡幸録刊行会、1933年
・三村寿八郎編『明治十三年御巡幸誌』1909年
・小林俊彦著『妻籠の歴史 大崖』1982年

47　不動川砂防施設
・『よみがえったふるさとの山々 蘭人工師デレーケと山城町』山城町、1992年
・『山城町史 本文編』山城町、1987年
・『木津川砂防百年のあゆみ』建設省近畿地方建設局木津川上流工事事務所、1981年
・『日本砂防史』全国治水砂防協会、1981年
・「京都の文化財・第十五集」京都府教育委員会、1998年

48　草津川オランダ堰堤と天神川鎧堰堤
・『先人の築いた歴史資産を訪ねて No.2・大津市田上地先「オランダ堰堤」と「鎧ダム」』滋賀県大津林業事務所、2003年
・村上康蔵著「「オランダ堰堤」とその周辺』『実学史研究 7』思文閣出版、1991年
・『瀬田川砂防のあゆみ』建設省近畿地方建設局琵琶湖工事事務所、1998年
・『滋賀県の近代化遺産』滋賀県教育委員会、2000年
・『日本砂防史』全国治水砂防協会、1981年
・「福山藩砂留案内」広島県、1997年

49　朝明川砂防堰堤群
・「こもの文化財だより（第18号）」菰野町教育委員会、2003年
・『日本砂防史』全国治水砂防協会、1981年

50　デ・レーケの堰堤（大谷川堰堤）
・「うだつの町並みが生きる脇町にデ・レーケ堰堤を中心とした親水公園を」徳島県土木部砂防災害課、1996年3月
・徳島読売新聞（1992年10月25日号）
・読売新聞（1993年9月23日号）
・『日本砂防史』全国治水砂防協会、1981年

51　大河原発電所・大河原取水堰堤
・『古希を祝う会』（大河原発電所 通開70周年記念誌）、関西電力奈良支店・奈良電力所、1990年
・『京都電灯五十年史』（社史で見る日本経済史 第17巻）、ゆまに書房、1999年
・関西電力五十年史編纂事務局編『関西電力五十年史』関西電力、2002年
・『関西電力水力技術百年史』関西電力建設部、1992年
・南山城村史編さん委員会編『南山城村史』南山城村、2002年
・日本建築学会編『新版日本近代建築総覧―各地に遺る明治大正昭和の建物』技報堂出版、1983年

52　宇治発電所
・『宇治発電所60年』
・『関西電力五十年史』関西電力、2002年
・『関西電力水力技術百年史』関西電力建設部、1992年

・「宇治発電所」「天ケ瀬発電所」「喜撰山発電所」広報資料、関西電力

53　大戸川発電所
・「大戸川（旧牧）発電所の生立ちと 80 年のあゆみ」大津電力所
・「湖国の電気の歴史」「湖国電気資料館」、関西電力滋賀支店

54　黒部ダム
・「水力発電史—水とともに一世紀—」東京電力栃木支店、1976 年
・「鬼怒川発電所　黒部ダム改良工事記録」東京電力栃木支店、1989 年
・「東京電力栃木支店管内水系図」東京電力栃木支店、2005 年
・『水力技術百年史』電力土木技術協会、1992 年

55　丸沼ダム
・『ぐんまの電力史』東京電力群馬支店、2001 年
・原田雅純著『群馬県の電気事業発達史』1973 年
・後藤治著「丸沼ダム」『土木学会誌』第 87 巻 10 号、2002 年
・津田正寿著「堤高日本一のバットレスダム　丸沼ダム」『土木学会誌』第 81 巻 9 号、1996 年

56　岩津発電所と取水堰堤
・「岩津発電所（パンフレット）」、中部電力岡崎支店
・浅野伸一著「岡崎電燈始め」『シンポジウム「中部の電力のあゆみ」講演報告資料集 5』所収、中部産業遺産研究会、1997 年
・浅野伸一著「水力技師大岡正の人と業績」『シンポジウム「中部の電力のあゆみ」講演報告資料集 4』所収、中部産業遺産研究会、1996 年
・石田正治著『三遠南信産業遺産』春夏秋冬叢書、2006 年
・『電力百年史　前・後編』政経社、1980 年

57　長篠発電所と同系水力
・杉浦雄司、石田正治著「ナイヤガラ式発電所を築いた今西卓」『シンポジウム「中部の電力のあゆみ」講演報告資料集 4』所収、1996 年
・今西卓著「我國に於ける「ナイヤガラ」式発電所の嚆矢」日本電気協会会報　32 号所収、明治 45 年
・『愛知県の近代化遺産　愛知県近代化遺産（建造物等）総合調査報告書』愛知県教育委員会、2005 年

58　長良川水力発電所
・高橋伊佐夫著「長良川発電所の歴史と技術」『シンポジウム「中部の電力のあゆみ」講演報告資料集 1』所収、中部産業遺産研究会、1993 年
・水野信太郎著「長良川、飛騨川開発の先駆者、小林重正」『上掲資料集 4』所収、1996 年
・「長良川水力発電所（パンフレット）」中部電力岐阜支店加茂電力センター、2010 年
・小林健三ほか編「小林重正の業績と（水力電気・下呂温泉）略歴」（非売品）、1969 年
・『名古屋電灯株式会社社史・復刻版』中部電力能力開発センター、1989 年
・『東邦電力史』東邦電力史刊行会、1962 年
・『東邦瓦斯 50 年史』東邦瓦斯、1972 年
・『社史：東邦瓦斯株式会社』東邦瓦斯、1957 年

59　旧八百津発電所
・「岐阜県重要文化財旧八百津発電所保存修理事業報告書」八百津町、1998 年
・加藤博雄・高橋伊佐夫共著「旧八百津発電所（八百津町郷土館）―産業技術上の評価について―」『日本の産業遺産』所収、玉川大学出版部、1986 年
・加藤博雄著「八百津発電所」シンポジウム『中部の電力のあゆみ』第 1 回講演報告資料集所収、中部産業遺産研究会、1993 年
・『日本の発電所　中部日本篇』工業調査協会、1937 年

60　大桑発電所・須原発電所
・「木曽川オールガイド」関西電力東海支社、2006 年
・「電力王・桃介と木曽川」関西電力東海支社、2005 年
・『木曽川開発の歴史―大桑発電所』関西電力東

- 『木曽川開発の歴史―須原発電所』関西電力東海支社
- 『木曽川開発の歴史―木曽川の発電所と橋』関西電力東海支社
- 伊東孝著『日本の近代化遺産―新しい文化財と地域の活性化―』岩波新書、2000年

61　読書発電所
- 『木曽川オールガイド』関西電力東海支社、2006年
- 『読書発電所』関西電力東海支社、2005年
- 『電力王・桃介と木曽川』関西電力東海支社、2005年
- 『木曽川開発の歴史―木曽川の発電所と橋』関西電力東海支社
- 『木曽川開発の歴史―読書発電所』関西電力東海支社
- 「大正のロマンを語る桃介橋」南木曽町観光協会
- 昌子住江著「桃介橋と木曽川の発電設備」『建設業界』、日本土木工業協会、1994年7月

62　大井ダム
- 「木曽川とともに～電源開発のあゆみ（詳細版）～」関西電力東海支社、2003年
- 『恵那市史　通史編　第3巻』恵那市、1993年
- 馬渕浩一著「近代技術と日本のあゆみ」『あさひ銀総研レポート2002・10』所収
- 馬渕浩一著『日本の近代技術はこうして生まれた』玉川大学出版部、1999年
- 『日本の発電所　中部日本篇』工業調査協会、1937年
- 原田次夫ほか著「材令60年・大井ダムコンクリートの品質」『電力土木』所収、1983年1月

63　東横山発電所
- 『イビデン70年史』イビデン、1982年
- 日本動力協会編『日本の発電所　中部日本篇』工業調査協会、1937年
- 『岐阜県近代化遺産（建造物等）総合調査報告書』岐阜県教育委員会、1996年
- 『イビデン東横山発電所』『中経連』中部経済連合会、2000年5月号

64　上麻生堰堤
- 『東邦電力史』東邦電力史刊行会、1962年
- 『飛騨川水力開発史』東邦電力、1939年
- 田口憲一著「飛騨川水系の水力発電開発史」シンポジウム『中部の電力のあゆみ』第3回講演報告資料集所収、中部産業遺産研究会、1995年
- 『日本の発電所　中部日本篇』工業調査協会、1937年
- 水工環境防災技術研究会「水門工学」編纂委員会編『水門工学』技報堂出版、2004年

65　三浦ダム
- 「木曽川開発の歴史【三浦発電所】」関西電力東海支社
- 「三浦（パンフレット）」関西電力東海支社
- 『間組百年史　1889-1945』間組、1989年
- 『間組百年史資料篇　1889-1989』間組、1989年
- 『水力技術百年史』電力土木技術協会、1992年

66　大橋ダム
- 四国電力本川電力センター所蔵資料（工事誌など）
- 『水力技術百年史』電力土木技術協会、1992年
- 『間組百年史　1889-1945』間組、1989年

67　女子畑発電所と第二調整池
- 『九州水力電気株式会社二十年沿革史』九州水力電気、1933年
- 河津武俊著『新・山中トンネル水路』西日本新聞、2005年
- 『水力技術百年史』電力土木技術協会、1992年
- 『間組百年史 1889-1945』間組、1989年

68　地蔵原貯水池、町田第一・第二発電所
- 九州電力大分支店提供資料「町田第二発電所の調査報告」ほか
- 河津武俊著『新・山中トンネル水路』西日本新聞、2005年
- 『水力技術百年史』電力土木技術協会、1992年

- 『日本土木史／大正元年〜昭和 15 年』土木学会、1965 年
- 『トンネル用工事機械・器材の変遷史』日本トンネル技術協会、1987 年
- 通商産業省公益事業局水力課編『日本発電用高堰堤要覧』発電水力協会、1954 年

69　村山・山口貯水池
- 『東京近代水道百年史』（通史、資料、年表）、東京都水道局、1994 年
- 『写真集−東京近代水道の 100 年』東京都水道局、1998 年
- 「村山・山口貯水池概要」「山口貯水池堤体強化工事」「東京の水道」「玉川上水」等広報資料、「わたしたちの水道」小学校社会科学習資料、東京都水道局
- 『下久保ダム工事誌』水資源開発公団下久保ダム建設所、1969 年
- 「利根導水路概要書」ほか各種広報資料、水資源機構

70　宇都宮市水道施設群
- 『宇都宮市水道誌』宇都宮市、1917 年
- 『うつのみやの水道・通水 70 周年記念誌』宇都宮市水道局、1986 年
- 『宇都宮市六十周年誌』宇都宮市、1960 年

71　水戸市水道低区配水塔
- 『水戸の水道』水戸市水道部、2010 年度
- 『水戸市史』中巻（一）、水戸市市役所、1968 年
- 『水戸の水道史』第一巻、水戸市水道部水道史編纂委員会、1984 年
- 「水戸の観光・宿泊ご案内パンフレット」

72　敷島浄水場
- 「わがまち前橋の上水道」前橋市水道資料館、2004 年度改定
- 『前橋市上水道誌』前橋市役所、1930 年
- 「まえばしの水道」前橋市水道局

73　栗山配水塔
- 『千葉県営水道史』千葉県水道局、1982 年
- 『日本水道史』日本水道協会、1967 年
- 「栗山浄水場」「千葉県営水道」等各種広報資料、千葉県水道局

74　千葉高架水槽
- 『千葉県営水道史』千葉県水道局、1982 年
- 『日本水道史』日本水道協会、1967 年
- マーティン・モリス著「土木紀行 千葉県水道局千葉高架水槽の塔―給水制度の近代化が生み出した雄大さ―」『土木学会誌』vol.89、2004 年 3 月号
- 「ちばの水道」「千葉県営水道」等各種広報資料、千葉県水道局

75　鍋屋上野浄水場旧第一ポンプ所
- 『名古屋市水道誌』名古屋市、1919 年
- 『名古屋市水道 90 年史』名古屋市上下水道局、2004 年
- 『愛知県の近代化遺産』愛知県教育委員会、2005 年

76　旧稲葉地配水塔
- 『名古屋市水道 90 年史』名古屋市上下水道局、2004 年
- 『なごや水道ものがたり』名古屋市上下水道局、2004 年
- 栗田資夫著「配水塔巡り」2008 年

77　鏡岩水源地旧ポンプ室と旧エンジン室
- 『岐阜市史・通史編・近代』岐阜市、1981 年
- 『市政一斑』岐阜市、1938 年
- 『日本水道史 各論編 2』日本水道協会、1967 年
- 『愛知県の近代化遺産』愛知県教育委員会、2005 年

78　柴島浄水場旧第一配水ポンプ場
- 『大阪市水道百年史』大阪市水道局、1995 年
- 『大阪水道誌本編および附図』大阪市水道事務所、1899 年
- 『水道事業の沿革と現況』大阪市水道部、1933 年

79　奥平野浄水場急速ろ過場上屋
- 神戸市水の科学博物館提供資料
- 『神戸市水道拡張誌および附図』神戸市、1922 年
- 『神戸市水道百年史』神戸市水道局、2001 年

80　千苅堰堤
- 『神戸市水道拡張誌および附図』神戸市、1922年
- 『神戸市水道百年史』神戸市水道局、2001年
- 『神戸市水道70年史』神戸市水道局、1973年
- 池田大樹・篠原修共著「近代古典コンクリートダムのデザインに関する考察」『土木史研究』第18号所収、土木学会、1998年

81　布引五本松堰堤と烏原立ヶ畑堰堤
- 『神戸市水道誌および附図』神戸市役所、1910年
- 『神戸市水道百年史』神戸市水道局、2001年
- 池田大樹・篠原修共著「近代古典コンクリートダムのデザインに関する考察」『土木史研究』第18号所収、1998年

82　河内貯水池と関連施設群
- 『八幡製鐵所土木誌』新日本製鐵八幡製鐵所、1976年
- 「河内水源地 技術者たちの想いを尋ねて」つちき会世話人会、2006年
- 佐々暁生著「沼田尚徳と太鼓橋」、上掲「河内水源地 技術者たちの想いを尋ねて」所収、2006年
- 「遠想 つちき会四十年記念小誌」つちき会世話人会、2005年
- 『八幡製鐵所50年誌』新日本製鐵八幡製鐵所、1950年
- 『世紀をこえて・八幡製鉄所の百年』新日本製鉄八幡製鉄所、2001年

83　曲渕ダム
- 『福岡市上水道第一期膊擴張抄誌』福岡市水道局、1934年
- 『福岡市水道五十年史』福岡市水道局、1976年
- 『福岡市水道七十年史』福岡市水道局、1994年
- 「福岡市の水道2006」ほか各種広報資料

84　御殿浄水場旧ポンプ室・旧事務室
- 『高松市水道史』高松市水道局、1990年
- 『高松百年史・上巻』第一法規出版、1988年
- 『香川県の近代化遺産』香川県教育委員会、2005年

85　佐古配水場ポンプ場
- 『とくしまの水道』徳島市水道局、2007年
- 『徳島市水道四十年史』徳島市水道局、1966年

86　旭浄水場
- 『こうち水物語・高知市水道史』高知市水道局、1999年
- 『高知市水道誌』高知市、1927年

87　藤倉水源地堰堤
- 『秋田市水道百年史』秋田市上下水道局、2008年
- 『秋田市水道誌』秋田市、1912年
- 豊島幸英著「旧藤倉水源地水道施設について」『土木史研究』第16号所収、土木学会、1996年
- 「藤倉水源地ものがたり」秋田市上下水道局、2009年

88　旧三河島汚水処分場喞筒場施設
- 『近代下水道発祥の地 重要文化財指定 旧三河島汚水処分場喞筒場施設』東京都下水道局施設管理部、2009年3月
- 『日本下水道史・総集編』日本下水道協会、1989年

執筆分担
若林高子
01-03, 05, 08, 10, 12, 15, 16, 18-21, 23, 25-28, 34, 35, 41, 43-46,
50-55, 60, 61, 69, 71-74, 76, 83, 85, 88
北原なつ子
04, 06, 07, 09, 11, 13, 14, 17, 22, 24, 29-33, 36-40, 42, 47-49.
56-59. 62-68, 70, 75, 77-82, 84, 86, 87

初出文献
独立行政法人水資源機構広報誌「水とともに」
2003年10月号から2011年3月号
連載：水の話あらかると・「水」の土木遺産

おわりに

　日本の近代化遺産や土木遺産については、数多くの出版物が出されていますが、"水の土木遺産"に特化した本は見当たらないように思われます。

　私たちは日本の"水"に魅せられて数十年、「水とともに」の連載では、二人三脚で全国各地の水の土木遺産を見てまわりました。

　各地を取材して感じたのは、地震や自然災害の多い日本列島の各地で、水を利用するための独自の仕組みや工法が生み出され、千年以上も伝統として引き継がれていること、時代とともに試行錯誤を重ねつつ発展してきた水利用の技術や道具類、私財を投じて不毛の大地を拓いた多くの先人達、過酷な現場で水と闘いながら黙々と働いた無名の人々、長い鎖国時代にも藩主の国替えに伴う石工集団による各地への技術伝播があったことなどでした。

　そして、海外技術の導入に積極的に挑戦し、見事に昇華させた明治という時代の息吹！　おいしい水を供給したい、電灯のともる明るい日本にしたい……そんな願いを込めて造られたおよそ百年前の施設には、自由で柔軟な発想が数多く盛り込まれ、一気に花開いたような水道施設や水力発電所に感嘆させられました。最初の取材から10年以上が経ってしまいましたが、帆船（高瀬船）が行き交うのを見た人や、牛馬が重機を運んだ時代を覚えている方もおられ、貴重な証言が得られたことは幸いでした。

　しかし、私たちの訪れた場所は限られており、全国的に見ればさらに多くの貴重な"水の土木遺産"が存在することでしょう。それらに関しては、今後、若い方々によってさらなる顕彰が行われることを期待するとともに、無神経な開発によって貴重な土木遺産が失われることのないよう願ってやみません。

　私たちはいずれも土木の専門家ではないため、力量不足で言い尽くせなかったことも多々ありますが、読者の皆様からご指摘・ご批判・ご助言をいただければ幸いです。出版に至るまでには、高橋裕先生をはじめ多くの方々のご助言やお励ましをいただきました。

　本書の刊行にあたっては、鹿島出版会出版事業部長の橋口聖一氏をはじめ大勢の方々に多大なお力添えをいただきました。

　心から感謝申しあげます。

2017年4月

若林高子・北原なつ子

おわりに

ご協力いただいたおもな方々（順不同・敬称略）

鍔山英次（写真家）、高橋伊左夫・石田正治（中部産業遺産研究会）、大久根茂（郷土史研究家）、木村正信（岐阜大学名誉教授）、中村稔（船頭平閘門管理所木曽川文庫）、中村義秋（建設省OB）、河津武俊（作家・医師）、古賀邦雄（水資源機構OB）

ご協力いただいたおもな関係機関（順不同）

第1章
大阪府立狭山池博物館、満濃池土地改良区、国交省武雄河川事務所、嘉瀬川防災施設「さが水ものがたり館」、入鹿用水土地改良区、天狗岩用水土地改良区、群馬県前橋市総社資料館、東京都水道歴史館、東京都水道局、羽村市郷土博物館、さいたま市立浦和博物館、福岡県朝倉市商工観光課、山田堰土地改良区。

第2章
明治用水土地改良区、那須野ヶ原土地改良区連合、琵琶湖疏水記念館、京都市上下水道局、関西電力(株)京都支社、滋賀県豊郷町商工観光課、石畑・四十九院自治会、東播用水土地改良区、稲見町立郷土資料館、香川県豊稔池土地改良区、東京都大田区立郷土博物館、六郷用水の会、埼玉県本庄市教育委員会、美児沢用水土地改良区、大分県富士緒井路土地改良区、佐賀市南部建設事務所

第3章
国交省利根川上流河川事務所、同運河出張所、同利根川下流河川事務所、埼玉県春日部市教育委員会、行田市広報広聴課、千葉県松戸市河川清流課、松戸市教育委員会、東京都葛飾区郷土と天文の博物館、千葉県立関宿城博物館、流山市立博物館、国交省江戸川河川事務所、同運河出張所、同江戸川河口出張所、東京都北区飛鳥山博物館、荒川知水資料館、国交省木曽川下流河川事務所、同木曽川上流河川事務所、名古屋港管理組合、名古屋市住宅都市局、岐阜市役所、愛知県弥富市歴史民俗資料館、岐阜県歴史資料館、名古屋市緑政土木局河川清流課、同守山市役所地域力推進室、国交省琵琶湖河川事務所、同淀川河川事務所、同淀川資料館、伏見夢工房（当時）、三栖閘門資料館、大阪市建設局下水道河川部、湊川隧道保存友の会、国交省筑後川河川事務所。

第4章
国交省利根川水系砂防事務所、埼玉県東松山県土整備事務所、長野県建設部松本建設事務所、牛伏鉢伏友の会、岐阜県県土整備部砂防課、岐阜県さぼう遊学館、長野県南木曽町役場、木津川市教育委員会、国交省木津川上流河川事務所、同琵琶湖河川事務所、三重県菰野町教育委員会、徳島県美馬市商工観光課

第5章
関西電力(株)奈良支社、同京都支社、同滋賀支社、同木曽電力所、同東海支社、東京電力(株)栃木支社、東京電力ホールディングス(株)、中部電力(株)、(株)シーテック岡崎支社、岐阜県八百津町教育委員会、イビデン(株)、関西電力(株)東海支社、恵那市観光交流課、四国電力(株)本川電力センター、九州電力(株)大分支社技術部日田土木保修所

第6章
東京都水道局、宇都宮市上下水道局、水戸市水道部、前橋市水道局、前橋市水道資料館、千葉県水道局栗山浄水場、同誉田給水場、名古屋市上下水道局、同鍋屋上野浄水場、名古屋市演劇練習館、岐阜市上下水道事業部、大阪市水道局、神戸市水道局、神戸市水の科学博物館、高松市上下水道局、徳島市水道局、高知市上下水道局、福岡市水道局、新日本製鐵(株)八幡製鐵所（当時）、秋田市上下水道局、東京都下水道局

著者紹介

若林 高子（わかばやし たかこ）

フリーライター、環境省環境カウンセラー
1936年生まれ
東京大学文学部卒
編集業のかたわら、約半世紀にわたり野川流域の湧水と自然環境を守る活動に参加。水資源機構広報誌「水とともに」に＜水の土木遺産＞＜生まれ変わる武蔵水路＞等を連載（取材・執筆・写真担当）。共著『都市に泉を』『生きている野川』『生きている野川 それから』『湧水探訪 深大寺』など。
武蔵野・多摩環境カウンセラー協議会会員

北原なつ子（きたはら なつこ）

フリーライター
1948年生まれ
東京藝術大学美術学部卒
東京都の市街地整備事務所や自治体の広報資料作成及び一般企業広告などに携わる。水資源機構広報誌「水とともに」に＜水の土木遺産＞、ダム取材記事等を連載（取材・執筆・写真担当）。その他、若林とともに前澤工業(株)広報誌「みずのわ」に記事を連載（企画・取材・執筆・写真担当）。
中部産業遺産研究会会員

共に土木学会・土木の文化財を考える会会員

水の土木遺産　水とともに生きた歴史を今に伝える

2017年5月30日　第1刷発行

著　者　　若林 高子・北原 なつ子

発行者　　坪内 文生

発行所　　鹿島出版会
　　　　　104-0028　東京都中央区八重洲2丁目5番14号
　　　　　Tel. 03(6202)5200　振替 00160-2-180883

落丁・乱丁本はお取替えいたします。
本書の無断複製(コピー)は著作権法上での例外を除き禁じられています。
また、代行業者等に依頼してスキャンやデジタル化することは、
たとえ個人や家庭内の利用を目的とする場合でも著作権法違反です。

装幀：石原 透　　DTP：エムツークリエイト　　印刷・製本：壮光舎印刷
© Takako WAKABAYASHI, Natsuko KITAHARA. 2017　Printed in Japan
ISBN 978-4-306-09446-8　C3051

本書の内容に関するご意見・ご感想は下記までお寄せください。
URL：http://www.kajima-publishing.co.jp
E-mail：info@kajima-publishing.co.jp